内容简介

本教材是水产养殖专业实习实践指导系列教材之一。全书分6章,介绍了养殖鱼类的生物学、鱼类养殖工程与设施、养殖鱼类人工繁殖技术、养殖鱼类苗种培育、商品鱼养殖方式与技术、湖泊水库渔业资源调查等内容。每章简要介绍了相关基础知识,着重介绍了相关实验、生产实践的基本内容和方法,提出了学习的目标和要求。本教材编写突出实践指导性和自助自学性,除作为水产养殖专业学生实习实践指导用书外,还可供相关专业师生参考,也可供从事水产养殖生产的技术人员参考。

全国高等农林院校"十三五"规划教材
水产养殖专业实习实践指导系列教材

鱼类增养殖学
实习实践指导

YULEI ZENGYANGZHIXUE

赵兴文 主编

SHIXI SHIJIAN ZHIDAO

中国农业出版社
北　京

图书在版编目（CIP）数据

鱼类增养殖学实习实践指导／赵兴文主编 . —北京：中国农业出版社，2018.8（2024.12重印）
全国高等农林院校"十三五"规划教材 . 水产养殖专业实习实践指导系列教材
ISBN 978-7-109-23918-0

Ⅰ. ①鱼… Ⅱ. ①赵… Ⅲ. ①鱼类养殖-高等学校-教材 Ⅳ. ①S961

中国版本图书馆 CIP 数据核字（2018）第 031414 号

中国农业出版社出版
（北京市朝阳区麦子店街 18 号楼）
（邮政编码 100125）
责任编辑　曾丹霞　韩　旭
文字编辑　陈睿赜　李丽丽

三河市国英印务有限公司印刷　新华书店北京发行所发行
2018 年 8 月第 1 版　2024 年 12 月河北第 2 次印刷

开本：720mm×960mm　1/16　印张：17
字数：303 千字
定价：39.00 元
（凡本版图书出现印刷、装订错误，请向出版社发行部调换）

前言

专业生产实习是水产养殖专业重要的实践教学环节，在培养学生实践能力、动手能力和综合素质方面发挥重要作用。根据教育教学改革的需要，在新形势下，为加强水产养殖专业学生实践能力、动手能力和综合素质培养，编写了本教材。

本教材包括第一章养殖鱼类的生物学、第二章鱼类养殖工程与设施、第三章养殖鱼类人工繁殖技术、第四章养殖鱼类苗种培育技术、第五章商品鱼养殖方式与技术、第六章湖泊水库渔业资源调查。作为水产养殖专业学生实习实践的指导教材，编者遵循"认识—实践—再认识—再实践"的逻辑，各章设定了基本内容和要求、基础知识和相关实验内容，力求理论联系实际，突出实习实践指导的实用性；强化以学生为主体，突出自助自学性。本教材可作为水产养殖专业学生实习实践指导用书供相关专业师生参考，也可供本专业生产和技术人员参考。

本教材由赵兴文主编，第一、二、三、四、五章由赵兴文编写，第六章由蒲红宇编写，由赵兴文对教材统稿和定稿。由于编者水平有限，书中不足之处，欢迎读者批评指正。

编 者

2017 年 12 月

前言

第一章 养殖鱼类的生物学 ……………………………………… 1

第一节 鱼类分类基础知识 …………………………………… 2
一、鱼类的命名 ………………………………………… 2
二、鱼类分类的主要性状与术语 ………………………… 2
三、检索表的编制与使用 ………………………………… 3
四、主要养殖鱼类 ………………………………………… 4

第二节 鱼类的摄食与食性 …………………………………… 25
一、食性分析与营养类型 ………………………………… 25
二、摄食器官与摄食方式 ………………………………… 28
三、摄食量与摄食节律 …………………………………… 33

第三节 鱼类的年龄与生长 …………………………………… 38
一、生活史及其发育阶段 ………………………………… 39
二、鱼类的年龄鉴定 ……………………………………… 40
三、鱼类生长的一般规律 ………………………………… 42
四、鱼类生长的测定与计算 ……………………………… 43

第四节 鱼类的繁殖习性 ……………………………………… 45
一、产浮性卵鱼类的繁殖习性 …………………………… 45
二、产漂流性卵鱼类的繁殖习性 ………………………… 47
三、产沉性卵鱼类的繁殖习性 …………………………… 50
四、产黏性卵鱼类的繁殖习性 …………………………… 52

第五节 鱼类的栖息习性及对环境条件的适应性 …………… 62
一、栖息水域和活动水层 ………………………………… 62
二、对环境条件的适应性 ………………………………… 65

第六节　实验部分 ·· 79
　　　实验一　鱼类标本的采集与保存 ··· 79
　　　实验二　鱼类形态学测量与种类鉴定 ·· 80
　　　实验三　鱼类年龄鉴定和生长推算 ·· 81
　　　实验四　鱼类生长的测定与计算 ··· 83
　　　实验五　鱼类食性和摄食强度测定 ·· 84
　　　实验六　鱼类性腺发育和怀卵量观察 ·· 85

第二章　鱼类养殖工程与设施 ·· 87

　　第一节　池塘养殖工程与设施 ··· 88
　　　一、池塘养殖场建设规划 ··· 89
　　　二、池塘养殖基本设施 ··· 91
　　　三、池塘养殖水处理工程与设施 ··· 96
　　　四、池塘养殖生产机械与设备 ··· 99
　　第二节　网箱养鱼工程与设施 ··· 101
　　　一、网箱的结构与类型 ··· 101
　　　二、普通网箱的设计与制作 ··· 102
　　　三、深水抗风浪网箱 ··· 104
　　第三节　流水养殖工程与设施 ··· 107
　　　一、开放式流水养鱼工程与设施 ··· 107
　　　二、封闭式循环水养鱼工程与设施 ··· 109
　　第四节　稻田养殖工程与设施 ··· 116

第三章　养殖鱼类人工繁殖技术 ··· 118

　　第一节　鱼类人工繁殖的生物学基础 ·· 120
　　　一、养殖鱼类的性腺与性腺发育 ··· 120
　　　二、鱼类精子、卵子的生物学特点与受精作用 ····························· 125
　　　三、胚胎发育与仔鱼早期发育 ··· 129
　　第二节　鲤、鲫和团头鲂的人工繁殖 ·· 129
　　第三节　鲢、鳙、草鱼和青鱼的人工繁殖 ·· 134
　　第四节　大口黑鲈和条纹鲈的人工繁殖 ·· 140
　　第五节　罗非鱼的人工繁殖 ··· 143
　　第六节　怀头鲇和南方鲇的人工繁殖 ·· 146
　　第七节　黄颡鱼和瓦氏黄颡鱼的人工繁殖 ·· 150

第八节　泥鳅和大鳞副泥鳅的人工繁殖 …………………………………… 155
第九节　施氏鲟的人工繁殖 …………………………………………………… 159
第十节　牙鲆的人工繁殖 ……………………………………………………… 165
第十一节　虹鳟苗种的人工繁育 …………………………………………… 167
　　一、虹鳟人工繁殖技术 ………………………………………………… 167
　　二、虹鳟的苗种培育技术 ……………………………………………… 172
第十二节　实验部分 ………………………………………………………… 173
　　实验一　养殖鱼类性腺发育的解剖观察 …………………………… 173
　　实验二　养殖鱼类脑垂体的解剖观察 ……………………………… 174
　　实验三　养殖鱼类精子活动能力的观察 …………………………… 175
　　实验四　养殖鱼类成熟卵的观察 …………………………………… 176
　　实验五　养殖鱼类胚胎发育（活体）的连续观察 ………………… 177

第四章　养殖鱼类苗种培育技术 …………………………………………… 178

第一节　养殖鱼类苗种的生物学特性 ……………………………………… 179
　　一、鱼类个体发育阶段与术语 ………………………………………… 180
　　二、鱼苗鱼种的摄食习性 ……………………………………………… 181
　　三、鱼苗鱼种的生长特性 ……………………………………………… 183
　　四、鱼苗鱼种的栖息与生活习性 ……………………………………… 184
第二节　鱼苗的池塘常规培育技术 ………………………………………… 186
　　一、鱼苗培育池的选择 ………………………………………………… 186
　　二、鱼苗池清整 ………………………………………………………… 187
　　三、饵料生物培养及鱼苗放养 ………………………………………… 188
　　四、鱼苗的饲养管理 …………………………………………………… 191
　　五、拉网锻炼和及时分塘（出塘）…………………………………… 192
第三节　鱼种的池塘常规培育技术 ………………………………………… 193
　　一、鱼种培育池的选择与放养前准备 ………………………………… 194
　　二、夏花放养 …………………………………………………………… 194
　　三、鱼种的饲养管理 …………………………………………………… 196
　　四、秋片出塘 …………………………………………………………… 199
第四节　鱼苗鱼种的工厂化培育 …………………………………………… 199
第五节　实验部分 …………………………………………………………… 201
　　实验一　仔鱼与稚鱼摄食器官的解剖观察 ………………………… 201
　　实验二　轮虫休眠卵的采集与定量测定 …………………………… 202

实验三　池塘浮游生物种类鉴定与定量测定 …… 203

第五章　商品鱼养殖方式与技术 …… 206

第一节　池塘养鱼 …… 208
　　一、鱼种放养 …… 208
　　二、饲养管理 …… 212

第二节　流水养鱼和工厂化养鱼 …… 216
　　一、自然式流水养鱼 …… 216
　　二、温排水式流水养鱼 …… 217
　　三、封闭循环式流水养鱼（工厂化养鱼） …… 218

第三节　稻田养鱼 …… 218
　　一、鱼种放养 …… 218
　　二、饲养管理 …… 219

第四节　养殖生产管理 …… 220

第六章　湖泊水库渔业资源调查 …… 223

第一节　水域基本状况 …… 223

第二节　水文气象及理化特征 …… 224
　　一、水文特征 …… 224
　　二、水质理化特征 …… 226

第三节　水域生物状况 …… 227
　　一、浮游生物调查 …… 227
　　二、底栖动物调查 …… 232
　　三、着生生物及水生植物调查 …… 235
　　四、浮游植物初级生产力测定 …… 237

第四节　鱼类资源调查与评价 …… 238
　　一、鱼类资源调查 …… 238
　　二、鱼类资源量评价 …… 241
　　三、鱼产力评价 …… 242
　　四、渔业资源保护 …… 245

附录 …… 248

参考文献 …… 259

第一章
养殖鱼类的生物学

本章内容提要

鱼类隶属脊索动物门、脊椎动物亚门,是一类终生生活在水中,通常用鳃呼吸,用鳍运动(游泳)和辅助身体平衡的变温脊椎动物。根据 Nelson(1994 年)统计,全球生存鱼类共有 24 618 种,分别栖息于海洋和各类淡水水域。据不完全统计,我国养殖的海水、淡水鱼类有 300 余种。本章内容包括鱼类分类基础知识,主要养殖鱼类及其摄食与食性、生长特性、繁殖习性、栖息习性和对环境条件的适应性。通过本章学习和实践,应掌握和获得以下几方面的知识与能力。

1. 掌握鱼类分类基本知识和方法
(1) 鱼类分类和命名法。
(2) 外观性状和内部结构:①可数性状;②可量性状;③描述性状。
(3) 主要生理学、生态学和遗传学特征。
(4) 检索表的编制。

2. 掌握鱼类摄食方式和食性及其研究方法
(1) 食物组成分析,出现率和选择性指数。
(2) 摄食强度和摄食节律,充塞度、饱满指数和日粮。
(3) 鲢、鳙摄食器官的解剖观察。

3. 掌握鱼类年龄和生长及其测定方法
(1) 年轮鉴定,鳞片、鳍条、脊椎骨、耳石的采集、处理、保存和鉴定。
(2) 年龄确定和表示方法。
(3) 掌握影响鱼类生长的主要因素。
(4) 掌握鱼类生长测定和研究方法,直接法、间接法、体长和体重关系、生长率。

4. 掌握鱼类繁殖习性及其研究方法
(1) 性腺发育和性成熟年龄,组织学方法、性腺发育外观性状(发育阶段)。

(2) 成熟系数、怀卵量和繁殖力。
(3) 卵径和产出卵的性质。
(4) 繁殖季节和温度、繁殖行为、繁殖要求条件、孵化时间等。

5. 掌握鱼类栖息习性和对环境条件的适应性

(1) 地理和自然分布、栖息水域和水层。
(2) 对水温的适应性，生存温度范围、最适生长温度和繁殖适温。
(3) 对盐度的适应性，海水鱼类、淡水鱼类、河口鱼类、洄游鱼类。
(4) 对水质的适应性，溶氧、pH、酸碱性、氨氮、COD 等。

第一节 鱼类分类基础知识

鱼类分类阶元与其他生物的分类方法相同，在脊索动物门下，分为亚门、总纲、纲、亚纲、总目、目、亚目、总科、科、亚科、属、亚属、种及亚种。

一、鱼类的命名

世界各地的语言有很多，由于语言不同，给鱼起了不同的名称，如鲤的英文名为 carp 或 cyprinoid，鲢的英文名为 silver carp 或 silver loweye carp，鳙的英文名为 bighead carp 或 variegated carp。在我国，同一种鱼在不同的地域也有不同的名字，如鲢，又称白鲢、鲢子、扁鱼、胖头等。这样的同物异名现象，给相互交流带来麻烦。因此有必要使用一种统一的名称。国际上现采用林奈（Linne）在《自然系统》中提出的"双名法"命名物种的学名，即"属名＋种名"。学名通常用拉丁文书写，属名第一个字母要大写，种名一律小写，属名和种名用斜体字。在学名后一般还要加上原始定名人的姓氏和定名年份。例如，鲤的学名：*Cyprinus carpio* Linnaeus 1758；草鱼的学名：*Ctenopharyngodon idellus* Cuvier et Valenciennes 1844。

有些种还有亚种，那么学名就为"三名制"，即"属名＋种名＋亚种名"，例如，白鲫的学名：*Carassius auratus cuvieri* Temminck et Schlegel。有些属有亚属，那么亚属名用括号写在属名后，例如，倒刺鲃学名：*Barbodes (Spinibarbus) denticulatus* Oshima。

二、鱼类分类的主要性状与术语

鱼类分类鉴定的主要依据是形态结构、生理和生态特性、遗传和地理分布等。鱼类分类的主要性状和术语有：

1. 可数性状 指鱼体上可计数的性状，如鳞式（侧线鳞数、侧线上鳞数、侧线下鳞数）、鳍式（硬棘数、鳍条数）、鳃弓和鳃耙数、脊椎骨数、幽门盲囊数等。

2. 可量性状 指鱼体上可测量的性状，如比值（体长/体高、体长/头长、头长/吻长、尾柄长/尾柄高等）、百分比（体高占体长的百分比、头长占体长的百分比等）。见图1-1-1。

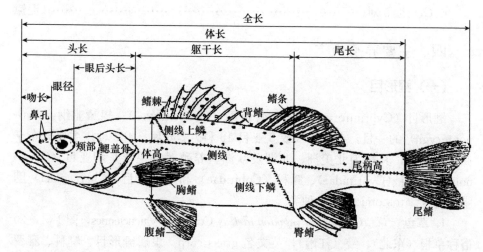

图1-1-1 硬骨鱼类的测量

3. 描述（可辨）性状 指鱼体上可描述的性状（包括外部形态特征和内部构造），如口的位置和形状，须的有无，腹部棱突的有无（完整或不完整），齿的有无和形状，鳞片的性质和形状，鳔的有无和结构，鳍的位置，体色，斑纹、斑点、斑块的有无、颜色和分布等。

4. 生理和生态特性 包括生理代谢特性、发育特性、血清和同工酶反应、摄食和生长特性、繁殖习性和对环境条件的适应性等。

5. 遗传和地理分布 包括基因和染色体组型、地理分布和隔离等。

三、检索表的编制与使用

检索表是以区分生物为目的编制的表。目前，鱼类分类上使用最多的是连续检索表，又称连续平行式检索表。它是将一对互相区别的特征用两个不同的项号表示，其中后一项号加括弧，以表示它们是相对比的项目，如1（4）和4（1），查阅时，若其性状符合1时，就向下查2。若不符合1时就查相对比的项号 4，如此类推，直到查明其分类等级。下面是草鱼、鲢、鲤和泥鳅区分的连续检索表：

1（4）无须
2（3）无腹棱 ··· 草鱼
3（2）有腹棱 ··· 鲢
4（1）有须
5（6）须 2 对 ··· 鲤
6（5）须 5 对 ··· 泥鳅

四、主要养殖鱼类

（一）鲤形目

鲤形目（Cypriniformes）是硬骨鱼纲（Osteichthyes）、辐鳍亚纲（Actinopterygii）的一目，有 6 科（或 3 亚目 15 科）256 属 2 422 种。主要分布于亚洲东南部，其次为北美洲、非洲及欧洲。养殖对象主要是鲤亚目（Cyprinoidei）鲤科（Cyprinidae）、鳅科（Cobitidae）和脂鲤亚目（Characoidei）胭脂鱼科（Catostomidae）的种类。

1. 草鱼　草鱼（*Ctenopharyngodon idellus* Cuvier et Valenciennes，图 1-1-2）俗称草根（东北）、鲩（江南），英文名 grass carp。隶属鲤形目、鲤科、雅罗鱼亚科（Leuciscinae），草鱼属。在我国自然分布于长江、珠江、黑龙江等大江、大河及其附属水体。草鱼主要摄食多种水草和陆生草类，个体大、生长速度快，肉质细腻、味道鲜美，是我国淡水池塘、水库、湖泊养殖最普遍和产量最高的鱼类。

2. 青鱼　青鱼（*Mylopharyngodon piceus*，图 1-1-3）俗称青根、黑鲩、螺蛳青等，英文名 black carp。隶属鲤形目、鲤科、雅罗鱼亚科、青鱼属。分布于长江、珠江、黑龙江等大江、大河及其附属水体。青鱼是我国淡水池塘、湖泊、水库的主要养殖对象之一。

图 1-1-2　草　鱼
（伍献文等，1964）

图 1-1-3　青　鱼
（伍献文等，1964）

3. 鲢 鲢（*Hypophthalmichthys molitrix* Cuvier et Valenciennes，图 1-1-4）俗称白鲢、鲢子，英文名 silver carp。隶属鲤形目、鲤科、鲢亚科（Hypophthalmichthyinae）、鲢属，主要分布于长江、珠江、黑龙江等大江、大河及其附属水体。鲢摄食浮游生物，是我国淡水池塘、水库、湖泊的主要养殖对象。

4. 鳙 鳙（*Aristichthys nobilis* Richardson，图 1-1-5）俗称花鲢、胖头鱼等，英文名 bighead carp。隶属鲤形目、鲤科、鲢亚科、鳙属，主要分布于长江、珠江等大江、大河及其附属水体，主要摄食浮游动物，是我国淡水池塘、水库、湖泊的主要养殖对象。

图 1-1-4 鲢
（伍献文等，1964）

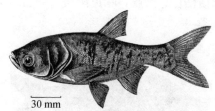

图 1-1-5 鳙
（伍献文等，1964）

5. 鲤 鲤（*Cyprinus carpio* Linnaeus，图 1-1-6）俗称鲤拐子，英文名 common carp。隶属鲤形目、鲤科、鲤亚科（Cyprininae）、鲤属，主要分布于欧亚大陆及北美地区。我国鲤养殖范围广，全国养殖产量达 300 多万吨。在长期养殖实践和研究中，人们采用不同方法培育出许多养殖品种和品系，如荷包红鲤、兴国红鲤、建鲤、福瑞鲤、德国镜鲤（F_4）和松浦镜鲤等。

6. 鲫 鲫（*Carassius auratus* Linnaeus，图 1-1-7）俗称鲫瓜子，英文名 crucian carp。隶属鲤形目、鲤科、鲤亚科、鲫属，主要分布于欧亚大陆。我国鲫的养殖范围广，全国养殖产量达 270 多万吨。鲫的养殖品种主要有方正银鲫、异育银鲫、彭泽鲫、湘云鲫等。

图 1-1-6 鲤
（伍献文等，1977）

图 1-1-7 鲫
（伍献文等，1977）

7. 团头鲂 团头鲂（*Megalobrama amblycephala*，图1-1-8）俗称武昌鱼、鳊等，英文名bluntsnout bream。隶属鲤形目、鲤科、鲌亚科（Culterinae）、鲂属，主要分布于长江中游及湖泊。其肉质细腻、味道鲜美，深受消费者欢迎，是我国淡水主要养殖对象之一，全国养殖年产量在60万～80万 t。团头鲂浦江1号是定向选育成的品种。

8. 翘嘴鲌 翘嘴鲌（*Erythroculter ilishaeformis*，图1-1-9）又称翘嘴红鲌，俗称大白鱼、翘鲌子等，隶属鲤形目、鲤科、鲌亚科、红鲌属。在我国平原诸多水系均有分布。翘嘴红鲌是该属中个体最大、生长速度快的种类。其肉质洁白、细腻，味道鲜美，丹江口翘嘴鲌和兴凯湖大白鱼是我国淡水名贵鱼类。

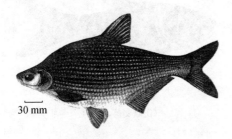

图1-1-8 团头鲂

图1-1-9 翘嘴鲌

9. 鲮 鲮（*Cirrhinus molitorella*，图1-1-10）俗称土鲮、花鲮等，隶属鲤形目、鲤科、野鲮亚科（Labeoninae）、鲮属，分布于珠江、西江水系，属小型热水性鱼类，食腐屑和藻类，池塘饲养投喂人工饲料，产量高，是我国华南地区重要养殖鱼类。

10. 细鳞斜颌鲴 细鳞斜颌鲴（*Xenocypris microlepis*，图1-1-11）俗称沙姑子、黄尾刁、黄板鱼等，隶属鲤形目、鲤科、鲴亚科（Xenocyprinae）、鲴属，分布于我国平原的一些江河、湖泊。细鳞斜颌鲴是鲴属中个体较大、生长较快的种类，其肉质细嫩鲜美，营养丰富，是我国重要淡水经济鱼类之一，可在湖泊、水库中移殖、增殖和放养，也可在池塘中搭配饲养。

图1-1-10 鲮
（伍献文等，1977）

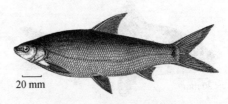

图1-1-11 细鳞斜颌鲴
（伍献文等，1964）

鲤科养殖对象还有䱗亚科（Gobioninae）的花䱗（*Hemibarbus maculatus* Bleeker）、唇䱗（*Hemibarbus labeo*），雅罗鱼亚科（Leuciscinae）的瓦氏雅罗鱼（*Leuciscus waleckii*）、勃氏雅罗鱼（*Leuciscus brandti* Dybowski）、丁鱥（*Tinca tinca* Linnaeus），鲃亚科（Barbinae）的中华倒刺鲃（*Spinibarbus sinensis* Bleeker）、倒刺鲃［*Barbodes*（*Spinibarbus*）*denticulatus* Oshima］，裂腹鱼亚科（Schizothoracinae）的青海湖裸鲤（*Gymnocypris przewalskii*）、齐口裂腹鱼（*Schizothorax prenanti*）、重口裂腹鱼（*Schizothorax davidi*）、扁吻鱼（*Aspiorhynchus laticeps*）等。

11. 泥鳅 泥鳅（*Misgurnus anguillicaudatus* Cantor，图 1-1-12）又称鳅、真泥鳅，隶属鲤形目、鳅科、花鳅亚科（Cobitinae）、泥鳅属。泥鳅在我国分布范围广，除西部高原外，其他各大小水体均有分布。泥鳅肉质细嫩，味道鲜美，营养丰富，被称为水中"人参"，市场需求量大。

12. 大鳞副泥鳅 大鳞副泥鳅（*Paramisgurnus dabryanus* Sauvage et Dabry，图 1-1-13）俗称黄板鳅，隶属鲤形目、鳅科、花鳅亚科、副泥鳅属，主要分布于珠江、长江中下游、淮河、黄河和辽河水系，是该亚科中个体最大、生长最快的种类，广泛进行人工养殖。目前养殖较广的"台湾大泥鳅"就是这种。

图 1-1-12 泥 鳅

图 1-1-13 大鳞副泥鳅

鳅科养殖种类还有条鳅亚科（Nemacheilinae）的拟鲇高原鳅（*Triplophysa siluroides*）等。

此外，鲤形目养殖种类还有胭脂鱼科［又称亚口鱼科（Catostomidae）］的胭脂鱼（*Myxocyprinus asiaticus* Bleeker）、大口牛脂鲤（*Ictiobus cypunellus*）等。

（二）脂鲤目

1. 短盖巨脂鲤 俗称淡水白鲳（*Colossoma brachypomum* Cuvier，图 1-1-14），隶属脂鲤目（Characiformes）、脂鲤科（Characidae）、巨脂鲤属，原产于南美洲的亚马孙河水系，1982 年我国台湾首先引进，1985 年引入广东省，之后在全国各地相继开始养殖。生存水温在 10～42 ℃，最适水温为 28～30 ℃。个体大、生长速度快，在适宜条件下饲养 5～6 个月，体重可达 400～600 g 的商品规格。

2. 细鳞肥脂鲤　细鳞肥脂鲤（*Colossoma mitrei* Berg）又称细鳞鲳，隶属脂鲤目、脂鲤科、巨脂鲤属，原产于南美洲的亚马孙河水系，1985 年引入我国。细鳞鲳与淡水白鲳生物学特性基本相似。

此外，脂鲤目养殖对象还有无齿脂鲤科（Curimatidae，又称上口脂鲤科）唇齿鱼属的小口脂鲤（*Prochilodus scrofa*，图 1-1-15），俗称巴西鲷。

图 1-1-14　短盖巨脂鲤
（姚国成，1998）

图 1-1-15　小口脂鲤

（三）鲈形目

鲈形目（Perciformes）鱼类口裂较大，无鳔管，一般有 2 个背鳍，第一背鳍由鳍棘组成，第二背鳍由鳍条组成。鲈形目的养殖鱼类较多，既有海水也有淡水养殖种类。

1. 花鲈　花鲈（*Lateolabrax japonicas* Mclelland，图 1-1-16）俗称鲈鱼、鲈子、花寨、板鲈、鲈板等，英文名 Japanese sea perch，隶属鲈形目、鲈亚目（Percoidei）、鮨科（Serranidae）、花鲈属。主要分布于中国、朝鲜及日本的近岸浅海；中国沿海均有分布，喜栖息于河口附近，亦可进入江河淡水水域。

2. 虫纹雪鲈　虫纹雪鲈（*Macculochella peeli*，图 1-1-17）又称澳洲鳕、淡水鳕鲈等，隶属鲈形目、鲈亚目、鮨科、雪鲈属。原产于大洋洲，是澳大利亚著名的养殖鱼类，被称为"国宝"。虫纹雪鲈为大型鱼类，最大个体达 100 kg。虫纹雪鲈对水质要求较高，工厂化养殖放养密度可达 150 kg/m^3。虫纹雪鲈出肉率可达 52%，肉质雪白细腻、无腥味、口感好，其蛋白质含量 20%，脂肪含量 15%，是西式餐馆中的佳品。

养殖鱼类的生物学 第一章

图 1-1-16 花 鲈

图 1-1-17 虫纹雪鲈

(引自《中国海洋鱼类原色图集》，1993)

3. 翘嘴鳜 翘嘴鳜（*Siniperca chuatsi*，图 1-1-18），俗称鳜鱼、傲花等，隶属鲈形目、鲈亚目、鮨科、鳜属。在我国各个水系均有分布，春、夏、秋季常栖息于静水或缓流水体，冬季到深水区越冬，从仔鱼开始就以其他鱼类为食。肉质白嫩细腻、无肌间刺、味道鲜美、营养丰富，为淡水名贵鱼类。

4. 斑鳜 斑鳜（*Siniperca scherzeri* Steindachner，图 1-1-19）俗称石鳜，隶属鮨科、鳜属，体侧有暗色斑纹及环斑。分布广，主要生长在西江流域中，在鸭绿江水系较为常见。个体较小，生长较慢，可食冰鲜饵料，开发养殖潜力巨大。

图 1-1-18 翘嘴鳜

图 1-1-19 斑 鳜

(引自中国科学院水生生物研究所，1976)

5. 石斑鱼 石斑鱼（*Epinephelus*，图 1-1-20）隶属鲈形目、鮨科、石斑鱼属，广泛分布于热带、亚热带暖水海域，为暖水性礁栖鱼类。在我国分布于南海及东海南部，以南海较多，为暖水性的大中型海产鱼类。石斑鱼主要养殖种类有：①青石斑鱼（*Epinephelus awoara*），俗称鲈猫；②赤点石斑鱼（*Epinephelus akaara*），俗称红斑；③斜带石斑鱼（*Epinephelus coioides*），俗称青斑；④褐石斑鱼（*Epinephelus bruneus*），又称褐点石斑鱼，俗称老虎斑；⑤龙趸石斑鱼（*Epinephelus drummondhayi*），又称巨石斑鱼，俗称猪羔斑；⑥龙虎石斑鱼，又称珍珠龙胆石斑鱼、珍珠斑等，是龙趸石斑鱼（♂）与褐石斑鱼（♀）的杂交种。

图 1-1-20 石斑鱼

(引自《中国海洋鱼类原色图集》，1993)

6. 尼罗罗非鱼 尼罗罗非鱼（*Oreochromis niloticus*，图 1-1-21）俗称尼罗非鲫，属鲈形目、隆头鱼亚目（Labroidei）、慈鲷科（Cichlidae，又称丽鲷科、丽鱼科）、口孵光鳃罗非鱼属［*Oreochromis*，又称罗非鱼属（*Tilapia*）］，英文统称 tilapia。原产于非洲中东部（坦噶尼喀湖）和约旦等地，已被引入许多国家和地区开展养殖，是联合国推荐的优质养殖鱼类。罗非鱼的养殖种类还有奥利亚罗非鱼（*Oreochromis aureus*），又称蓝罗非鱼（blue tilapia）等。

图 1-1-21 尼罗罗非鱼及其养殖种类

奥尼罗非鱼为奥利亚罗非鱼（父本）和尼罗罗非鱼（母本）杂交所产生的子一代。雄性率达 90% 以上。吉富罗非鱼（cenetic improvement of farmed tilapia）是通过 4 个非洲原产地尼罗罗非鱼品系与亚洲广泛养殖的 4 个尼罗罗非鱼品系混合选育获得的子代，是实施罗非鱼遗传改良计划（GIFT 计划）所取得的成果，是水产动物育种的又一成功典范。

7. 大口黑鲈 大口黑鲈（*Micropterus salmoides*，图 1-1-22）俗称加州鲈、黑鲈等，隶属鲈形目、鲈亚目、太阳鱼科（Centrarchidae）、黑鲈属。原产于北美洲，是一种世界性的游钓鱼类。于 20 世纪 70 年代引进我国，经过多年的养殖发展,已推广到全国许多省份,已成为国内重要的淡水养殖品种之一。

8. 条纹鲈 条纹鲈(*Morone saxatilis* Walbaum,图1-1-23)俗称银花鲈、线鲈、条纹石鲈等,隶属鲈形目、鲈亚目、狼鲈科(Moronidae)、条纹鲈属。是一种溯河洄游性鱼类。广泛分布于大西洋沿岸温暖地区,从美国的墨西哥湾一直到路易斯安那州的沿海地区都有分布。1991年引进我国台湾省,1993年引进广东省。此外,杂交条纹鲈是雌性条纹鲈与雄性白鲈(*Morone chrysops*)的杂交 F_1 代,也广泛在淡水中养殖。

图1-1-22 大口黑鲈　　　　　　　　图1-1-23 条纹鲈

鲈科(Percidae)鲈属的河鲈(*Perca fluviatilis* Linnaeus)、梭鲈属的梭鲈(*Lucioperca lucioperca* Linnaeus)在我国新疆等地广泛养殖。

9. 尖吻鲈 尖吻鲈(*Lates calcarifer*,图1-1-24)俗称盲糟鱼、尖嘴鲈、金目鲈等,隶属鲈形目、尖吻鲈科(Latidae)、尖吻鲈亚科(Latinae)、尖吻鲈属。广泛分布在西太平洋和印度洋的热带和亚热带地区,为大型食用和游钓鱼,属温热带近岸鱼类。肉质鲜美,营养价值高,是优质高档的水产品,在国际市场上十分畅销。

10. 军曹鱼 军曹鱼(*Rachycentron canadum* Linnaeus,图1-1-25)俗称海鲡、海竺鱼,隶属鲈形目、军曹鱼科(Rachycentridae)、军曹鱼属。广泛分布于印度洋、太平洋和大西洋。在我国分布于南海、东海与黄海。为暖水性底层鱼类。栖息于热带及亚热带较深海区。个体大,生长速度快,年生长体重可达6~8 kg;肉质鲜美,商品价格高,是目前海水养殖的新宠,也是我国养殖最成功的海水鱼类之一。

图1-1-24 尖吻鲈　　　　　　　　图1-1-25 军曹鱼
(引自中国科学院动物研究所,1962)　　(引自《中国海洋鱼类原色图集》,1993)

11. 大黄鱼 大黄鱼（*Larimichthys crocea* Richardson，图 1-1-26）俗称大黄花鱼、大王鱼等，属鲈形目、石首鱼科（Sciaenidae）、黄鱼属。分布于黄海中部以南至琼州海峡以东的中国大陆近海及朝鲜西海岸，是我国近海主要经济鱼类。目前我国沿海地区特别是福建、广东等地有网箱、围网及土池等多种养殖模式。

石首鱼科养殖种类还有鮸（*Miichthys miiuy*）、鮸状黄姑鱼（*Nibea albiflora* Richardson）、眼斑拟石首鱼（*Sciaenops ocellatus*）、云斑犬牙石首鱼（*Cynoscion nebulosus*）等。

图 1-1-26 大黄鱼
（引自《中国海洋鱼类原色图集》，1993）

图 1-1-27 云斑犬牙石首鱼

12. 真鲷 真鲷（*Chrysophrys major*，图 1-1-28）俗称红加吉鱼。隶属鲈形目、鲷科（Sparidae）、真鲷属。主要分布于我国的黄海、渤海、东海、南海及日本、朝鲜和东南亚沿海。在我国南方沿海养殖较为普遍，也是人们喜食的名贵鱼类。

鲷科中的黑鲷（*Sparus macrocephalus*），石鲈科（Pomadasyidae）的胡椒鲷（*Plectorhynchus pictus*）、花尾胡椒鲷（*Plectorhynchus Cinctus*，图 1-1-29）、斜带髭鲷（*Hapalogenys nitens*）、横带髭鲷（*Hapalogenys mucronatus*）等也是海水养殖的主要种类。

图 1-1-28 真 鲷
（引自《中国海洋鱼类原色图集》，1993）

图 1-1-29 花尾胡椒鲷
（引自《中国海洋鱼类原色图集》，1993）

13. 黄条鰤 黄条鰤（*Seriola aureovittata*，图 1-1-30）俗称黄尾鰤、黄边鰤、黄犍子，隶属鲈形目、鲹科（Carangidae）、鰤属。分布于太平洋西部,是我国黄海南部常见种类。黄条𬶮适应性强,个体大、生长快,肉质细腻润滑,口感极佳,属高档食用性鱼类,已成为我国海水重点发展的养殖鱼类。

14. 卵形鲳鲹 卵形鲳鲹(*Trachinotus ovatus*,图1-1-31)俗称黄腊鲳、黄腊鲹、卵鲹、金鲳等,隶属鲹科、鲳鲹亚科(Trachinotinae)、鲳鲹属。广泛分布于大西洋、印度洋、太平洋的热带和温带海域,在我国分布于南海、东海和黄海。此外,布氏鲳鲹(*Trachinotus blochii*)也称金昌鱼,在我国南方沿海地区广泛饲养。

图1-1-30 黄条𬶮

图1-1-31 卵形鲳鲹

15. 云斑尖塘鳢 云斑尖塘鳢(*Oxyeleotris marmoratus* Bleeker,图1-1-32)又称笋壳鱼、泰国笋壳鱼、泰国鳢。隶属于鲈形目、虾虎鱼亚目(Gobioidei)、塘鳢科(Eleotridae)、尖塘鳢属。原产于东南亚和大洋洲,1987年从泰国引进我国养殖(珠江三角洲地区养殖量大)。

塘鳢科养殖鱼类还有中华乌塘鳢(*Bostrichthys sinensis* Lacepede)、鸭绿沙塘鳢(*Odontobutis obscura*,图1-1-33)、葛氏鲈塘鳢(*Perccottus glenii* Dybowski)等。

图1-1-32 云斑尖塘鳢

图1-1-33 鸭绿沙塘鳢

16. 乌鳢 乌鳢(*Channa argus* Cantor,图1-1-34)俗称黑鱼(北方和华东地区)、才鱼(湖北、湖南)、生鱼(广东、香港),又称北方蛇头鱼。隶属鲈形目、攀鲈亚目(Anabantoidei)、鳢科(channidae)、鳢属(*Channa*)。我国各大水系均有分布,湖北、江西、安徽、河南、山东、辽宁等地较多见。

鳢科养殖鱼类还有斑鳢(*Channa maculata*,图1-1-35)和月鳢(*Channa asiatica*),在我国主要分布于南方地区。

图 1-1-34 乌鳢　　　　　　　　　图 1-1-35 斑鳢

（引自中国科学院水生生物研究所，1976）

（四）鲇形目

鲇形目（Siluriformes）鱼类种类很多，养殖种类主要是鲇科（Siluridae）、胡子鲇科（Clariidae）、鮰科（Ictaluridae）、鳘（鮠）科（Bagridae）的种类。

1. 鲇　鲇（*Silurus asotus* Linnaeus，图 1-1-36）俗称土鲇，隶属鲇形目、鲇科、鲇属。在我国分布范围较广，除新疆、西藏等西部地区外，其他各水系均有分布。兰州鲇（*Silurus lanzhouensis* Chen）主要分布于黄河中上游及其附属水体。

2. 怀头鲇　怀头鲇（*Silurus soldatovi* Nikolsky et Soin，图 1-1-37）又称东北大口鲇、黑龙江六须鲇，俗称怀头鲇、怀子鲇等，属鲇形目、鲇科、鲇属。主要分布于黑龙江水系和辽河水系。南方鲇（*Silurus meridionalis* Chen）主要分布于长江流域及其以南的江河湖泊。

图 1-1-36 鲇　　　　　　　　　图 1-1-37 怀头鲇

3. 胡子鲇　胡子鲇（*Clarias fuscus*，图 1-1-38）又称塘虱鱼，隶属胡子鲇科（Clariidae）、胡子鲇属，在我国分布于长江以南各水系，以广东、福建较普遍。革胡子鲇（*Clarias lazera*）俗称埃及塘虱，主要分布于非洲尼罗河水系，热水性，鳃腔内有石花状、扇状辅助呼吸器官。

4. 斑点叉尾鮰　斑点叉尾鮰（*Ictalurus punctatus* Rafinsque，图 1-1-39）又称沟鲇，隶属鲇形目、鮰科、鮰属。主要分布于北美洲的淡水和半咸水水域。该种鱼是美国淡水养殖的主要鱼类，其个体大，适应性强，易繁殖，食性广，生长快，肉质上乘，商品价格高。1984 年引进我国养殖，现已成为我国重要的淡水养殖鱼类。云斑鮰（*Ictalurus nebulosus*）1984 年引进我国，现已广泛养殖。

图1-1-38 胡子鲇

图1-1-39 斑点叉尾𫚔

5. 长吻鮠 长吻鮠（*Leiocassis longirostris* Gunther，图1-1-40）俗称江团，隶属鲇形目、鲿（鮠）科、鮠属，主要分布于长江水系，嘉陵江最多，是四川、湖北一带著名的经济鱼类，是我国养殖鲿科鱼类中个体最大、生长最快的种类。乌苏里拟鲿（*Pseudobagrus ussuriensis* Dybowski，图1-1-41）广泛分布于黑龙江、乌苏里江、嫩江、松花江、珠江等水域，洪泽湖、太湖也有分布。

图1-1-40 长吻鮠

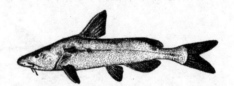
图1-1-41 乌苏里拟鲿

6. 黄颡鱼 黄颡鱼（*Pelteobagrus fulvidraco* Richardson，图1-1-42）俗称嘎鱼、嘎牙子、黄辣丁等，隶属鲇形目、鲿（鮠）科、黄颡鱼属。黄颡鱼分布广，在我国除西部高原地区外，其他各水系均有分布。瓦氏黄颡鱼（*Pelteobagrus vachelli* Richardson，图1-1-43）又称江黄颡鱼，广泛分布于长江、珠江、钱塘江、淮河、黄河及其支流，个体较大、生长较快。

图1-1-42 黄颡鱼

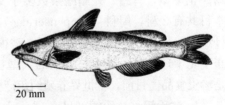
图1-1-43 瓦氏黄颡鱼

7. 斑鳠 斑鳠（*Mystus guttatus*，图1-1-44）又称梅花鲇，俗称鲇鱼、芝麻鲇、白须鲇等，隶属鲇形目、鲿（鮠）科、鳠属。在我国长江至珠江各水系有分布，南亚地区的湄公河流域及马来西亚、印度尼西亚的内陆河流也有分布。

8. 丝尾鳠 丝尾鳠（*Mystus numerus*，图1-1-45）俗称白须公，隶属

鲇形目、鲿（鲍）科、䱀属。主要分布于东南亚。在马来西亚自然环境中生长的丝尾䱀，1年可长到1 kg左右。

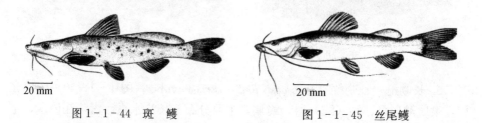

图1-1-44　斑䱀　　　　　　　图1-1-45　丝尾䱀

9. 苏氏圆腹䲁　苏氏圆腹䲁（*Pangasias sutchi*）又称苏氏鲇芒，俗称巴丁鱼、淡水白鲨等，隶属鲇形目、鲿鲇科（Pangasiidae）、圆腹䲁属。主要分布于东南亚一带的江河、湖泊中，是该地区重要的经济鱼类。

图1-1-46　苏氏圆腹䲁

(姚国成，1998)

（五）鲟形目

鲟形目（Acipenseriformes）鱼类隶属硬骨鱼纲（Osteichthyes）、辐鳍亚纲（Actinopterygii）、硬鳞总目（Ganoidomorpha），鱼体被硬鳞、骨板或裸露。歪尾型，背鳍、臀鳍鳍条数多于支鳍骨数。内骨骼为软骨，头部有膜骨。本目共有2科，鲟科（Acipenseridae），体具5行骨板，胸鳍有棘；匙吻鲟科（Polyodontidae），体无成行骨板，吻很长，似汤匙状，胸鳍无棘。本目鱼类分布于北半球，是一类生长较快的大型鱼类，除鱼肉可食用外，鱼卵（鱼子酱）是珍贵食品。目前，全世界养殖鲟年产量十几万吨，我国年产量已超过7万t。

1. 达氏鳇　达氏鳇（*Huso dauricus* Georgi，图1-1-47）俗称鳇鱼，隶属鲟形目、鲟科、鳇属。主要分布于黑龙江及与其较大支流相连的湖泊，以黑龙江中游为最多；其次分布于乌苏里江和松花江下游等水域，嫩江下游也偶有发现。欧洲鳇（*Huso huso* Linnaeus，图1-1-48）俗称黑海鳇、欧鳇，主要分布于里海（伏尔加河、乌拉尔河）、亚速海、黑海（多瑙河、第聂伯河等）和亚得里亚海及其相通的河流。

图1-1-47 达氏鳇

图1-1-48 欧洲鳇

2. 施氏鲟 施氏鲟（*Acipenser schrenckii* Brandt，图1-1-49）又称史氏鲟，俗称七粒浮子，隶属鲟形目、鲟科、鲟属。分布于黑龙江流域，自黑龙江上游至俄罗斯境内的黑龙江河口均有。

鲟科养殖对象还有西伯利亚鲟（*Acipenser baeri* Brandt，图1-1-50）、俄罗斯鲟（*Acipenser gueldenstaedti* Brandt，图1-1-51）、小体鲟（*Acipenser ruthenus* Linnaeus，图1-1-52）、闪光鲟（*Acipenser stellatus*，图1-1-53）、裸腹鲟（*Acipenser nudiventris* Lovetzky）、高首鲟（*Acipenser transmontanus*，图1-1-54）等。

图1-1-49 施氏鲟

图1-1-50 西伯利亚鲟

图1-1-51 俄罗斯鲟

图1-1-52 小体鲟

图1-1-53 闪光鲟

图1-1-54 高首鲟

3. 匙吻鲟 匙吻鲟（*Polyodon spathula*，图1-1-55）也称美国匙吻鲟，英文名paddlefish或spadefish。隶属鲟形目、匙吻鲟科（Polyodontidae，

图1-1-55 匙吻鲟

又称白鲟科)、匙吻鲟属。原产于北美洲，主要分布在密西西比河流域，尤其是密苏里河及其支流。属纯淡水种类，食性来源广，食浮游生物，适温范围广，生长速度快，适宜池塘、网箱饲养和大水面增养殖。

(六) 鲑形目

鲑鳟是鲑类和鳟类的统称，属鲑形目（Salmoniformes）、鲑亚目（Salmonoidei）、鲑科（Salmonidae）。这些鱼类在低温水域中繁衍和生长，称为冷水鱼。鱼体呈流线型，游泳速度快；口裂大，摄食凶猛，肉食性；体被小圆鳞，背鳍和腹鳍各一个，尾柄上方具一个脂鳍。

1. 虹鳟　虹鳟（*Oncorhynchus mykiss* Walhaum，图 1-1-56）属鲑形目、鲑亚目、鲑科、太平洋鲑属（又称大麻哈鱼属）。原产于北美洲北部和太平洋西岸，1874 年美国就开始饲养，后被引入多个国家进行养殖，是世界性养殖鱼类。养殖品种有道氏虹鳟和金鳟等，金鳟是虹鳟的变种。人工繁殖金鳟和繁殖三倍体虹鳟深受养殖者和消费者的青睐。银鲑（*Oncorhynchus kisutch*，图 1-1-57）又称银大麻哈鱼，也是主要养殖对象。

图 1-1-56　虹　鳟

图 1-1-57　银　鲑

2. 大西洋鲑　大西洋鲑（*Salmo salar* Linnaeus，图 1-1-58）又称安大略鲑，属鲑形目、鲑亚目、鲑科、鳟属（又称鲑属）。鳟属与太平洋鲑属是否为同一属尚存争议。原始栖息地为大西洋北部，即北美东北部、欧洲的斯堪的纳维亚半岛沿岸。

3. 哲罗鲑　哲罗鲑（*Hucho taimen* Pallas，图 1-1-59）又称太门哲罗鱼、巨型哲罗鱼，属鲑形目、鲑亚目、鲑科、哲罗鱼属。哲罗鲑多分布于我国境内的黑龙江、图们江、额尔齐斯河等水系。国外分布于俄罗斯西伯利亚的勒拿河到伯朝拉河，东欧的伏尔加河与乌拉尔河上游等河流。除有太门哲罗鱼外，还有多瑙河哲罗鱼（*Hucho hucho*）、远东哲罗鱼（*Hucho perryi*）、川陕哲罗鱼（*Hucho bleekeri*）和石川氏哲罗鱼（*Hucho ishikawai*），后两种在我国也有分布。

图 1-1-58 大西洋鲑　　　　图 1-1-59 哲罗鲑

4. 细鳞鱼　细鳞鱼（*Brachymystax lenok* Pallas，图 1-1-60）又称细鳞鲑，属鲑形目、鲑亚目、鲑科、细鳞鱼属。在我国主要分布于东北地区的黑龙江、鸭绿江、图们江、辽河上游，华北地区的白河、滦河上游，新疆地区的额尔齐斯河以及甘肃和陕西秦岭的渭河支流等。在俄罗斯、蒙古国和朝鲜也有分布。秦岭细鳞鱼是我国特产的一个亚种，被列为国家Ⅱ级保护动物。

5. 高白鲑　高白鲑（*Coregonus peled* Gmelin，图 1-1-61）属鲑形目、鲑科、白鲑属。主要分布于北纬 50°以北俄罗斯境内梅津河至科雷马河一带的湖泊，多见于西伯利亚鄂毕河流域。我国从 1998 年开始从俄罗斯引种饲养，并向赛里木湖等水域放流，年产量已突破 100 t。在云南、四川、黑龙江、内蒙古、青海等地区已有养殖。除高白鲑外，还引进了该属中的凹目白鲑（*Coregonus autumnalis*）、加拿大白鲑（*Coregonus artedi* Lesueur，又称湖鲱）等种类。

鲑科养殖种类还有美洲红点鲑（*Salvelinus fontinalis* Mitchill）、花羔红点鲑（*Salvelinus malma* Walbaum）等。此外，茴鱼科（Thymallidae）的茴鱼（*Thymallus arcticus* Pallas）、胡瓜鱼亚目（Osmeroidei）香鱼科（Plecoglossidae）的香鱼（*Plecoglossus altivelis*）也在试验养殖。

图 1-1-60 细鳞鱼　　　　图 1-1-61 高白鲑

6. 大银鱼　大银鱼（*Protosalanx hyalocranius* Abbott，图 1-1-62）俗称面条鱼，隶属鲑形目、胡瓜鱼亚目、银鱼科（Salangidae）、银鱼属，在中国

图 1-1-62 大银鱼
（引自中国科学院水生生物研究所，1982）

主要分布于东海、黄海、渤海沿海及长江、淮河中下游河道和湖泊水库，属河口性鱼类，可在水库陆封形成淡水定居种类。经济价值较高，适于移殖。

银鱼科新银鱼属的太湖新银鱼（*Neosalanx taihuensis* Chen）主要分布于长江中下游及附属湖泊，也是淡水湖泊、水库重要的移殖驯化对象。此外，胡瓜鱼亚目胡瓜鱼科（Osmeridae）的池沼公鱼（*Hypomesus olidus*）、西太公鱼（*Hypomesus nipponensis*）也可移殖驯化。

7. 白斑狗鱼　白斑狗鱼（*Esox lucius*，图 1-1-63）俗称狗鱼、鸭鱼，隶属鲑形目、狗鱼亚目（Esocoidei）、狗鱼科（Esocidae）、狗鱼属。分布于北美洲及欧洲、亚洲大陆北部的淡水流域。

黑斑狗鱼（*Esox reicherti*，图 1-1-64）主要分布于俄罗斯、蒙古国和我国的嫩江、黑龙江、松花江、乌苏里江、达赉湖、镜泊湖、五大连池、绥芬河等水域。

图 1-1-63　白斑狗鱼

图 1-1-64　黑斑狗鱼

（七）鲽形目

1. 牙鲆　牙鲆（*Paralichthys olivaceus* Temminck et Schlegel，图 1-1-65）又称褐牙鲆，俗称牙片鱼、偏口鱼、左口鱼等，属鲽形目（Pleuronectiformes）、鲆科（Bothidae）、牙鲆属。分布于北太平洋西部，我国黄海和渤海产量较多，东海和南海较少。

2. 大菱鲆　大菱鲆（*Scophthalmus maximus* Linnaeus，图 1-1-66）又称瘤棘鲆，俗称多宝鱼。属鲽形目、鲽亚目（Pleuronectoidei）、鲆科、菱鲆属。原产于北大西洋及其咸淡水交界地区，分布地区北起冰岛，南至摩洛哥沿海，常见于北海和波罗的海。1992 年引入我国进行养殖。

3. 漠斑牙鲆　漠斑牙鲆（*Paralichthys lethostigma*，图 1-1-67）又称墨斑牙鲆，俗称南方鲆（美国），属鲽形目、鲆科、牙鲆属。原产于美国大西洋沿海，主要分布于美国北卡罗来纳州北部至佛罗里达州北部、坦帕湾以及得克萨斯州墨西哥湾沿岸咸淡水交界水域。

图1-1-65 牙鲆　　　　　图1-1-66 大菱鲆

（引自《中国海洋鱼类原色图集》，1993）

4. 圆斑星鲽　圆斑星鲽（*Verasper variegatus* Temminck et Schegel，图1-1-68）俗称花瓶鱼、花片鱼、花斑宝等，属鲽形目、鲽科（Pleuronectidae）、星鲽属。分布在我国黄海、渤海以及韩国和日本的北部沿海。肉质洁白如玉、细嫩鲜美，皮下含有丰富的胶质，营养丰富，天然资源已非常稀少。该属养殖对象还有条斑星鲽（*Verasper moseri* Jordan et Gilbert）。

图1-1-67 漠斑牙鲆　　　　　图1-1-68 圆斑星鲽

5. 钝吻黄盖鲽　钝吻黄盖鲽（*Pseudoplouronectes yokohamae* Gunther，图1-1-69）俗称小嘴鱼、沙盖鱼等，属鲽形目、鲽科、黄盖鲽属。分布于太平洋西部近海，中国、朝鲜和日本沿海均产。石鲽属的石鲽（*Kareius bicoloratus* Basilewsky，图1-1-70）是我国北方沿海地区主要养殖对象。大西洋庸鲽（*Hippoglossus hippoglossus*）是欧洲养殖比目鱼中个体最大的种类。

6. 半滑舌鳎　半滑舌鳎（*Cynoglossus semilaevis* Gunther，图1-1-71）俗称舌头鱼、鳎目、鳎板等，属鲽形目、鳎亚目（Soleoidei）、舌鳎科（Cynoglossidae）、舌鳎属。主要分布于中国近海海域，是一种暖温性近海大型底层鱼类。肉质味道鲜美，口感爽滑，久煮而不老，无腥味和异味，蛋白质含量高，营养丰富，是人们喜食和养殖的鱼类。该属中的宽体舌鳎（*Cynoglossus robustus*，图1-1-72）是我国北方沿海养殖种类。

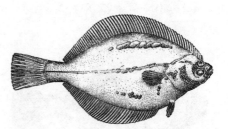

图1-1-69 钝吻黄盖鲽　　　　　图1-1-70 石鲽
（引自《中国海洋鱼类原色图集》，1993）

图1-1-71 半滑舌鳎　　　　　图1-1-72 宽体舌鳎
（引自《中国海洋鱼类原色图集》，1993）

（八）鳗鲡目

1. 日本鳗鲡　日本鳗鲡（*Anguilla japonica*，图1-1-73）俗名白鳝、青鳝、鳗鱼、白鳗等，隶属鳗鲡目（Anguilliformes）、鳗鲡科（Anguillidae）、鳗鲡属。广布于日本北海道至菲律宾间的西太平洋水域，产卵场在以琉球海沟为中心的海域。为溯河生长、降海生殖洄游鱼类，主要分布在越南、菲律宾、中国、朝鲜半岛和日本列岛（北部一些地区除外）。我国北起鸭绿江河口南至台湾诸多河口均能见到鳗鲡苗溯河，以长江口一带的江河为主要产区，捕捞季节为每年春、秋两季。

2. 欧洲鳗鲡　欧洲鳗鲡（*Anguilla anguilla*，图1-1-74）简称欧鳗，隶属鳗鲡目、鳗鲡科、鳗鲡属。原产于大西洋及地中海、波罗的海、摩洛哥和斯堪的纳维亚半岛附近的海域。20世纪50年代开始养殖，70年代引进中国台湾，90年代引进大陆养殖。

图1-1-73 日本鳗鲡　　　　　图1-1-74 欧洲鳗鲡

美洲鳗鲡（*Anguilla rostrata*）是继日本鳗鲡后商业养鳗的新品种。我国在江、浙、闽、粤等沿海省份养殖，年产量在 10 万 t 左右。

（九）鲀形目

1. 红鳍东方鲀　红鳍东方鲀（*Takifugu rubripes* Temminck et Schlegel，图 1-1-75）俗称黑廷巴鱼、黑腊头鱼等，属鲀形目（Tetraodontiformes）、鲀亚目（Tetraodontoidei）、鲀科（Tetraodontidae）、东方鲀属（*Takifugu* 或 *Fugu*）。红鳍东方鲀是暖水性海洋底栖鱼类，分布于北太平洋西部，在我国各大海区都有捕获。其皮肤、生殖腺、肝、血液中含有毒素，特别是繁殖期间毒性最大。该属除红鳍东方鲀外，还有假睛东方鲀（*Takifugu pseudommus* Chu）。

2. 暗纹东方鲀　暗纹东方鲀（*Takifugu fasciatus* Mclelland，图 1-1-76）俗称河鲀，属鲀形目、鲀亚目、鲀科、东方鲀属。主要分布于我国近海（东海、黄海、渤海）和长江中下游，是海淡水洄游鱼类，春季亲鱼由海逆河产卵，幼鱼在长江、湖泊中肥育，翌年春入海。

图 1-1-75　红鳍东方鲀

图 1-1-76　暗纹东方鲀

（引自《中国海洋鱼类原色图集》，1993）

（十）其他养殖鱼类

1. 鲻　鲻（*Mugil cephalus*，图 1-1-77）俗称乌鲻、乌头鱼等，隶属鲻形目（Mugiliformes）、鲻科（Mugilidae）、鲻属（*Mugil*）。在我国广泛分布于沿海及通海的河流中，南方沿海数量较多。

2. 梭鱼　梭鱼（*Liza haematocheila*，图 1-1-78）俗称红眼鱼、红眼棱梭、红眼鲻，隶属鲻形目、鲻科、梭鱼属。分布于北太平洋西部，我国沿海及通海河均有分布，以北方沿海较为常见。

图 1-1-77　鲻

图 1-1-78　梭鱼

（引自《中国海洋鱼类原色图集》，1993）

3. 松江鲈 松江鲈（*Trachidermus fasciatus* Hechel，图1-1-79）又称四鳃鲈鱼，俗称花花娘子、媳妇鱼等。隶属鲉形目（Scorpaeniformes）、杜父鱼亚目（Cottoidei）、杜父鱼科（Cottidae）、松江鲈属（*Trachidermus*）。为近海溯河洄游鱼类，我国沿海均有分布，以上海市松江区产的最为著名，故名松江鲈。

图1-1-79 松江鲈

4. 许氏平鲉 许氏平鲉（*Sebastes schlegeli*，图1-1-80）又称黑鲪、黑石鲈，俗称黑鱼、黑寨鱼，隶属鲉形目、鲉科（Scorpaenidae）、平鲉属（*Sebastes*）。分布于北太平洋西部，我国渤海、黄海、东海有其分布，以渤海、黄海的产量较多；在山东、辽宁沿海有"黑石斑"之称。

5. 大泷六线鱼 大泷六线鱼（*Hexagrammos otakii*，图1-1-81）俗称黄鱼、海黄鱼、六线鱼等，隶属鲉形目、六线鱼科（Hexagrammidae）、六线鱼属（*Hexagrammos*）。分布于太平洋北部浅海，如中国、日本、朝鲜半岛南部沿海。我国黄海、渤海有一定产量，其中辽宁省沿海产量较多。

图1-1-80 许氏平鲉

图1-1-81 大泷六线鱼

（引自《中国海洋鱼类原色图集》，1993）

6. 黄鳝 黄鳝（*Monopterus albus*，图1-1-82）俗称鳝鱼，隶属合鳃目（Synbranchiformes）、合鳃科（Synbranchidae）、黄鳝属，在我国除青藏高原外，全国各地均产，长江流域较多，4~8月为生产旺季。

7. 遮目鱼 遮目鱼（*Chanos chanos*，图1-1-83）俗称虱目鱼，隶属鼠鳝目（Gonorhynchiformes）、遮目鱼科（Chanidae）、遮目鱼属（*Chanos*）。分布于印度洋和太平洋。在我国产于南海和东海南部，尤以海南岛及南海诸岛产量较多。遮目鱼为港养鱼类之一，此鱼生长迅速，是南方沿海发展港养的重要品种。自然捕捞多在春、秋两季；港养鱼则春季投苗，晚秋起捕。

图1-1-82 黄鳝
（伍献文等，1963）

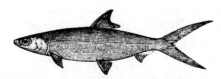
图1-1-83 遮目鱼
（引自《中国海洋鱼类原色图集》，1993）

第二节 鱼类的摄食与食性

摄食是鱼类重要的生命活动，其摄食能力和饵料状况直接影响鱼的生存、发育和繁殖。了解养殖鱼类摄食器官、消化器官的形态结构及其功能对养殖生产具有十分重要的意义。

一、食性分析与营养类型

天然水域中鱼类食性的分析，通常采用现场解剖，对其胃肠中的食物进行鉴定。鱼类食性定性分析时，要求鉴定到什么程度，以研究的目的和要求而定。一般对主要食物要求鉴定到种，而一些次要食物只需鉴定到属，甚至科、目即可（因为鉴定到种，其工作量会很大）。鉴定时由于食物大多被消化或部分消化，可利用一些不易消化的成分，如硅藻的细胞壁、软体动物的外壳及鱼类的骨片等来区别。定性分析时，对有胃鱼类一般取胃含物，对无胃类一般取前肠中的食物进行分析。

（一）食物组成的表示方法

出现次数：某种或某类食物在样品中的次数。

出现次数百分比：在样品中，某种或某类食物出现的次数与各种食物出现的总次数的比，以百分数表示。

出现率：在检查样品中，某种或某类食物出现的次数占样品数的百分比。凡空胃的样品，不计算在样品数中。

三角鲂食物组成指标见表1-2-1。

表 1-2-1　三角鲂食物组成指标

食物种类	水生植物	软体动物	昆虫	小鱼	总数	样品数
出现次数	16	10	6	1	33	25
出现次数百分比/%	48.5	30.3	18.2	3.0		
出现率/%	64	40	24	4		

根据鱼类食物组成中，各种类别的食物生物的个体大小、所占实际比重以及营养价值，通常把鱼类的食物分成主要食物、次要食物和偶然食物。①主要食物：在鱼类食物组成中所占实际比重最高，对鱼类的营养起主要作用。②次要食物：经常被鱼类利用，但所占实际比重不大。③偶然食物：偶然附带摄入，所占实际比重极小的饵料生物。

（二）鱼类对食物的选择性

大量研究结果表明，鱼类对水体中的食物是具有一定的选择能力的。也就是说，鱼类对其周围环境中原有一定比例关系的各种食物，具有选取一种食物比例的能力。这种选择能力是根据鱼类对食物的一定要求和环境中这种食物的易于获得的程度来决定的。也就是说取决于鱼类对食物的喜好性和易得性。根据鱼类对食物的选择程度，可把鱼类的食物划分为喜好、替代和强制食物。喜好食物是最优先选取的食物，在鱼类的食物中往往是主要食物；替代食物是指喜好食物存在时，鱼类通常很少选取，而当喜好食物缺少时，鱼类大量选取的食物，这时替代食物已成了主要食物。当喜好食物和替代食物都不存在时，鱼类为维持生存而被迫选取的食物，称为强制食物。

常用选择性指数（指标）表示鱼类对周围环境中饵料基础的选择性。

饵料资源：水体中存在的所有动物、植物、微生物及其分解产物，不管现有鱼类是否利用它。

饵料基础：在饵料资源中，被现有各种鱼类所经常利用的那一部分。

选择性指数的表达可有三种形式：

$$E = r_i / p_i$$
$$E = (r_i - p_i) / p_i$$
$$E = (r_i - p_i) / (r_i + p_i)$$

式中：E 为鱼类对食物的选择性；r_i 为消化道中某一饵料成分的百分数；p_i 为饵料基础中同一成分的百分数。

$E=1$ 时，无选择；$E>1$ 时，喜好、易得；$E<1$ 时，不喜好、不易得。

（三）鱼类的营养类型

鱼类所摄取的食物种类很多，水域中生活着的许多动物和植物，其中大部分是鱼类的饵料。根据天然水域各种鱼类成鱼阶段所摄取的主要食物性质，可将养殖鱼类的食性类型分为以下几种：

1. 植物食性 植物食性鱼类又称草食性鱼类。这些鱼类的主要饵料是植物，即以高等水生维管束植物（水草）或低等的浮游藻类、底栖藻类或有机碎屑为食。植物食性鱼类在淡水鱼类中较多。我国著名的草鱼是典型的草食性鱼类，可主食各种水草，也能摄食人工颗粒饲料。此外，长春鳊（*Parabramis pekinensis*）、团头鲂和赤眼鳟（*Squaliobarbus curriculus*）等以鲜嫩的水草为食，但摄食水草的能力不如草鱼。

许多鱼类的仔鱼、稚鱼阶段的主要食物是浮游藻类和着生藻类，也有不少鱼类的成鱼阶段以藻类为食。鲢的主要食物是浮游藻类、浮游细菌和有机碎屑。鲮、细鳞斜颌鲴和香鱼的主要食物是底栖藻类和有机碎屑。鲻、梭鱼、遮目鱼食物中底栖藻类、腐殖质和有机碎屑也占有相当大的比例。

2. 动物食性 动物食性鱼类又称肉食性鱼类。这些鱼类的主要饵料是动物，包括浮游动物、底栖动物、鱼、虾等。以动物为主要食物的鱼类很多，根据摄食对象的不同，可分为浮游动物食性、温和肉食性和凶猛肉食性鱼类。

（1）浮游动物食性 摄食对象主要是甲壳类，如桡足类、枝角类、轮虫类等。它们鳃耙比较细密，能滤食浮游动物。鳙和匙吻鲟是典型的浮游动物食性鱼类，洄游的长颌鲚（*Coilia macrognathos*）和鲥（*Tenualosa reevesi*）的主要食物也是浮游动物。海洋中的鲸鲨（*Rhincodon typus*）和姥鲨（*Cetorhinus maximus*）主要滤食浮游动物。

（2）温和肉食性 它们的摄食对象主要是水中的无脊椎动物。青鱼以螺、蚌、蚬等软体动物为主要食物。真鲷主要摄食底栖动物，如瓣鳃类、短尾类、海胆类、长尾类等。黄颡鱼食物中有大量虾类。还有不少种类，如胭脂鱼、铜鱼（*Coreius heterodon*）等，它们生活在水底层，以水丝蚓、水生昆虫、淡水壳菜等为食。

（3）凶猛肉食性 摄食对象是活体脊椎动物，主要是鱼类，甚至包括本种。凶猛肉食性鱼类口裂大，有的种类上、下颌具锐利的齿，便于捕获和撕裂食物；它们游泳速度快、行动敏捷，善于追捕猎物。凶猛肉食性鱼类种类较多，淡水中的鳡（*Elopichthys bambusa*）、翘嘴鳜、大口黑鲈、梭鲈、翘嘴红鲌、乌鳢、白斑狗鱼、哲罗鲑等为凶猛肉食性鱼类；海水中的花鲈、黄条鰤、牙鲆、大菱鲆、大西洋庸鲽等为凶猛肉食性鱼类。怀头鲇、南方鲇、胡子鲇除猎捕活体脊椎动物外，还能摄食动物尸肉等，也属凶猛肉食性鱼类。

3. 杂食性 这些鱼类食物比较广泛，摄食对象中既有植物也有动物，也食腐殖质和有机碎屑等。鲤、鲫是典型的杂食性鱼类，鲤偏于动物性饵料，鲫偏于植物性饵料。鲤的食物中有枝角类、桡足类、摇蚊幼虫、水丝蚓等无脊椎动物，也有小鱼虾，还有少量的藻类或水草；鲫的食物中有枝角类、桡足类等动物性饵料，也有植物种子和有机碎屑等。泥鳅和大鳞副泥鳅是典型的杂食性鱼类，摄食的食物中包括昆虫幼虫、甲壳类、高等水生植物、藻类等，也食大量腐殖质和有机碎屑。

如果按所食饵料生物的生态型划分鱼类食性类型，可分为浮游生物食性、底栖生物食性、捕食动物食性和草食性。如果按摄取食物种类的多少，可分为狭食性和广食性。

必须指出，鱼类食性类型的划分是相对的，只能说明一种鱼类对某种或某些食物的喜好。其实，大多数鱼类的食谱不是一成不变的，绝大多数鱼类仔鱼和稚鱼阶段都是以浮游动物为食的；成鱼阶段，鱼类能否摄取到喜食的饵料，一方面与栖息环境中饵料生物的种类和数量有关，另一方面还与本身摄食器官、消化器官的形态结构及能力相适应。

二、摄食器官与摄食方式

每一种鱼类都有其适应的食物对象，其感觉器官适应于觅食、摄食器官适应于捕食、消化器官适应于消化食物，其中摄食器官的形态结构及其功能是决定食物对象的主要因素。鱼类摄食器官包括口、须、颌齿、咽齿、鳃耙等，其摄食器官的形态结构与摄食方式是统一的。根据摄食器官的形态结构及其功能特点，可将养殖鱼类摄食方式划分为以下几种类型。

（一）追捕猎食型

追捕猎食型鱼类为凶猛肉食性鱼类，一般为大中型鱼类，口裂较大，多具颌齿；身体为流线型、游泳速度快、行动敏捷，适应于追逐和捕食鱼虾。如虹鳟、狗鱼、花鲈、鳡、鳜、翘嘴红鲌等。

狗鱼性情凶猛残忍，行动异常迅速、敏捷，个体在 50 g 以上，游泳速度在 8 km/h 以上，主要捕食活鱼。翘嘴红鲌属中上层大型鱼类，行动迅猛，个体在 50 g 以上，主要捕食活鱼。

（二）伏击掠食型

伏击掠食型鱼类为凶猛肉食性鱼类，一般为大中型鱼类，口裂较大，具颌齿；身体上具有斑点或花纹，具有保护色，善于隐藏；当饵料动物接近时，采取伏击掠食方式捕食。如牙鲆、大菱鲆、漠斑牙鲆、鲇、怀头鲇、南方鲇、乌鳢等。

牙鲆、大菱鲆和漠斑牙鲆营底栖生活，身体具保护色，隐藏于水底，当有鱼、虾等猎物时，迅猛游起猎捕食物。乌鳢常潜伏于浅水水草较多或隐藏物附近，密切注视周围动静，当有鱼、虾等猎物时，便静静地由水底潜行靠近，然后以迅速猛冲的姿势张开大口将猎物捕获。

（三）游牧吞食型

游牧吞食型鱼类大多数为无胃鱼类，为草食性或杂食性。这些鱼类的摄食节律不明显，生活时大部分时间在觅食和摄食，其摄食方式是游牧式的。如鲤、鲫、草鱼、团头鲂、青鱼等。

鲤、鲫是典型的杂食性鱼类，鲤偏动物性饵料，鲫偏植物性饵料。鲤适应于在底泥中掘食，其摄食器官有一系列特化。鲤的触须发达，前筛骨与上、下颌骨相配合形成可伸缩的管状，适应于在底泥中觅食和掘食，可挖掘埋在底泥中的食物。

草鱼鳃耙短而少，咽齿强壮，呈梳状，切割有力，角质垫发达。草鱼吃草时先把草吞入口中，送入咽底，靠咽齿与角质垫相研磨，将食物磨碎才能吞入消化管中。草鱼只能消化利用被磨碎的细胞质内的原生质。草鱼的消化管没有绒毛突出，含有黏膜褶，分泌的黏液多，再生能力强。所以，我们常见草鱼粪便外包有很厚的一层膜，这是对粗糙水草的一种生理适应。

青鱼虽然不具颌齿，但能摄食软体动物，因为其角质垫发达，咽齿强壮，呈臼状，碾压有力。青鱼先是把螺蛳吞入口腔，送入咽底，靠咽齿与角质垫碾压将螺蛳壳压碎，然后吐出壳皮，再将螺蛳肉吞入消化管中。

（四）刮取吸食型

刮取吸食型鱼类口部结构特化，如上、下颌增厚或具角质化，它们摄食的共同特点是在水底刮食和吸食食物。如细鳞斜颌鲴、香鱼、鲮、鲻、梭鱼、遮目鱼、胭脂鱼、施氏鲟、西伯利亚鲟、俄罗斯鲟等。

细鳞斜颌鲴栖息于水体中下层，以低等植物、有机碎屑和底栖生物为食。全长 3.0 cm 以上的幼鱼和成鱼，随着下颌角质化的发展，逐渐转以食腐殖质、植物碎屑和藻类为主。

香鱼、鲮等利用上、下颌的角质边缘在水底的岩石等物体上刮食附生硅藻类、绿藻和丝状藻、腐殖质和有机碎屑，也食人工饲料。

鲻、梭鱼、遮目鱼等具有吸食功能，可吸食水底表面的藻类、腐殖质和有机碎屑等。

施氏鲟等多数鲟在仔鱼、稚鱼阶段以底栖无脊椎动物为主要食物，如甲壳动物、摇蚊类和毛翅目幼虫及水丝蚓等；幼鱼以后靠口膜的伸缩吸吮来捕食小鱼、虾类、底栖动物等，也食一些高等植物的碎屑、藻类和泥沙中的有机物质。

（五）滤食型

鲢、鳙是典型的滤食型鱼类，匙吻鲟是大型滤食型鱼类。此外，白鲫、尼罗罗非鱼等一些杂食性鱼类也具有一定滤食功能。

鲢、鳙的滤食器官由鳃弧骨、腭褶、鳃耙和鳃耙管（又称鳃上器官）四部分组成（图1-2-1）。

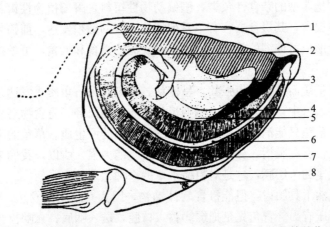

图1-2-1　鳙头部去鳃盖后侧面观（示鳃耙、腭褶和鳃耙管的位置）
1. 上锁骨　2. 上鳃骨　3. 鳃耙管　4. 鳃耙　5. 腭褶　6. 第一鳃弓角鳃骨　7. 鳃丝　8. 匙骨

（刘焕亮，1981）

鲢、鳙头部两侧有4对鳃弧骨，每个鳃弧骨由咽鳃骨、上鳃骨、角鳃骨、下鳃骨和不成对的基鳃骨组成。第五对鳃弧骨特化成下咽骨。鳃弧骨是鳃耙和鳃丝附着的基础，鳃耙管的支架。腭褶是口腔顶部的黏膜突出形成的纵嵴。两边的腭褶较长，愈近中央愈短；中央的一个呈"人"形，分叉的一端向后。9个腭褶镶嵌于与其对应的鳃耙沟（鳃耙沟是指同一鳃弧骨上两列鳃耙之间的缝隙）中，中央的"人"形腭褶正好镶嵌在第五对鳃弧骨两侧鳃耙所形成的沟中。咽喉位于其后端的分叉处。各腭沟前后纵行，左右对称，呈"八"形排列。腭沟正好夹着相邻两鳃弧骨上内外两列鳃耙的尖端。鳃弧骨上靠近鳃盖一侧的鳃耙称为外鳃耙，反向的称为内鳃耙。鳃耙是鲢、鳙滤食器官的主要部分，它们摄食的食物不同主要是由鳃耙的形状、结构及排列不同所致。

鳙的鳃耙长度约等于或短于鳃丝。体长 42.7 cm 的鳙，第一外列鳃耙共有 695 条鳃耙，每毫米鳃弧骨有 3~7 条鳃耙。每一鳃弧骨上各段鳃耙的密度也不同，一般是后段最密，前端次之，中段最稀。鳙的鳃耙呈佩刀状（图1-2-2左），分为基部、颈部和杆部三部分，基部为三角形，附着在鳃弧骨上。颈部细而短。杆部较大，呈刀形，向着鳃耙沟的一面较厚而光滑，称为背部，另一面较薄，称为刃部。鳃耙管中的鳃耙结构与管外相同，但管末端的鳃耙基部特别宽大。

鲢的鳃耙比鳃丝长，两者的比值为 1 : (0.82~0.83)。一条体长 36 cm 的鲢，第一外列鳃耙共有 1 781 条鳃耙，平均每毫米 10.1~16.8 条，耙间距平均为 33.75~56.25 μm。鳃耙杆部背部两侧也有侧突起。第一外列鳃耙的中段平均每毫米有 30~30.3 个侧突起，侧突起间距为 18.75 μm，约为鳙的 1/2。

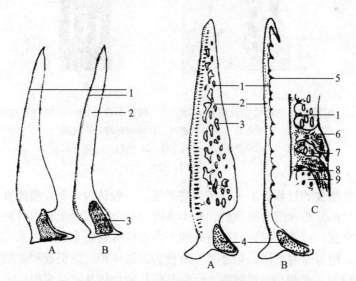

图 1-2-2　鳙（左）、鲢（右）第一角鳃骨中段上的鳃耙

A. 宽鳃耙　B. 窄鳃耙　C. 宽窄鳃耙与内外鳃耙网的联结情形

（左）1. 侧突起　2. 杆部　3. 基部　（右）1、6. 内鳃耙网　2. 杆部　3. 小孔
4. 基部　5. 小齿　6. 外鳃耙网　7. 小孔　8. 窄鳃耙　9. 宽鳃耙

（刘焕亮，1981）

鲢的鳃耙（图1-2-2右）与鳙的鳃耙有所不同，各个鳃耙不是分离的，而是由横连接连成的网。将宽鳃耙刃部连在一起的横连接称为宽鳃耙网或筛膜。它位于每列鳃耙的外侧，故称为外鳃耙网。连接窄鳃耙的较窄横连接称为窄鳃耙网，因其在每列鳃耙的内侧，又称内鳃耙网。内、外鳃耙网之间也以结缔组织相联系。外鳃耙网很厚，在自鳃弧骨至鳃耙尖端的1/2～2/3处有椭圆形穿孔。在鳃耙网穿孔处可见：鳃耙网向着鳃耙基部和身体后方的方向呈锐角倾斜，可使由口进入口腔的水流顺利流过鳃耙及其下部和后方。内鳃耙网较细，内有薄骨片。每个横连接与窄鳃耙刃部的各个小齿相连接，并连接外鳃耙网和宽鳃耙（图1-2-3）。

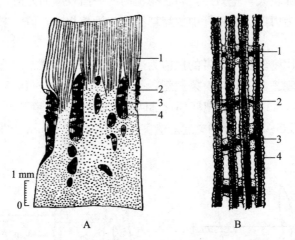

图1-2-3　鲢第一外列鳃弧中段鳃耙尖端（A）和背面观（B）（示侧突起和内鳃耙网）
A：1. 放射纹　2. 外鳃耙网　3. 内鳃耙网　4. 鳃耙
B：1. 内鳃耙网　2. 骨质下桥　3. 鳃耙　4. 侧突起
（刘焕亮，1981）

鲢、鳙滤食的过程尚未见真实观察报道。一般认为，鲢、鳙滤食是靠滤食器官的各个部分相互配合完成的。在生活时，每个鳃弧骨上的内外两列鳃耙不断张开、合拢。口张开时，口腔内外的压力差使食物随水一起进入口腔。口腔顶部上提，鳃盖暂时关闭，局部吸力使食物通过鳃耙、侧突起和鳃耙网，而滤积在鳃耙沟中，水和小于耙间距、侧突起间距的物体从鳃孔流出，大的物体被排出鳃耙沟。镶嵌在鳃耙沟中的腭褶分泌黏液和蠕动，使积留在鳃耙沟中的浮游物等食物成团。食物团被水流不断冲击，加上腭褶的波动而沿鳃耙沟向咽喉移动。食物到了腭褶变低处，靠近咽喉底部时，鳃耙管壁肌肉收缩，从管中压出水流把食物驱集进入咽底，然后进入消化道。

鲢、鳙食性差异主要是因为两者滤食器官的形态结构不同。鳙的耙间距和侧突起间距均为鲢的 2 倍，大多数浮游植物进入鳙的滤食器官时很快通过滤食器官而未被滤下，但大多数浮游动物则被滤下留在鳃耙沟中。鳙肠道中食物便以浮游动物为主，而鲢肠道中则以浮游植物为主。鲢的食物颗粒小，鳃耙致密，单位面积鳃耙上所承受的阻力较鳙大，所以，鲢鳃耙具有各种横向连接而呈海绵状，以应滤食之需。由于鳙的滤水效率高，在浮游生物饵料密度不高的湖泊、水库中其滤食优势得以发挥，因而生长较鲢快。而在大部分精养池塘中，一般浮游植物生物量大于浮游动物生物量，鲢的滤食优势得以发挥，因而生长较鳙快。鲢、鳙滤食行为不同于呼吸行为，前者迅速吞水，闭口，由鳃盖排出水，而后者慢而无力。

三、摄食量与摄食节律

在鱼类饲养中，人们必然考虑何时给鱼投饵和在一定时间内应投饵的数量。因此，了解养殖鱼类摄食量和摄食节律对养殖生产具有十分重要的意义。

（一）摄食量指标

在对天然水域鱼类摄食强度分析时，通常用食物充塞度和饱满指数两个指标衡量。

1. 充塞度　用目测法观察消化道所含食物的比重和等级。

0 级：空消化道或消化道中有极少量食物。

1 级：只部分消化道中有少量食物或食物占消化道的 1/4。

2 级：全部消化道有少量食物或食物占消化道的 1/2。

3 级：食物较多，充塞度中等，食物占消化道的 3/4。

4 级：食物多，充塞全部消化道。

5 级：食物极多，消化道膨胀。

2. 饱满指数（充塞指数）　饱满指数（K）是表示摄食强度的另一种方法，用食物重量来阐明营养状况。

$$K = 食物团重 / 鱼体重 \times 100（或 1\,000、10\,000）$$

公式中的鱼体重常用去内脏重，凶猛肉食性鱼类常用 100，杂食性和温和性鱼类采用 1 000 和 10 000。

（二）鱼类日粮研究方法

鱼类个体摄食量（food consumption）可分为一次摄食量和日摄食量，日摄食量通常以日粮（ration）（也称摄食率）表示，即鱼类一昼夜采食的、能满足其营养需要的食物量（日摄食食物重量占摄食鱼体重的百分数）。采用解剖分析消化道中食物的方法是不能了解鱼类日粮的，因而也不能说明鱼类对水体中食物的消耗量，以及水体中饵料基础是否满足鱼类的需要和饵料是否得到充分利用的问题。为了充分满足养殖鱼类营养需要、提高生长率和养殖效果，对摄食量及其日粮的研究是非常必要的。

研究鱼类摄食食物数量问题，要比查明鱼类食物的性质困难得多。因为客观条件常给观察造成一些限制，而且鱼类的摄食活动也受到本身生理状态和各种环境因素的影响。例如，许多鱼类繁殖时期要降低摄食强度或停止摄食；有的受水温、溶氧等理化因子的影响而改变食物消化速度等。但是，只要考虑到了这些因素，还是可以得到比较准确的结果。

研究鱼类日粮的方法有很多，其中常用的方法有：实验直接测定法、生物能量学法、根据耗氧量间接计算法和基于消化道内含物的方法。

1. 实验直接测定法 在实验室条件下，直接测定鱼类对食物的消耗是最简单、最直接的方法。根据饵料投喂量与摄食后的剩余量估算鱼类的摄食量，称为食物平衡法。该方法适用于食性单纯的凶猛肉食性鱼类日摄食量的测定。由于这种方法可延伸出日粮与生长率的关系，对养殖生产具有重要的指导意义。

直接法测定日粮实验一般在水族箱中进行。将实验鱼饿 1~2 d，然后将已知体积或重量的食物投入水族箱内，并统计一昼夜被实验鱼摄食的食物数量。表 1-2-2 是用实验法直接计算出的欧洲鳀（*Engraulis encrasicolus*）的日粮。

表 1-2-2 欧洲鳀的日粮（占体重的百分数）

水温/℃	15.4	16.0	20.7	22.0	23.6	24.1	25.3	27.0	29.0
1 龄鱼日粮/%	10.6	13.0	12.2	—	—	—	—	—	—
2 龄鱼日粮/%	7.0	8.8	9.2	11.8	11.0	11.6	13.2	15.2	15.6
3 龄鱼日粮/%	—	—	—	—	—	—	—	—	11.4

从表 1-2-2 可以看出，欧洲鳀的日粮随水温的升高而增加；2 龄鱼在水温 15.4 ℃时，每天需摄食的食物量为体重的 7.0%；水温为 29.0 ℃时，食物量为体重的 15.6%。鱼类不同年龄（不同发育阶段）对食物日粮的需要量不同，一般是年龄越小相对日粮越高。

2. 生物能量学法 这是根据鱼类的总能量需要（C）评估鱼类的摄食。总能量需要通常包括评估生长（G）、代谢（R）的能耗和排粪（F）、排泄（E）的能量损失，这种方法基于 Winberg（1956）提出的能量平衡模式：

$$C=G+R+F+E$$

随着鱼类生物能量学研究的不断深入，能量分配模式发展为以下形式，称为基础生物能量学模型：

$$C=G+R_S+R_A+R_D+F+E$$

上式把鱼类的代谢能分为三部分，即标准代谢 R_S、活动代谢 R_A 和消化代谢 R_D，其中消化代谢包括特殊动力作用（specific dynamic action，SDA）、机械消化能、同化能和储存能（Johling，1985）。

以美国鱼类学家 Kitchel 为代表的研究者对鱼类基础生物能量学模型的发展做出了杰出贡献，其威斯康星模型（Wisconsin Model）已计算机程序化，在北美的渔业研究中得到广泛应用（Ney，1993）。威斯康星模型的一项重要贡献是，鱼类在任何体重和温度条件下的日摄食量（C）皆可以其最大日摄食量（C_{max}）来表达，即

$$C=C_{max} \cdot p \cdot r_e$$

式中：$C_{max}=aW^b$，是特定体重（W）的鱼在最适温度下的日摄食量，a 和 b 是回归常数；p 是均衡常数，取值范围为 0～1，用以调整日摄食量以符合体重生长的观测曲线；r_e 是温度标量，变化范围也是 0～1。

3. 根据耗氧量间接计算法　通常肉食性鱼类对食物的同化率约为 85%，每同化 1 g 湿重的食物需消耗 4 186.8 J 热量（Winberg，1956），而鱼类耗氧产生的热量为每毫克氧气 13.61 J（Brett，1985），以此可以根据鱼类的耗氧量计算出食物同化量和食物总消耗量。例如，Mendo 等（1988）根据太平洋鲣（*Katsuwonus pelamis*）呼吸时的口径和每天的游泳距离，计算出每天滤水量，再依据栖息水域（加利福尼亚沿岸，22 ℃）海水的氧饱和度 5.22 cm³/L 和这类鱼的鳃丝过滤海水后可吸收其中 50% 的氧气（Stevens，1972；Johansen，1982），计算出太平洋鲣的日耗氧量，并在此基础上评估出日摄食量。

4. 基于消化道内含物的方法　消化道包括胃和肠，消化道内含物可以取自胃，也可以取自肠（包括前肠和后肠），或者取全消化道内含物。对于那些食物在胃内停留时间较短或者不易进行胃含物定量分析的鱼类，如仔鱼、稚鱼、无胃及砂胃成鱼等，以全消化道内含物作为观测对象可获得较准确的结果。这种方法可分为两类，一是根据消化道内含物与排空率的估算方法，二是仅根据现场取样的胃含物变动直接评估方法。

（1）根据消化道内含物与排空率的估算方法　消化道内含物的量一般通过在摄食周期内多次取样获得。排空率的获得，一是通过独立的实验，对室内喂

养的鱼类进行连续取样，或者于现场将捕获的鱼立即放入网箱中并随后进行连续取样，观察消化道内含物的减少趋势，并采用适当的模型进行计算；二是通过消化道内含物在摄食周期中表现出的下降过程（假定为不摄食阶段）进行排空率估算。

对鱼类摄食量的评估，主要取决于对排空率模型的拟合。排空率模型通常有以下几种。

① 线性模型（Bajkov，1935；Hunt，1960；Seaburg et al，1964；Daan，1973；Swenson et al，1973；Spanovsksys et al，1977）。

$$S_t = S_0 - ERt$$

② 平方根模型（Hopkin，1996；Jobling，1981）。

$$\sqrt{S_t} = S_0 - ERt$$

③ 指数模型（Eggers，1977；Clarke，1978；Elliott et al，1978）。

$$S_t = S_0 \cdot e^{-ERt}$$

式中：S_0 为排空初始时间的消化道内含物量；S_t 为经历时间 t 之后的消化道内含物量；ER 为排空率。

在上述模型中，最常用的是以 Eggers（1977）和 Elliott 等（1978）为代表的指数模型。其相应的对摄食量的估算方法也称作 Eggers 模型和 Elliott-Persson 模型。

（2）根据现场取样的胃含物变动直接评估方法 在早期研究中，有些学者完全忽略胃肠排空的影响，对摄食周期内多次胃含物的取样结果进行简单的求和来表示鱼类的日摄食量（Nakashima et al，1978），这种方法很难被人们接受。但 Sainabury（1986）在 Eggers（1977）和 Elliott 等（1978）模型的基础上发展出了胃含物输入-输出模型，可以不必进行任何室内实验以解决排空率问题，仅根据现场取样获得的胃含物变动资料，按照其输入-输出数值模型并借以计算机程序，就可以对鱼类摄食量做出较好的评估。Sainabury 模型对以下两类具有严格周期性摄食类型的鱼类具有较好的应用效果：一是摄食活动开始后在很短时间内即达到饱食，而后不再摄入，进入排空状态，当胃内食物减少一定量时再重复前一过程；二是饱食后继续摄入，因而胃含物的量在一段较长时间内基本保持稳定状态，而后进入不摄食阶段。

在 Sainabury（1986）模型的基础上，国际水生资源管理中心（ICLARM）开发出一个计算机模型，即 MAXIMS 模型（Jarre-Teichmann et al，1990），它采用非线性回归，根据现场资料计算各类相关参数，评估特定大小的鱼类的日摄食量、种群食物消耗（Q/B）以及总转换效率等。MAXIMS 模型基于以下假设：①在 24 h 周期内，有一个或两个明显的摄食阶段，被不摄食阶段清楚分开；②摄食率在摄食阶段是稳定的或者与胃含物成反比；③胃排空过程是持续的，排空率与胃饱满度成反比（简单指数衰减）。MAXIMS模型已应用于多种鱼类的摄食量评估。Richter等（1999）对这一模型的局限性进行了探讨并提出了很好的解释途径，具有较好的应用前景。

（三）鱼类的摄食节律与饵料需求

鱼类的摄食节律（daily feeding rhythm）是指摄食强度的昼夜变化，与摄食量一样，也是摄食生态学研究的重要内容。鱼类摄食量和摄食节律因种类不同而有很大差异，摄食量也因个体发育阶段不同而有变化；同时，也受生活环境的光照、水温和水质、饵料营养及其消化率等的影响。

吃鱼的凶猛鱼类，一次捕食量相当于它的日粮。翘嘴鳜、狗鱼等一次摄食量很大，在饵料鱼足够多时，一次摄入量可能相当于本身体重，甚至超过体重。鳡、乌鳢等一次摄食量虽没有狗鱼那么大，但一般也达到体重的1/3。刺鱼（*Gasterosteus aculeatus*）为小型鱼类，全长7～10 cm的个体，在5 h内吞食鱼苗74尾，隔2 d又吃进60尾。凶猛鱼类在能捕获到食物时就大吃一顿，将其胃充满，然后逐渐消化。当胃放空后，再开始捕食，这种现象与高等脊椎动物的摄食很相似，只是鱼类的消化速度较慢。凶猛鱼类一次饱食可供1～2 d的营养需要。

一些吃无脊椎动物的鱼类，其日粮依种类各有不同。欧鲫（*Carassius carassius*）摄取东方欧鳊（*Abramis brama*）卵的日粮为21%，拟鲤摄食摇蚊幼虫的日粮为15%，大鳞大麻哈鱼（*Oncorhynchus tshawytscha*）摄食小型饵料鱼的日粮为20%，驼背大麻哈鱼（*Oncorhynchus gorbuscha*）摄食甲壳动物的日粮为5%。

鱼类所需日粮的多少，往往与食物种类及其营养价值有关。狗鱼幼鱼日粮随食物种类不同而有变化（表1-2-3）。

表1-2-3　狗鱼幼鱼食物种类及其日粮变化

食物种类	日粮（占鱼体重的百分数）/%
剑水蚤	160～175
水丝蚓	150～330
摇蚊幼虫	150～250
端足类	110～120
鱼类	30～50

日粮的大小与鱼的消化道容量有关,而一次吃足的最大食物量与鱼体大小也有关。对红大麻哈鱼（Oncorhynchus nerka）日粮研究发现,体重3~6 g的幼鱼,一次饱食的食物量为体重的3‰~13‰,日粮为30％；而体重150~350 g的幼鱼,一次饱食的食物量只为体重的1‰~5％,而且一昼夜只进食一次。

鱼类在一昼夜中不是每时每刻都在取食,都有一定的节律性。如生活在稻田中的黄鳝,白天潜伏于洞穴中,夜间才出来觅食。鮠、怀头鮠、黄颡鱼等鮠形目鱼类,白天多在隐蔽物下潜伏,黄昏以后才出来觅食。鱼类昼夜摄食强度不同是相当普遍的现象,这与饵料生物的昼夜移动有关,也与昼夜光照、水温和水质等环境条件的变化有关。

在自然界,由于鱼类所摄取的饵料生物有昼夜移栖现象,鱼类肠管中食物的饱满指数也常有明显的昼夜变化。在对许多鱼类的调查中发现,食物饱满指数在黄昏前达最高,在凌晨为最低。例如欧洲鳀肠管食物饱满指数在黄昏时为120％,而在午夜还不到20％。因为欧洲鳀的主要食物糠虾类（Mysidacea）和多毛类（Polychaetes）在白天光照强烈的时候栖息于近底部水层,到黄昏才游移到水的表层上来。

水中食物相当充足,鱼类是否可以不断摄取食物？如滤食浮游生物的鲢和鳙,在水中浮游生物丰富时,是否会不断摄取食物？一些研究结果表明,鱼在吃饱以后,都有摄食的间歇时间。池塘中养的鲢（平均体长11.28 cm）,昼夜摄食强度始终维持较高的水平,只在午夜以后摄食强度才明显下降。多数温和性鱼类的摄食比较均匀,特别是无胃鱼类（鲤科鱼类）常是不断地觅食和摄食,它们肠道没有明显排空现象。但它们吃饱之后,也有一个间歇时间。

许多研究结果还表明,鱼类一次摄食的饱食时间有很大不同。在对饥饿的红大麻哈鱼幼鱼实验中发现,每 2 min 投喂一次饵料,平均 4 min 就可摄食 50％,14 min 达 75％,30 min 达饱食状态,即消化道充满食物。在食物充足时,硬头鳟（Oncorhynchus mykiss）一次摄食饱食所需时间为 65 min,竹筴鱼（Trachurus japonicas）需 60 min。

第三节　鱼类的年龄与生长

年龄鉴定是研究鱼类生物学和生态学特点的基础。在研究鱼类生长、摄食、繁殖、洄游等各种生命活动中若不与年龄相联系,就无法了解它们在整个生活史的不同阶段与外界环境的联系特点和变化规律，也就无法在渔业生产中利用这些规律。

一、生活史及其发育阶段

鱼类的生活史是指自精卵结合，直至衰老死亡的整个生命过程，亦称生命周期。鱼类的生活史可以划分为若干个不同的发育期。各发育期在形态构造、生态习性及与环境的联系方面各具特点。现以卵生鱼类为例介绍如下。

1. 胚胎期（embryo） 自精卵结合至孵出前为胚胎期。仔胚发育仅限于卵膜内，所需营养完全依靠卵黄，与环境的联系主要是呼吸及与敌害掠食相关。

2. 仔鱼期（larva） 仔鱼孵出时鱼体透明，各鳍呈薄膜、无鳍条。口和消化道发育不完全，有一个大的卵黄囊作为营养来源。此阶段又称卵黄囊期仔鱼（yolk-sac larva），曾称前期仔鱼（prelarva）。与环境联系方式以呼吸和防御敌害掠食为主，有避敌和行为特征。此后，随着仔鱼的进一步发育，鳍、口和消化道功能逐步形成，可平游，仔鱼开始转向外界摄食。营浮游生活方式，与外界联系方式转以营养和御敌为主。

3. 稚鱼期（juvenile） 当仔鱼发育到鱼体透明等仔鱼期特征消失，各鳍条初步形成，特别是鳞片形成过程开始时，便进入稚鱼期。早期浮游，到后期才转向各类群自己固有的生活方式，与外界联系方式以营养和御敌为主。卵、仔鱼、稚鱼这三个发育期，统称鱼类早期生活史阶段。

4. 幼鱼期（young） 鱼体鳞片全部形成，鳍条、侧线发育完备。体色、斑纹、身体各部比例等外形特点以及栖息习性等均和成鱼一致。与成鱼区别：性腺尚未发育成熟，第二性征不明显或无。与外界的联系：防御减弱，自然死亡率下降；营养关系越来越重要（速长阶段）。

5. 成鱼期（adult） 成鱼期自性腺初次形成开始。成熟个体能在适宜季节发生生殖行为，产生后代，第二性征出现。与外界联系：营养、繁殖，自然死亡率下降，捕捞死亡率上升。

6. 衰老期（aged or senile） 此期没有明显的界限，一般指机能衰退、体长接近渐近值。无捕捞水域，自然死亡率又开始上升。

一般来说，鱼体个体大则寿命长，个体小则寿命短。如欧鳇，体长达 9 m，寿命大于 100 龄。但一些小型鱼如青鳉、银鱼仅 1 龄。但绝大多数鱼类寿命为 2～20 龄。60％为 5～20 龄。

二、鱼类的年龄鉴定

(一) 年龄鉴定方法

1. 直接法

(1) 饲养法：在封闭的小水体养殖已知年龄的鱼。

(2) 标志放流法：已知年龄的鱼加标志后放流。

2. 间接法

(1) 彼得森生长度分布法（Petersen，1892）

① 原理。在自然环境中，由于自然死亡和捕捞等原因，某一世代的鱼在出生后第一年个体数量总是最多。随着时间的推移，其数量逐渐减少，而长度逐年增加。根据这个规律，提出了由鱼类的长度鉴定年龄。

② 方法。从渔获物中进行大量测量，以长度为横轴，尾数为纵轴，形成的每一个峰代表一龄。注意问题：样本要大，雌、雄生长速度不一致的种类要分开采样。

③ 缺陷。由于网具的选择及其他原因，捕捞的鱼很难包括所有的年龄组。鱼类进入缓慢生长期后，长度往往出现重叠现象。

④ 优点。对无法用鳞片等材料鉴定年龄的鱼可采用此法鉴定。

(2) 年轮标志鉴定法　依据是鱼在一年的生活过程中，生长具有有规律的不均衡性。鱼是变温动物，生长特性之一是有明显的季节周期变化。尤其是温带鱼类，春、夏季水温上升，饵料丰富，代谢旺盛，生长快。秋、冬季水温下降，饵料少，代谢缓慢，甚至完全停止生长。第二年春季又进入迅速生长阶段，一年中生长表现出明显的不均衡性。这种有规律的不均衡性，反映在鳞片、耳石及一些骨骼的增长过程中，就留下了标志——年轮。根据年轮数的多少就可以确定鱼类的年龄。

① 用鳞片鉴定年龄。使用最多，具有易取、不伤鱼、观察方便等优点。

a. 年轮。年轮的类别在不同鱼中是不同的。常见有以下几种。

切割型：由环片群的走向不同引起的切割现象。如鲢在一年生长减慢的时期，环片不形成圆形，并逐渐缩短，其两端终止于鳞片侧部的不同部位。当下一年恢复生长时，新生的环片又沿鳞片的全缘生长，出现完整环片。这样就形成了"切割现象"。切割型在鲤科鱼类中较常见。

疏密型：在同一种，生长迅速时，环片排列稀疏，生长缓慢时，环片排列紧密。上一年的密带和下一年的疏带交界处为年轮，如小黄鱼、牙鲆等。

间隙型：年轮部位缺少1~2个环片，或有2~3条断裂的环片，或因环片改变形状（弧形变直形等）而形成宽度、长度不等的空白间隙带，如花鲈。

此外，尚有分支型、乱纹型、碎裂型等。

b. 副轮（又称假轮、附加轮）。鱼在一年的生长中因非周期性的偶然的改变而形成的，如外因（水温、饵料）、内因（疾病等）。与年轮的区别：没有年轮清楚，不是每个鳞片上都能看到。在一个鳞片上也不是整圈都有，只是局部出现。具体观察时应注意：副轮出现时，疏带的宽度较正常的狭窄。此外，性成熟前生长的可能比性成熟后的窄。

c. 再生鳞。由于机械损伤，个别鳞片脱落，又长出鳞，中央部分无环片。

d. 鳞片的采集和处理。最好用新鲜鱼，但冷冻或浸制标本也可以用。一般在背鳍下方和侧线上方的部位采取。要求形状规则，环片清晰，10个左右即可。编号后装入鳞片袋。清洗后观察。

② 用鳍条鉴定年龄。以背鳍、臀鳍、胸鳍的粗大鳍条、棘为材料。离基部 0.5~1.0 cm 处切下 1 mm 左右一段，可见宽、窄相间排列的条纹。窄带为年轮。

③ 用脊椎骨鉴定年龄。一般取前几个，水煮，或在氢氧化钾溶液中浸泡 1~2 d（夏季浓度为 2%、冬季浓度为 0.5%）。然后放入酒精或乙醚中脱脂，晾干后，在椎体中央的斜凹面上有宽带和窄带相间排列，窄带为年轮。

④ 用耳石鉴定年龄。多用于海水鱼类。耳石有的较薄，可直接用肉眼或在镜下观察（如许氏平鲉等）。有的较厚（如大黄鱼），需加工、切断、磨薄后再观察（切断时需通过中心）。耳石也为宽窄带相间排列。

⑤ 用支鳍骨鉴定年龄。鲢背鳍、臀鳍的第一支鳍骨，一般3龄后开始膨大，取出后横切，但第一轮肉眼一般看不见。

⑥ 用鳃盖骨、匙骨鉴定年龄。这些骨片水煮、晾干后观察，也有宽窄相间排列的轮纹。

（二）鱼类年龄的计算

1. 年龄组（年轮组） 鱼类年龄组一般用阿拉伯数字表示（完整年轮数）。为表示年轮形成后，在轮纹外又有新增部分，常在年轮数字的右上角加上"+"，如 1^+、2^+ 等。1龄鱼用 0^+~1 表示，表明该鱼经历了1个生长期；2龄鱼用 1^+~2 表示，表明该鱼经历了2个生长期；3龄鱼用 2^+~3 表示，表明该鱼经历了3个生长期，以此类推。一些学者则根据年轮数划分年龄组（或称年轮组），即1龄鱼被划分在"0龄组"，2龄鱼被归入"1龄组"，3龄鱼归入"2龄组"，以此类推。这种是实足年轮的统计方法。

2. 出生世代 一些鱼类年轮形成往往拖几个月时间，如大黄鱼多数个体在5~6月份形成年轮，但有的个体在1月份就已经形成新年轮，个别个体直到7月份才形成新年轮。这样在统计年龄时常出现误差，会将同一世代的鱼划分到两个不同年龄组中。因此，有时需要以鱼的出生世代来统计年龄，即出生年月。

三、鱼类生长的一般规律

了解鱼类生长特性，就可知道各种鱼类达到一定体长或体重所需要的时间；反过来又可知道在一定时间内，会达到什么样的生长效果。鱼类在不同年龄的生长速度不同，在不同环境中的生长速度也不同。了解养殖鱼类的生长特点和规律，对指导养殖生产具有十分重要的意义。

研究鱼类的生长就是要了解生长率（或称生长速度），鱼类的生长率是指单位时间内所增加的体长和体重。对鱼类生长特性的分析不仅要查明生长的一般规律，而且要查明各种类的生长特点。鱼类生长的一般特性主要有：

1. 生长的持续性 鱼类与鸟类和哺乳类颇为不同，在饵料充足、环境条件适宜的情况下，鱼类生长具有持续性。鸟类和哺乳类个体在达到性成熟期以后，一般身体大小就不再增长；而多数鱼类在达到性成熟期后仍不停止生长，只是生长速度较性成熟前减慢。因为鱼类是水生变温脊椎动物，不需要耗费营养物质来维持恒定的体温，而把摄取的食物主要转化为蛋白质的积累。

2. 生长的非确定性 鱼类种类繁多，其遗传性决定了个体绝对大小相差悬殊，其生长速度也各有不同。此外，鱼类生长受饵料和环境因素影响比较大，生活在不同水域，同种同年龄个体相差悬殊。一些鱼类雌、雄个体也存在生长速度和性成熟年龄差异，多数鱼类雄性较雌性先成熟，有的鱼类雌性个体生长速度快，如鲤、鲫、鲢、鳙、草鱼、鲇、怀头鲇等；有的鱼类雄性个体生长速度快，如尼罗罗非鱼、黄颡鱼、瓦氏黄颡鱼、鸭绿沙塘鳢等。

3. 生长的阶段性 鱼类生命周期各阶段的生长速度不同，一般是性成熟前生长速度快于性成熟后；鱼类性成熟以后生长减慢，是因为摄入的营养物质更多地用于性腺的发育。一些鱼类体长和体重的生长也表现出阶段性，一般规律是幼鱼前期体长增长较快，幼鱼后期体重增长较快。如真鲷1冬龄时体长为16.9 cm，体重为189.6 g；而2冬龄时，体长仅长到29.7 cm，而体重则达1 000 g。

4. 生长的季节性 鱼类在一年四季中的生长速度是不一致的，因为鱼类是水生变温脊椎动物，其生命活动受水温变化影响较大，生长表现出明显的季节性变化。温水性鱼类生长的最适水温为25~30 ℃，夏季生长速度快；冷水性鱼类生长的最适水温为16~18 ℃，春季和秋季生长速度快。

四、鱼类生长的测定与计算

鱼类生长速度通常是以单位时间（年、月、日）内鱼体长度或重量的增长量表示，用百分数表示就是生长率。生长速度和生长率的测定和计算有直接法和间接法，在池塘养殖中通常采用直接法（饲养法）测定。一般来说，鱼的生长速度可在年轮上表现出来，因此可以通过鳞片、耳石、脊椎骨上的年轮分析鱼类的生长情况。在研究鱼的生长时，有必要明确鱼类生长的测定和计算方法。

1. 绝对生长 绝对生长（absolute growth）又称积累生长或增积量，是指在单位时间内鱼体长度或重量增长的绝对值。它可反映在一定时间内鱼类的生长速度，如长江中鳙的年增积量见表1-3-1。

表1-3-1 长江中各年龄鳙的体长、体重及其增积量

年龄	体长/cm		体重/kg	
	平均	年增长	平均	年增长
1	23.0	23.0	0.27	0.27
2	53.4	30.4	2.60	2.33
3	75.4	22.0	7.40	4.80
4	84.0	8.6	10.10	2.70
5	92.0	8.0	13.50	3.40
6	97.1	5.1	16.60	3.10
7	100.4	3.3	19.10	2.50
8	102.8	2.4	21.50	2.40

从表1-3-1中可以看出，鳙的体长生长在3龄前较快，以后逐渐减慢；体重生长在3～6龄都较快，以后逐渐减慢。

2. 相对生长 相对生长（relative growth）又称生长率，是指在单位时间内鱼体长度或重量增加的绝对值占这段时间长度或重量平均值的百分数。相对生长可以反映出不同水体中同一种鱼或不同种鱼的生长情况。

$$L_R = \frac{L_2 - L_1}{\frac{1}{2}(L_2 + L_1)} \times 100\%$$

$$W_R = \frac{W_2 - W_1}{\frac{1}{2}(W_2 + W_1)} \times 100\%$$

式中：L_R 和 W_R 分别为长度增长率和体重增长率；L_2 和 L_1 分别为计算生长率结束和开始时的长度；W_2 和 W_1 分别为计算生长率结束和开始时的体重。

鱼类生长并非是用简单的百分比所能表达的。因此，在计算相对生长时，常把自然复杂的因素考虑在内，其计算公式为：

$$L_R = (\lg L_2 - \lg L_1)/[0.434\,3(L_2 - L_1)]$$
$$W_R = (\lg W_2 - \lg W_1)/[0.434\,3(W_2 - W_1)]$$

3. 特定生长率 特定生长率（specific growth rate，SGR）是指生长率与生长时间（天数）的比值，是衡量生长状况的一个常用指标，特定生长率越大，代表每天生长越快。计算公式为

$$SGR = 100(\ln W_末 - \ln W_初)/t$$

式中：SGR 为特定生长率；$W_末$ 为测定结束时体重；$W_初$ 为测定开始时体重；t 为饲养时间（d）。

4. 体长与体重的关系 各种鱼类体长与体重间都有一定比例关系，鱼类学上常用体长与体重的比值表示鱼类的肥满程度（Fulton，1902），明确各种鱼的肥满程度，在渔业生长上也是有意义的。

$$K = 100W/L^3$$

式中：K 为肥满度；W 为鱼体重量（g）；L 为鱼体长度（cm）。

鱼的体长与体重的关系，可由以下 Keys 公式表达：

$$W = aL^b$$

式中：W 为鱼体重量（g）；L 为鱼体长度（cm）；a 为常数；b 为指数。

要正确计算 a 和 b，必须收集大量个体的体长和体重的数值，作图，再计算。指数 b 通常为 2.5~4.0，它是在生长中鱼体形状不变时体长特定生长率对体重特定生长率的比值。

5. 生长方程 生长方程（或称生长模型）是用数学方式概述鱼类生长特性的函数式。许多鱼类生态学家提出鱼类种群随年龄的生长可用其参数值不变的函数来表示。目的一是概括描述生长模型，二是研究控制生长的时机。现采用最广泛的是 Von-Bertalanffy（1938）生长方程。

$$L_t = L_\infty - [1 - e^{-k(t - t_0)}]$$

$$W_t = W_\infty - [1 - e^{-k(t - t_0)}]^3$$

式中：L_t、W_t 分别为 t 时的体长、体重；k 为体长趋于 L_∞ 或体重趋于 W_∞ 时，表征生长速度的参数，k 越大，达到 L_∞ 或 W_∞ 越快；t_0 为理论上生长起点的年龄，即 $L=0$，$W=0$ 时的年龄。

第四节 鱼类的繁殖习性

鱼类的繁殖习性主要包括性成熟年龄、性腺发育与成熟、怀卵量和产出卵的性质、产卵季节和要求的条件、胚胎和仔鱼发育等。了解和掌握养殖鱼类繁殖习性是搞好养殖和繁殖的基础。按照所产出的卵在水中的相对密度和性状，可将鱼类大致划分为产浮性卵鱼类、产漂流性卵鱼类、产沉性卵鱼类和产黏性卵鱼类四种类型。

一、产浮性卵鱼类的繁殖习性

浮性卵是指卵内卵黄上有一个大油球或多个油粒，卵的密度小于水，卵产出后在水面上漂浮，卵径较小。海水中产卵鱼类，产出的卵多为浮性，淡水中产浮性卵的养殖鱼类有乌鳢、斑鳢、江鳕（*Lota lota*）、鲥、长颌鲚（*Coilia macrognathos*）等。

1. 性成熟年龄 鱼类性成熟年龄是指初次性腺发育成熟时的年龄。性成熟年龄是鱼类物种的基本属性之一，但也受环境因素的影响，有些种类也有雌雄的差异。同种鱼类，生活在低纬度地区的性成熟较早，在高纬度地区的性成熟稍延迟。多数鱼类，雄鱼成熟较早，雌鱼成熟稍延迟。

表1-4-1 几种养殖鱼类（雌鱼）的性成熟年龄、生殖季节、产卵量和卵径

鱼　类	性成熟年龄/龄	生殖季节	绝对产卵量/（万粒/尾）	卵径/mm
鲻	2～4	10月至翌年1月	70～190	0.6
梭鱼	3～4	4～6月	23～311	
乌鳢	2	5～7月	1～3	1.6
花鲈	3～4	8～11月	31～221	1.1～1.4
真鲷	2～4	5～7月	25～300	0.95～1.07
黑鲷	3～4	4～5月	15～20	0.87～1.20
黄鳍鲷	3	10～12月	10	0.76～0.84

(续)

鱼 类	性成熟年龄/龄	生殖季节	绝对产卵量/（万粒/尾）	卵径/mm
眼斑拟石首鱼	>5		5~300	0.9~1.0
黄条鰤	2~4	2~5 月	50~100	1.15~1.44
日本鳗鲡	4~12		700~1 300	1.0
牙鲆	3~4	4~6 月	90~100	0.96
大菱鲆	2~3	5~8 月	100~720	0.91~1.20

注：依雷霁霖等（1997）、李德尚（1993）、苏锦祥（1980）、庄虔增等（1997）、吴琴瑟（1990）、樊启学和王卫民（1995）等资料整理而成。

2. 天然产卵场及其环境条件 鲻、梭鱼属河口性鱼类，生殖前离开河口，游到远离海岸的外海去产卵，受精卵在高盐度的海水中受精、发育，幼鱼再进入河口。一般认为，鲻的产卵场多有礁石伸出，其次为广阔平坦的细沙质海滩或礁石区，水深不及 1 m，盐度 31~34，水温 21~25 ℃。梭鱼产卵主要受潮汐、水温、盐度三个因素的影响，水温 14 ℃以上、盐度 14~23、大潮期是产卵的高峰。

乌鳢的产卵场多在湖泊、池沼、江河的近岸、泥底、水草繁茂的静水浅水区。乌鳢的产卵场水深 20~100 cm，水温 18~30 ℃。据报道，乌鳢在苇丛中产卵效果比在轮叶黑藻-篦齿眼子菜丛中和轮藻-聚草丛中好。鳢筑巢产卵，双亲或雄鱼潜伏在巢下或附近护幼。鱼巢一般呈圆形或长圆形，直径 32~50 cm，大者达 100 cm。产卵多在无风平静的晴天，下雨或有强风时产卵少或不产卵。

花鲈的产卵场主要在辽东湾，其次是莱州湾。产卵场水深 10~15 m，盐度 32~35，底质为沙底。产卵期为 8~11 月。产卵盛期的产卵场几乎遍布整个渤海湾。

真鲷在黄海、渤海地区的产卵期为 5~7 月，盛期为 5 月中旬至 6 月上旬。广东沿海生殖季节为 11 月底至 2 月初，盛期为 12 月中旬至 1 月底。产卵场一般在水深 10~40 m 处，礁石突出，水流复杂。

据推测，鳗鲡的产卵场可能在中国台湾东海岸到日本冲绳海域。产卵场水深 400~500 m，水温 16~17 ℃，盐度 35 左右。一般认为，亲鱼繁殖后即死亡。

牙鲆属海水亚冷温性鱼类，每年 4 月由深水向浅水做生殖洄游。产卵场在近岸水深20～50 m，潮水畅通，底质为沙泥、沙砾或岩礁地带，产卵水温11～17 ℃。

3. 生殖行为　鳗鲡在降河洄游的过程中性腺发育成熟，体背部蓝黑色，体侧呈金黄色。

真鲷在自然海区中，雌雄比例为1∶1，一般繁殖初期雄鱼多于雌鱼，盛期和后期雌鱼多于雄鱼。产卵前雌鱼体色开始变得鲜红艳丽，雄鱼则在头部及身体两侧形成明显的黑斑。

黑鲷具有明显的性逆转现象。初次性成熟的黑鲷均为雄性；体长15～25 cm时为雌雄同体；体长25～30 cm时大部分转化为雌鱼。从年龄上看，2龄鱼大部分为雌雄同体，3龄鱼50%以上为雄鱼，4龄鱼多为雌鱼。在3～4龄鱼中，除有雌雄两性鱼之外，还有具雄性机能的雌雄同体鱼和性未成熟的雌雄同体鱼，因此低龄鱼中雄鱼占优势，而高龄鱼中雌鱼占优势。

石斑鱼也是雌雄同体，但属雌性先熟型，即先出现雌性鱼，继之为雌雄同体，最后才变为雄性鱼，因此，在自然种群中，低龄鱼系雌性，高龄鱼系雄性，雄性个体明显偏大。雄鱼在繁殖前1个月，体侧和背面呈黑褐色，腹部白色，追逐求偶。临产前1～2 h，雄鱼尾柄侧弯，接近雌鱼，以鳃盖推挤向上游动的雌鱼，接着成对上游至水面。雌、雄鱼的身体紧贴在一起，在水面下成双成对并排游动数十米，最后将头露出水面，尾柄绞在一起激烈颤动产卵排精。整个产卵过程持续数分钟至2 h不等。

尖吻鲈雌雄同体，雄鱼先成熟，雄鱼3～4龄、雌鱼6龄达性成熟。在泰国，尖吻鲈常年可以产卵，主要在4～8月。我国广东，尖吻鲈产卵期为6～10月，性腺成熟群体进入近海繁殖，产卵场盐度30～32。

二、产漂流性卵鱼类的繁殖习性

漂流性卵是指卵产出后迅速吸水膨胀，出现较大的卵间间隙（围卵腔），但其密度仍稍大于水，可借助于水流在水层中漂浮和翻滚；在静止水体中，则下沉于水底。也可把这类鱼卵称为半浮性卵。鲢、鳙、草鱼和青鱼是典型产漂流性卵鱼类，鲮、短盖巨脂鲤也产半浮性卵。翘嘴鳜、斑鳜等产出的卵内有油粒，卵间间隙也较小，密度稍大于水，但能随水流漂浮和翻滚，也属半浮性卵。

1. 性成熟年龄　鲢、鳙、草鱼和青鱼"四大家鱼"属大型鱼类，性成熟年龄稍大。在我国华南地区，"四大家鱼"的性成熟年龄小、初次成熟时体长和体重规格也略小；在我国东北地区性成熟年龄大，初次成熟时规格也略大（表1-4-2）。

表1-4-2 几种鱼类在不同地区的性成熟年龄和体重

种类	华南地区 年龄	华南地区 体重/kg	华东和华中地区 年龄	华东和华中地区 体重/kg	东北地区 年龄	东北地区 体重/kg
鲢	2～3	2	3～4	3	5～6	5
鳙	3～4	5	4～5	7	6～7	10
草鱼	3～4	4	4～5	5	6～7	6
青鱼	4～5	6	5～7	15	7～8	20
鲮	3	0.5～1.0	—	—	—	—
短盖巨脂鲤	2～3	—	3～4	2～5	4～5	—
翘嘴鳜	—	—	2～3	—	3～4	—

注：据王吉桥、赵兴文（2000年）数据整理。

2. 性腺发育和性周期 鱼类性腺发育观测有组织学方法和目测法。组织学方法观测是依据性腺的组织学及细胞学特征，即细胞形状、大小，细胞核的形状、大小和位置，各细胞器的形态与结构等特征，将生殖细胞的发育过程划分为6个时相。目测法是依据鱼类性腺发育过程的外观性状、性腺中血管分布及其清晰程度、卵粒状况（包括卵粒大小、均匀度、饱满度、颜色和光泽及其游离状况等）和成熟系数（性腺重/去内脏后的体重×100%）等，参考组织学和细胞学特征，将鱼类生殖器官发育过程划分为6个时期。

鱼类性周期是指自性成熟年龄至性功能衰退前，其性腺发育、成熟和繁殖的周期性。在自然条件下，每种鱼类都有其严格的性周期。生活在北温带、温带和亚热带地区的鱼类，大多数一年只生殖一次，它们的性腺发育与季节变化密切相关。

在我国长江流域，达性成熟的鲢、鳙、草鱼和青鱼的卵巢发育至第Ⅲ期（精巢为第Ⅳ期）进入越冬期，在3月以后卵巢开始继续发育，到了夏季（5～7月）发育到第Ⅳ期末，才可以进行人工催产。鲢、鳙、草鱼和青鱼为一年一次产卵类型，亲鱼产卵后，卵巢萎缩回到第Ⅱ期（精巢为第Ⅲ期）。

从卵巢发育的组织学分析中可以看到，鲢、鳙、草鱼和青鱼第Ⅳ期卵巢中只有第Ⅰ时相和第Ⅱ时相卵母细胞，而没有第Ⅲ时相卵母细胞。这说明第Ⅲ时相卵母细胞在短时间内迅速过渡到第Ⅳ时相，发育是同步的，表现为一次产卵类型。

3. 天然产卵场及其环境条件 鲢、草鱼、青鱼的产卵场分布于长江、淮河、珠江、钱塘江和黑龙江。鳙的产卵场仅限于长江、淮河及珠江流域。鲮的产卵场只限于海南、广东、广西、福建、云南的一些江河。

这几种鱼的产卵场环境条件基本相似，通常位于江面宽窄相间的江段。涨水时同一流量的水流从宽的江面进入狭窄江段,就产生地段性的流速增加,形成适于亲鱼产卵的条件。长江干流产卵场的地理条件有两种:①峡谷型产卵场,江面狭窄,山岩交错,水流湍急,江心水深达 40 m 以上,流速达 1.3~2.5 m/s;②平原河谷型产卵场,多在河道的弯曲处,有沙洲(江心洲)、沙滩和伸入江中的山岩,江面较宽,水深一般为 20~30 m。

这几种鱼产卵要求涨水和水温达 18 ℃以上。鳙要求较大的涨幅才产卵。草鱼和鲢只要涨水即可。青鱼在平水或微退水时也产卵。

鳜可在江河、湖泊和水库中自然繁殖。鳜喜欢在平缓的流水环境中繁殖。在江河里,当汛期发水时,鳜便集群溯水游向有微流水的浅水滩繁殖;在湖泊里,鳜喜在水深 1~2 m、流速为 0.6~0.8 m/s、底质为沙质或草滩的场所产卵。

4. 生殖行为 集群洄游到产卵场的亲鱼有两种产卵方式:在水面上产卵称"浮排";在水下产卵称"闷散"。浮排时常出现一尾雌鱼被几尾雄鱼衔尾追逐的求偶现象。雄鱼用头部冲撞雌鱼腹部,甚至将雌鱼顶出水面,激起阵阵浪花。有时雌、雄亲鱼的生殖孔相对仰浮,胸鳍和尾鳍急剧抖颤。有时雌、雄鱼尾柄交扭在一起,将卵子和精子同时排出体外。有时亲鱼突然停止游动,仰浮水面,顺流而下,呈极度疲惫状态,几分钟后又继续产卵,一般 2~3 次就能将腹中的卵全部排出。闷散时亲鱼也在水下相互追逐,激起波浪和水花,雌、雄亲鱼的产卵行为与浮排相同,只是在水下不易观察。

鳜产卵时成群上溯至微流水的浅水处,顶水激烈游动,常在水面形成浪花。产卵活动多在夜间进行。在枝叶柔细的水草间,成熟的鳜成对在水面游动,雄鱼紧追雌鱼,发情高峰时雌鱼钻入水草丛中产卵,雄鱼同时排精。

5. 怀卵量与卵的性质 这几种鱼的相对怀卵量比较接近。黑龙江流域鲢、草鱼的怀卵量较长江的少一些;池塘饲养鱼类的怀卵量比江河的稍多一些。

这些鱼的卵膜薄而透明,无黏性。刚产出的卵呈淡青色微黄,卵径 1.0~2.0 mm,入水后吸水膨大,卵径很快增大(3.0~7.0 mm)(表 1-4-3)。卵膜有弹性,可保护胚胎在流水中正常发育。

表 1-4-3 几种鱼类(雌鱼)体重、生殖季节、怀卵量和卵径

鱼类	体重/kg	生殖季节/月份	绝对怀卵量/(万粒/尾)	相对怀卵量/(粒/g,体重)	卵径/mm	
					吸水前	吸水后
鲢	4.8	4~5	20.7	43.1	1.2~1.4	4.8~5.5
	6.4		60.4	94.5		
	7.5		71.5	95.3		
	10.0		169.5	169.5		
	11.0		195.5	177.7		

(续)

鱼类	体重/kg	生殖季节/月份	绝对怀卵量(万粒/尾)	相对怀卵量(粒/g，体重)	卵径/mm	
					吸水前	吸水后
鳙	14.2	4~6	98.3	69.2	1.5~2.0	5.0~6.5
	14.8		116.8	78.9		
	19.3		175.4	90.4		
	21.0		225.6	107.4		
	31.2		346.5	111.0		
草鱼	6.3	4~6	30.7	48.7	1.3~1.7	4.0~6.0
	7.5		67.2	89.6		
	9.0		72.0	80.0		
	10.5		106.9	118.1		
	12.5		138.1	110.5		
青鱼	13.3	4~7	100.3	74.6	1.5~1.9	5.0~7.0
	18.3		157.5	83.7		
	22.5		216.4	96.1		
	26.3		254.4	95.7		
	34.0		336.7	99.0		
鲮	0.5	4~5	2.65	52.6	1.1	3.3
	0.9		5.83	68.8		
	1.8		18.71	106.0		
	2.2		31.49	142.9		
短盖巨脂鲤	2.5	5~7	20		0.7	1.1~1.4
翘嘴鲌	0.095	5~7	0.196	25.3	1.1~1.4	1.9~2.2
	0.15		0.990	68.3		
	0.34		1.560	45.7		
	0.75		3.500	46.7		
	0.95		4.940	52.0		
	1.25		9.460	75.7		
	1.90		10.500	55.3		

注：据王吉桥、赵兴文（2000年）数据整理。

三、产沉性卵鱼类的繁殖习性

沉性卵是指产出卵的密度大于水，卵间周隙小，产出后沉于水底，无黏性。产沉性卵的养殖鱼类主要有鲑科鱼类，及鲈形目、慈鲷科的尼罗罗非鱼、奥利亚罗非鱼等。这些鱼类一般在具有沙砾底质的水体产卵。

1. 鲑鳟性成熟年龄和生殖洄游 鲑属（*Salmo*）和大麻哈鱼属（*Oncorhynchus*）的多数种类为海淡水洄游鱼类。它们在水质清澈、具有石砾底质的河川产卵繁殖，产卵时水温为4～13 ℃。仔鱼和稚鱼在淡水中生活生长，幼鱼进入海洋中生活生长直至性成熟；产卵群体溯河洄游至它们的出生地产卵繁殖，繁殖后绝大部分个体死亡。在淡水中定居的种群，生殖后部分个体能存活下来。大麻哈鱼属鱼类多在2龄后性成熟，但依种类及种群的不同变化很大（表1-4-4）。

表1-4-4 几种大麻哈鱼的性成熟年龄、生活水域和时间

种 类	性成熟年龄	淡水生境和生活时间	海洋中生活时间/年
驼背大麻哈鱼	2	短溪流和湖泊，不到1 d	1
大麻哈鱼	4～5	短和长的溪流，不足1个月	2～4
银大麻哈鱼	2～5	短溪流和湖泊，12～24个月	1～3
红大麻哈鱼	2～7	短溪流和湖泊，12～36个月	1～4
大鳞大麻哈鱼	2～5	大型河流，3～12个月	1～4

注：依Stickney（1991）资料整理而成。

溯河洄游亲鱼体色由平常的亮色变为深色，甚至深棕色，侧线上下具有红色条纹。雄鱼下颌延长，向上略呈钩状。此时雌鱼腹部膨大，充满卵粒，生殖孔膨大呈红色，轻压腹部即有卵粒流出。

在大麻哈鱼属中，同种鱼存在着春、秋两季或秋冬季产卵的不同生态群体。这种分化使不同产卵期和孵出的鱼苗能获得良好的索饵条件，缓和了与其他鱼类的饵料竞争，这对种群繁衍具有重要意义。硬头鳟有冬、夏繁殖两个种群，冬季繁殖硬头鳟11月至次年3月进入淡水，并很快就产卵繁殖。夏季进入淡水的硬头鳟为不成熟群体，5月至10月底进入淡水，数月后才产卵繁殖（表1-4-5）。

表1-4-5 几种鲑科鱼类的繁殖习性

种类		进入淡水	产卵时间	产卵量/（粒/尾）	卵径/mm	产卵水温/℃
驼背大麻哈鱼		—	夏秋	1 500～1 900		
大麻哈鱼	北方种群	—	8～9月	—		
	南方种群	—	10月至翌年1月			
银大麻哈鱼		8～2月	9～1月	1 440～5 700	4.3～6.5	4.4～9.4

（续）

种类		进入淡水	产卵时间	产卵量/（粒/尾）	卵径/mm	产卵水温/℃
大麻哈鱼		—	—	2 200～4 300	—	5.0～10
大鳞大麻哈鱼		1～10月	—	3 600～20 000	6.3～7.9	4～18
虹鳟（陆封种）		—	—	2 000～3 000	—	3.9～9.4
硬头鳟	冬季种群	—	11月至翌年3月	—	—	—
	夏季种群	—	5～10月	—	—	—
山鳟		7～3月	—	1 000～3 000	4.3～5.1	6～17
大西洋鲑		—	10月至翌年1月	1 200～2 000	—	6～10

注：依 Stickney（1991）资料整理而成。

目前，有关鲑鳟回归性机理的假说很多，其中比较流行的是"嗅觉引导说"。这种假说认为，每个流域的土壤和植被不同，河流的化学组成成分也不尽相同，因而形成特异的气味。鲑鳟入海前已打上了这种气味的烙印。鲑鳟准确找到其出生地的河流，主要靠入海前不久才学会的专门对溪流每个地段起作用的嗅觉引导。此外，还有人认为，鲑鳟的回归性是靠外激素的识别作用和磁场及天文定向来实现的。

2. 产卵场环境条件 大型鲑鳟类产卵场在水质澄清、具有石砾的河川或支流中，水温4～13 ℃。雌、雄鱼掘产卵坑，雄鱼保护领地，每个产卵坑容卵800～1 000粒。银大麻哈鱼产卵要求水的流速为0.3～0.5 m/s，比红大麻哈鱼（0.1 m/s）快。

罗非鱼性成熟早，在原产地非洲，莫桑比克罗非鱼（*Tilapia mossambica*）饲养3个月即达性成熟，尼罗罗非鱼需要6个月，奥利亚罗非鱼需9个月。一年重复产卵繁殖多次，两次产卵间隔的时间为15～30 d。

四、产黏性卵鱼类的繁殖习性

黏性卵是指卵的密度大于水，产出后卵膜外层遇水后具有黏性，沉落并黏附于水草、岩石等物体上。黏性卵卵膜外具有胶膜（次级卵膜）或卵膜丝。产黏性卵的养殖鱼类很多，主要有鲟鳇类、鲇形目养殖鱼类、胡瓜鱼亚目、鲤形目和鲈形目部分鱼类等。

（一）鲟鳇类的繁殖习性

鲟鳇类为大型鱼类，个体大，生长速度快，性成熟晚（表1-4-6）。一般性成熟雌体间隔2～6年产卵一次，种群繁殖力较低。

表1-4-6 几种养殖鲟鳇（雌鱼）的繁殖习性

种类	性成熟		生殖季节/月 （水温/℃）	相对怀卵量/ （万粒/kg, 体重）	卵径/ mm	生殖周期/ 年
	年龄/龄	体重/kg				
达氏鳇	14～21	70	5～7 (4)	0.3～1.51	2.5～3.5	3～4
	17～23	58～169	5～6 (12～14)		—	4～5
欧洲鳇（里海）	16～23	90～120	3～5 (9～17)	0.71～0.95	3.33～3.84	
施氏鲟	9～10	16～30	5～7 (17～20)	0.46～1.73	2.5～3.5	2～4
达氏鲟	5～10	9～16	春季 (16～19)	1.5	2.8～3.5	
中华鲟	16～29	172～300	9～10 (17～20)	0.17～0.45	3.6～4.5	2～3
俄罗斯鲟	10～15	14～30		1.08～1.20	2.8～3.3	
西伯利亚鲟	10～12		5～6 (9～18)		2.32～2.92	1.5～3.0
闪光鲟	7～9	11～13	4～10	1.0～1.25	2.7～3.2	
小体鲟	5～12				1.9～2.0	
裸腹鲟	7～30	45	5～9			
鳇鲟杂交种	6～9	15		0.49～8.5	3.0	
匙吻鲟	9～12	11.4～25	3～6 (15～16)	0.35	2.0～2.5	3～5

注：依林福申（1987）、伍献文等（1979）、陈曾龙（1992，1994）、罗相忠（1996）、刘家寿和余志堂（1990）和Steffens等（1990）的资料整理而成。

达氏鳇分为河口种群和淡水种群，河口种群14～21龄达性成熟，淡水种群17～23龄达性成熟。冬季达氏鳇在大江深处越冬，在春季，性成熟的个体开始向产卵场洄游，在水流湍急、具有沙砾底质的地方产卵，产卵适宜水温为12～14℃，产卵间隔时间为3～4年。欧洲鳇在里海、黑海、亚速海和亚得里亚海水系，以及地中海东部水域，性成熟年龄为16～23龄。春季洄游型种群，在1～4月溯河，水温为4～5℃时开始洄游，当年产卵。秋季洄游型种群，在8月开始溯河，10～11月达到高峰，翌年春季产卵。

匙吻鲟为纯淡水种类，性成熟年龄为9～12龄，产卵间隔为3～5年。每年春季（3～6月），当河水水位上涨时，成熟个体上溯到特定河流段的浅滩上产卵。产卵水温15～16℃。受精卵具黏性，附着于石砾上，约7d孵出仔鱼。

鲟属种类最小成熟年龄为5龄，一般在春季（3～6月）产卵，产卵间隔多为2～4年，产卵水温为10～17℃。产出卵具黏性，卵径多为2.0～3.5mm，通常黏附于砂石上发育，但黏性不强，容易脱落。

(二)鲇形目养殖鱼类的繁殖习性

鲇形目鱼类性成熟年龄差异较大(表1-4-7),产出的卵具有黏性。

表1-4-7 几种鲇形目鱼类(雌鱼)的繁殖习性

种 类	性成熟年龄/龄	成熟时体重/kg	生殖季节/月(水温/℃)	怀卵量/万粒	卵径/mm
鲇	1~2	0.5~0.7	5~6 (18~26)	2~8	2.1~3.2
兰州鲇	1~2	0.4~0.5	4~7 (18~26)	2~11	1.9~2.6
怀头鲇	3~4	6~8	6~7 (18~26)	12~80	1.7~2.0
南方鲇	3~4	3~6	4~6 (18~28)	8~40	
斑点叉尾鮰	3~4	1~3	5~8 (18~28)	9~11	
云斑鮰	2	0.4~0.8	5~7 (18.5~30)		
长吻鮠	3~4	3~6	5~6 (20~28)	1.7~14.8	
乌苏里拟鲿	3	0.2~0.3	6~7 (15~17)	0.6~0.9	2.0
黄颡鱼	1~2	0.03~0.05	6~7 (20~30)	0.3~1.4	1.9~2.5
瓦氏黄颡鱼	2	0.03~0.10	5~7 (20~30)	0.4~1.5	1.41~1.87
斑鳠	6~8	1.9~3.7	5~7 (20~28)	1.4~3.1	3.1~3.8
丝尾鳠	2~3		2~4 (20~30)		
苏氏圆腹䱀	3~4	3.0~4.7	5~9 (26~31)	30~70	0.99~1.15
胡子鲇	1~2	0.25~0.5	5~7 (22~32)	11~17	
革胡子鲇	1~2	2~2.5	4~10 (18~28)	2~5	

鲇属的鲇(土鲇)和兰州鲇相对个体较小,1~2龄性成熟;怀头鲇和南方鲇个体大,3~4龄性成熟。在产卵群体中,绝对怀卵量随个体增大而增加,相对怀卵量不高,一般为50万~60万粒/kg(体重)。鲇产出卵为灰绿色,卵径较大;怀头鲇产出卵为金黄色,卵径较小。产卵季节南方地区稍早(4~7月),北方地区稍晚(6~8月),产卵水温均在18℃以上。

斑点叉尾鮰和云斑鮰在江河、湖泊、水库、池塘中产卵繁殖,繁殖季节为5~8月,产卵水温为18.5~30℃(最适水温为23~28℃)。受精卵黏性强,黏附一起结成不规则块状。在自然条件下,斑点叉尾鮰和云斑鮰可在岩石下、洞穴处产卵繁殖,产卵后由雄鱼护卵,用鳍搅动水流孵化。人工繁殖需设产卵窝(巢)、受精卵在流水(涌流)中孵化。

长吻鮠雌鱼3~4龄达性成熟,产卵季节为5~6月,产卵水温20~28℃;产卵场多在底质为石砾、流态复杂的河床地段。产出卵为黏性,黏附于石砾上孵化。

黄颡鱼和瓦氏黄颡鱼1~2冬龄达性成熟，繁殖季节为5~7月，产卵水温20~30 ℃。黄颡鱼和瓦氏黄颡鱼是典型筑巢繁殖鱼类。栖息水域水位上涨时，性腺发育成熟群体在岸边浅水底部筑巢（窝）产卵繁殖。产卵巢（窝）为锅底形，多位于泥土底质的植物根下，直径20~40 cm，深10~15 cm。产出卵具有黏性，卵径1.41~2.5 mm，附着于植物根须上；雄鱼护卵，用鳍搅动水流孵化。黄颡鱼绝对怀卵量为0.3万~1.4万粒/尾，相对怀卵量77~93粒/g（体重）。

在天然水域，斑鳠6~8龄达性成熟，丝尾鳠雄鱼性成熟在3~4龄，雌鱼性成熟在2~3龄。两者都在春夏季产卵，产卵水温20~30 ℃。雌、雄鱼喜在岩石丛中交尾产卵繁殖，产出卵为黏性，黏附于岩石上孵化，雄鱼护卵。

苏氏圆腹䰾一般3~4龄达性成熟，体重3 kg以上才能繁殖。每年5~9月，性腺发育成熟群体沿河流上溯至沙洲地段产卵繁殖，每尾雌鱼可产卵30万~70万粒。产出卵具黏性，卵径0.99~1.15 mm。

（三）胡瓜鱼亚目鱼类的繁殖习性

香鱼有入海口洄游性种类，也有陆封型种类。入海口洄游性香鱼栖息于与海相通的溪流中，主要以黏附在岩石上的底栖藻类为食。深秋时节，香鱼纷纷集结在通海溪流下游的沙砾浅滩处产卵繁殖。产后亲鱼体质虚弱，大多死亡。陆封型香鱼8月中下旬至9月上旬（大连碧流河水库）为产卵盛期。产卵场的水质清澈、底质为沙砾。产卵盛期水温18~26 ℃。产卵时间通常在傍晚至黎明前，白天、阴天很少产卵。产出的卵黏性，在水流的冲击下黏附在砾石上。产卵后的亲鱼体色暗黑、消瘦，雄性尤为明显，不久即死去。

池沼公鱼和西太公鱼成鱼个体长6~8 cm，当年即可达性成熟，产后大部分死亡。繁殖期为解冰后，产卵水温为3~10 ℃。产卵地为水体沿岸水草或有沙砾地方，产出卵卵径在0.8~1.0 mm，卵内有油球，外具附着膜，黏附于水草或沙砾上孵化。池沼公鱼绝对怀卵量为2 100~23 000粒/尾（平均11 700万粒/尾），相对怀卵量为780~1 480粒/g（体重）［平均为1 210粒/g（体重）］。

大银鱼在我国主要分布于东海、黄海、渤海沿海及长江、淮河中下游河道和湖泊水库，属河口性鱼类，也有可在湖泊、水库陆封形成淡水定居种类。大银鱼属一年性成熟，一次性产卵，产出卵为沉黏性，产后亲鱼死亡。冬季产卵，产卵水温范围为1.5~8 ℃，产卵期为12月中旬至翌年3月中下旬。绝对怀卵量1.1万粒/尾左右，相对怀卵量850粒/g（体重）左右。产出卵卵径0.76~0.96 mm，当卵受精吸水后，卵膜膨胀，絮状的卵丝胀开，外端游离成束状附在湖底或其他沉水植物上，以利于卵子孵化。水温4~9 ℃，孵化时间在850 h以上。初孵仔鱼体长4.76 mm，10日龄仔鱼（全长6.09 mm）开口摄食。

太湖新银鱼俗称小银鱼，是纯淡水的种类，终生生活于湖泊内，半年即达性成熟，1冬龄亲鱼即能繁殖。产卵期为4～5月，生殖后不久便死亡。长江中下游的湖泊如太湖、洪泽湖、阳澄湖、巢湖等的太湖新银鱼分为春、秋产卵的春群和秋群，移殖到云南滇池的则形成春、秋、冬季三个产卵类型。几个大型湖泊中太湖新银鱼的怀卵量比较表明，滇池银鱼的平均怀卵量（3 034粒/尾）和相对怀卵量（1 597粒/g体重）最高，太湖、洪泽湖、阳澄湖、巢湖的平均怀卵量比较接近（表1-4-8）。

表1-4-8　不同湖泊中太湖新银鱼怀卵量的比较

湖泊	体长/mm		体重/g		绝对怀卵量/(粒/尾)		相对怀卵量/(粒/g,体重)
	范围	平均	范围	平均	范围	平均	
太湖	59～64	61	0.7～1.7	1.0	1 200～2 280	1 496	1 496
洪泽湖	55～67	59	1.0～1.4	1.2	1 076～2 940	1 576	1 313
巢湖	54～63	58	0.8～1.3	0.89	1 160～2 070	1 496	1 652
滇池	60～84	66	1.2～3.2	1.7	1 400～6 320	3 034	1 597

注：引自谢忠明（1997）。

（四）鲤形目产黏性卵鱼类的繁殖习性

鲤形目产黏性卵鱼类主要有鲤、鲫、团头鲂、三角鲂（*Megalobrama terminalis*）、长春鳊、东方欧鳊、细鳞斜颌鲴、瓦氏雅罗鱼、丁鲅、拉氏鲅、花䱻、唇䱻、青海湖裸鲤、齐口裂腹鱼、重口裂腹鱼、泥鳅、大鳞副泥鳅、拟鲇高原鳅等。

1. 性成熟年龄、产卵季节和产卵量　鲤形目产黏性卵鱼类的性成熟年龄较小，多数为1～3龄达性成熟，但裂腹鱼亚科仅分布于青藏高原及其周围地区，生长缓慢，性成熟较迟，一般要3～4龄才能性成熟（表1-4-9）。

表1-4-9　几种鲤形目产黏性卵鱼类（雌）的性成熟年龄、生殖季节、产卵情况

鱼类	性成熟年龄/龄	生殖季节/月（水温/℃）	产卵量/（万粒/尾）	卵径/mm	黏性情况
鲤	2～3	4～5（15～26）	30～100	1.5～2.0	强
鲫	1^+	3～5（14～26）	5～20	1.5	强
团头鲂	2^+	4～6（17～26）	20～30	1.1～1.4	弱
长春鳊	2～3	5～7（17～26）	30～60	1.4	强

(续)

鱼　类	性成熟年龄/龄	生殖季节/月（水温/℃）	产卵量/（万粒/尾）	卵径/mm	黏性情况
三角鲂	2～3	5～6（17～26）	30～60	1.1～1.4	弱
翘嘴红鲌	2～3	5～7（18～26）	30～70	1.2	很弱（湖泊种群）
细鳞斜颌鲴	2～3	5～8（18～26）	20～40	0.82～1.22	强
瓦氏雅罗鱼	3～4	4～5（6～20）	2.7～7.7	2.2	强
丁鲅	2～3	5～7（18～29）	20～40	1.2～1.4	强
花䱻	1～2	6～7（16～23）	4.8～13	1.2～1.7	强
唇䱻	1$^+$～2	5～6（15～26）	4～15	1.5～2.2	强
青海湖裸鲤	4$^+$	5～8（6～17.5）	1.62～3.0	2.33～4.2	很弱
齐口裂腹鱼	3～4	4～9（7～16）	2.6～10	2.05～3.13	很弱
重口裂腹鱼	3～4	4～9（7～16）	2～8	2.8～3.1	很弱
泥鳅	1～2	5～7（18～26）	0.7～2.0	1.1～1.5	一般
大鳞副泥鳅	1～2	5～7（18～26）	1.4～4.5	1.1～1.4	一般

2. 生殖季节、性周期和产卵类型　在自然界，鱼类性腺发育、成熟和性周期受温度变化影响较大。我国幅员辽阔、地形复杂，由于受季风气候的影响，四季变化分明。鲤科鱼类多数是在气候温和的春季和夏季产卵繁殖。有的鱼类生殖期较长，始于早春，夏末才结束，这与产卵群体的年龄结构、成熟早晚以及产卵时期环境变化有关。

在一年只有一个生殖季节且分批产卵的鱼类中，卵巢发育的周期性变化与一次产完卵的鱼类（鲢、鳙、草鱼和青鱼）有所不同。鲤是典型的分批产卵鱼类，在产卵前卵巢成熟系数为15%～20%，而一次产完的鱼类中，成熟系数可达25%～28%。因为鲤在产卵前卵巢中有三种大小不同和成熟程度不同的卵母细胞。从细胞直径来看，最大和最多的直径为1.3～1.5 mm（第Ⅳ～Ⅴ时相），这些卵母细胞将在第一批产出，产卵数占全卵巢的60%～70%；这时卵巢体积缩小，但成熟系数仍为5%～8%。较小的卵母细胞直径分别为0.7～0.9 mm（第Ⅲ时相）和0.3～0.5 mm（第Ⅱ时相），在第一批卵产出后开始迅速发育，相隔1个月左右就可产第二批卵，卵的数量占15%左右。

从卵巢发育的组织学分析中可以看到，鲤第Ⅳ期卵巢（以第Ⅳ时相卵母细胞为主）中均有第Ⅰ、Ⅱ、Ⅲ时相卵母细胞，这说明部分第Ⅲ时相卵母细胞已过渡到第Ⅳ时相，另一部分仍停留在第Ⅲ时相，发育是非同步的，表现为分批产卵类型。

3. 产卵繁殖条件 产黏性卵鲤科鱼类产卵场多是在湖泊、水库水草茂盛或被淹没的草地浅水的僻静地带,水深一般为30～100 cm,产卵时有微微的水流。雌、雄鱼一般在水体表层交尾产卵,产出卵即分散附着在水草的茎叶上。在环境中缺乏水草或类似基质时,成熟亲鱼不产卵。人工繁殖或增殖时,可用棕榈皮、化学纤维等制成人工鱼巢代替水草。

花䱻一般1冬龄达性成熟(唇䱻稍迟一些),体重200～250 g。长江流域4～5月产卵,黑龙江地区6～7月产卵繁殖。分批产卵,产卵水温16～23 ℃。产出卵卵径1.2～1.7 mm,呈青色略带橘黄色;吸水后卵径1.9～2.0 mm,晶莹透明,具黏性,附着于石砾或水草上发育。水温18～21 ℃时,在受精后145～170 h孵出仔鱼。初孵仔鱼侧卧水底或做抖动式垂直游动,6～7日龄开始摄食。

中华倒刺鲃性成熟年龄为雄性3～4龄,雌性4～5龄。适宜产卵水温19～32 ℃,最佳产卵水温为24～28 ℃,水温超过30 ℃时,胚胎和出膜仔鱼畸形率和死亡率明显增加。中华倒刺鲃为分批产卵型鱼类,人工繁殖多在5～9月进行。受精卵为弱黏性,入水数分钟后黏性自行消失。

翘嘴红鲌在长江中游为雄鱼2龄、雌鱼3龄达性成熟;在兴凯湖雌、雄鱼均为5龄达性成熟。繁殖期为6～8月,繁殖期水温18～28 ℃。性腺每年成熟一次,分批产卵。种群不同,产出卵有黏性(湖泊型)和漂流性(丹江口、兴凯湖等)两种类型。漂流性卵卵径4.42～5.58 mm,随水漂流孵化;黏性卵卵径1.2 mm,黏附于基质上发育。

瓦氏雅罗鱼3冬龄达性成熟,绝对怀卵量2.7万～7.7万粒/尾。有明显的洄游规律,生殖季节较早。江河刚开始解冻即成群地上溯至水草丰茂的淡水河道中。水温达4～8 ℃就开始产卵。产卵在沙砾或其他附着物上,卵粒直径2.2 mm。

细鳞斜颌鲴通常2冬龄性成熟,生殖季节在华中和华南地区为4～6月。成熟雌鱼的体重为415～1 100 g。平均每千克体重怀卵量为20万粒左右。细鳞斜颌鲴没有固定的产卵场,自然繁殖要求的条件不高,一般只要有一定的流水刺激,即使流速在0.2 m/s左右也可产卵。产卵期为5月至8月初,以5月中旬至6月初为产卵盛期,孵化的适宜水温为20～28 ℃,产黏性卵,卵呈浅黄色。产出时卵径为0.8～1.2 mm。雄鱼在生殖季节有珠星出现。在人工饲养的水体中也可以自然繁殖。鲴亚科中还有银鲴(*Xenocypris argentea*)、黄尾鲴(*Xenocypris davidi*)、圆吻鲴(*Distoechodon tumirostris*)等。

扁吻鱼是随着青藏高原的抬起而逐渐定居于西北地区的裂腹鱼类,最小成熟年龄为7^+龄,每年4月底至5月初生殖群体上溯进入具有沙砾或沙质的河床产卵繁殖,水深约40 cm,水温18 ℃左右。绝对怀卵量17.5万～49.6万粒/尾,相对怀卵量23.4～71.0粒/g(体重),见表1-4-10。

表1-4-10 扁吻鱼体长、体重与怀卵量

（引自任波等，2006）

体长/cm	体重/kg	绝对怀卵量/万粒	相对怀卵量/（粒/g，体重）	卵径/mm
71.5	5	18.3	36.7	1.50
79.0	7	49.6	71.0	1.58
76.0	5.8	37.0	63.3	1.40
77.0	6.9	23.6	34.0	1.50
71.5	4.5	17.5	39.9	1.36
77.0	8.7	20.4	23.4	1.42
平均值		27.7±12.8	44.6±18.3	1.48±0.08

扁吻鱼产出的卵具有微黏性，卵径1.36～1.58 mm，吸水膨胀后卵径为3.30～3.45 mm。水温21～22 ℃，约103 h孵出仔鱼。初孵仔鱼全长为7.5 mm，6日龄仔鱼全长为11.6 mm，卵黄囊基本吸收完毕，开口摄食。26日龄全长21 mm，奇鳍、偶鳍发育完成，进入稚鱼期。幼鱼可进入河流、湖泊等宽阔水域。

泥鳅和大鳞副泥鳅一般1冬龄达性成熟，开春后，当水温达18～20 ℃时，性成熟个体便开始自然繁殖。泥鳅常选择在水田、沼泽、沟渠等有清水流入的浅滩作为产卵场，常在雨后或夜间产卵。发情时，数尾雄鱼追逐一尾雌鱼。交尾时，一尾雄鱼用身体紧紧缠住雌鱼的躯干，雌鱼被雄鱼挤压刺激而产卵，同时雄鱼排精。由于雄鱼胸鳍基部有一骨质硬刺，被雄鱼缠绕产后的雌鱼，其腹鳍上方都留有伤痕。泥鳅为多次产卵，产卵期可一直持续到8月份。受精卵黏附于水草或石头上，但泥鳅卵的黏性极差，虽能黏附，却易从附着物上脱落而沉入水底。在饵料不足时，受精卵也会被泥鳅吞食掉。

拟鲇高原鳅分布于青藏高原北部黄河上游及其附属水体，由于我国西北高原相对寒冷，雌鱼性成熟年龄为3龄，雄鱼为2龄，怀卵量0.8万～1.9万粒/尾。在6～8月产卵，逆流上溯集群分批产卵，多集中到水面狭窄、水体较深、水草丰富、光线较暗水域产卵。产出卵浅黄色，具黏性，卵径1 mm左右。水温20 ℃，80 h孵出仔鱼，4日龄仔鱼开口摄食。

（五）鲈形目产黏性卵鱼类的繁殖习性

鲈形目鱼类中，产黏性卵养殖鱼类主要有虫纹鳕鲈、大口黑鲈、条纹鲈、河鲈、梭鲈等。

虫纹鳕鲈4~5龄达性成熟，体重2.5~4.0 kg，雌鱼怀卵4万~5万粒/kg（体重）。水温21℃以上产卵繁殖。卵径3.0~3.5 mm。水温20℃，受精卵经5~7 d孵出仔鱼。初孵仔鱼5.0~8.0 mm，卵黄囊清晰可见。过8~10 d后卵黄囊吸收完毕，开始摄食小型浮游动物。

在人工饲养条件下，大口黑鲈1冬龄达性成熟。体长223~298 mm的个体，绝对怀卵量4.1万~6.9万粒/尾，相对怀卵量120~150粒/g（体重）。繁殖季节为3~6月，水温15~26℃。在池塘中可自然产卵繁殖。有挖窝筑巢产卵习性，多次产卵，卵黏性，圆球形，淡黄色，沉在巢穴底孵化。雄鱼守护鱼卵直至鱼苗出膜并能自由游泳摄食为止。

条纹鲈雌鱼性成熟年龄为3龄，雄鱼为2龄。繁殖期表现出明显的溯河产卵洄游习性。产卵期在4月至6月中旬，甚至可延长至7月。产卵水温10~25℃，高峰期在15~18℃。产出卵卵径1.8 mm，具黏性。受精卵孵化温度19~24℃，仔鱼培育初期的存活温度为10~26℃，最适温度为18~24℃。育苗时盐度10~30，对受精卵发育较为有利。

（六）其他产黏性卵鱼类的繁殖习性

白斑狗鱼雄鱼性成熟年龄为2~3龄，最小体重500 g；雌鱼3~4龄成熟，最小体重800 g。在乌伦古河流域，主要繁殖期为4月中下旬至5月上旬，产卵水温9~14℃，产出卵具黏性，黏附于枯草、芦苇或河道两边的树根、草根上。白斑狗鱼绝对怀卵量3 808~173 500粒/尾，卵径1.562~2.798 mm，平均为（2.242±0.242）mm。

黑斑狗鱼为高纬度寒冷地区水域的特产鱼类。雄鱼2~3龄、雌鱼3~4龄达成熟。繁殖期为4月下旬至5月下旬，在水体浅水处产卵，产出卵具黏性，黏附于芦苇、树根或草根上孵化。绝对怀卵量9 282~88 396粒/尾，卵径1.762~2.805 mm，平均为（2.302±0.182）mm。

云斑尖塘鳢雌鱼2龄达性成熟，4~11月为繁殖期，穴中产卵繁殖，适宜水温25~33℃。体长25 cm、体重285 g雌鱼怀卵量约13万粒，相对怀卵量为470粒/g（体重）左右。产出卵具黏性，吸水后呈茄子形，长颈1.73 mm，短径0.58 mm。受精卵在水温26.8~33.2℃时，经38~60 h孵出仔鱼。初孵仔鱼全长2.47 mm，3日龄仔鱼开口摄食。

鸭绿沙塘鳢雌、雄鱼均在1冬龄达性成熟，繁殖季节在4~5月，产卵水温8~20℃。产卵场为多礁石区，水流流态复杂；在石块下产卵，产出卵呈梨状，卵膜松软，具黏性，连片黏附于石块背面；产卵后，雄鱼护卵。绝对怀卵量为201~1 346粒/尾，平均（494±45）粒/尾，相对怀卵量为27.56~51.03

粒/g（体重），平均（35.39±2.4）粒/g（体重）。水温12~20℃，25 d孵出仔鱼。

松江鲈的雌、雄鱼在1龄达性成熟，每年11月由淡水向河口集结，进入浅海产卵繁殖。产卵盛期在2月至3月上旬，此时水温4~5℃，满潮时盐度30~32；卵产于牡蛎壳堆的洞穴顶部。雌鱼产卵后离开，雄鱼留守护卵。雌鱼绝对怀卵量5 100~12 800粒/尾，产出卵具有很强的黏性，黏附一起结成团块状，呈橘红色、橘黄色或淡黄色。卵径1.48~1.58 mm（邵炳绪，1959）[1.98~2.2 mm（Takeshita，1997）]。在水温14℃下，受精卵经26~30 d孵出仔鱼。初孵仔鱼体长5.3~6.3 mm（邵炳绪，1959）[6.9~7.3 mm（Takeshita，1997）]，静卧水底，5日龄仔鱼卵黄囊消失殆尽，开口摄食。

大泷六线鱼雄性1龄、雌性2龄可达性成熟。繁殖期为10~11月，产卵水温10~15℃。雌鱼产卵，雄鱼护卵，在护卵至仔鱼孵出期间亲鱼不摄食。产出卵卵径1.62~2.32 mm，极具黏性，常相互粘连，形成中空的块状，附着在礁石或海藻上，靠水流冲刷保证溶氧。水温14~16℃，受精卵经20 d左右孵出仔鱼。初孵仔鱼全长6.5~7.0 mm，侧卧水底，4日龄仔鱼能水平游泳并开口摄食。

黄鳝为雌雄同体，卵巢先发育，2冬龄达性成熟；产卵后，卵巢萎缩，精巢开始发育。黄鳝生殖期较长，为每年的5~9月。生殖期随地区而异，长江流域黄鳝的繁殖季节一般为每年5~9月，产卵高峰期为6~7月；安徽淮河流域在5~8月，高峰期在6月；湖南洞庭湖为5~8月，盛期为6~7月。黄鳝的繁殖洞穴一般建在田埂的草丛的隐蔽处，靠近水面。相邻两个繁殖洞穴相距不小于0.5 m。每个繁殖洞穴有2~5个洞口，分为头洞、支洞、尾洞。每个头洞内的通道上都有一个直径5~12 cm的球状膨大部分，为产卵室。产卵室是黄鳝繁殖洞穴特有的构造。

一般认为在产卵前1 d左右，雄鳝在繁殖洞穴内（有水的）或洞口水面上吐泡沫筑巢，泡沫巢具有黏性，雌鳝将卵产于泡沫上，每次产卵100~300粒；雌鳝产卵，雄鳝立即射精，精液与卵混合后受精，并与泡沫黏附，受精卵在泡沫中孵化。雌鳝产后离开泡沫巢，雄鳝留在洞穴中护卵。实验证明，黄鳝繁殖时吐出的泡沫为大分子的糖蛋白类，在提高受精率、受精卵孵化率、仔苗成活率、增加溶氧量，使卵膜正常破裂，抗水霉病等方面具有独特的生理功能。

黄鳝产卵量为353~2 084粒/尾，随体长和体重的增加而增大（表1-4-11）。繁殖高峰期产出卵的卵径为1.82~2.83 mm（平均为2.51 mm）。

表 1-4-11 黄鳝产卵量及其变动

体长/mm	体重/g	标本数/尾	产卵量/（粒/尾）	平均产卵量/（粒/尾）
190~250	23.1~30.8	218	353~986	676
251~300	28.7~58.8	286	378~1 187	985
301~350	54.5~118.9	198	462~1 843	1 087
351~400	106.7~278.3	86	496~1 967	1 283
401~583	254.2~492.0	46	465~2 084	1 387

注：引自杨代勤等，1994。

红鳍东方鲀在自然条件下 3~4 龄达性成熟，每年 3~5 月产卵群体由深海向近海洄游产卵繁殖，产卵池一般在盐度较低的河口内湾，水深 20 m 以内，水温 17 ℃左右。在海州湾，红鳍东方鲀产卵盛期是 5 月上旬。产出卵为沉性卵且具有黏性，球形，卵径 1.09~1.20 mm，多油球，卵膜厚。怀卵量随个体大小而定，3 kg 个体怀卵量 20 万~30 万粒。受精卵在水温 13 ℃时，15 d 孵出仔鱼；水温 15 ℃时，10 d 孵出仔鱼；水温 17~18 ℃时，7~8 d 孵出仔鱼。在人工养殖条件下，3 龄可达性成熟。

暗纹东方鲀一般 2~3 年性成熟，绝对怀卵量为 14 万~30 万粒/尾，繁殖期成熟系数 11.4%~22.8%。每年 3~6 月，产卵群体溯河到水草丛生的地方产卵繁殖，产卵水温 18~23 ℃。产出卵圆球形，卵径 1.1~1.3 mm，呈浅黄色，卵膜薄而透明，沉黏性，入水后黏性增强。水温 23 ℃左右时，胚胎发育需 4~7 d。仔鱼卵黄囊吸收约需 6 d。

第五节 鱼类的栖息习性及对环境条件的适应性

了解鱼类分布和栖息水域以及对水温、水质等环境条件的适应性，对渔业生产具有重要的指导意义。

一、栖息水域和活动水层

按栖息水域的不同，可划分为海水鱼类、淡水鱼类及河口鱼类。在海水鱼类中，按其活动范围又可分为内海鱼类和外海鱼类。在淡水鱼类中，按其活动范围可分为湖泊鱼类、河流鱼类和河湖洄游鱼类。很多鱼类具有洄游习性，包括生殖洄游、索饵洄游、越冬和度夏洄游等。所以，鱼类栖息水域也不是固定不变的，依年龄和生理需要、季节和饵料等因素而变化。

按栖息和活动水层的不同，可将养殖鱼类大致划分为中上层鱼类、中下层鱼类和底层鱼类。

（一）中上层鱼类

鲢、鳙栖息于大江大河及与其相通的湖泊，是典型的江湖洄游鱼类，栖息活动于水体的中上层，摄食浮游生物。在江河及其附属水体中摄食育肥，冬季进入河床或深水处越冬；春末夏初，生殖群体进入江河干流上溯洄游至中上游产卵繁殖。鲢性情活跃，善跳跃，有时能跃出水面1m多高。鳙性情温顺，不善跳跃，易捕捞。

翘嘴红鲌、鳡自然分布于江河、湖泊，栖息活动于水体中上层，它们口裂大，游泳速度快，行动迅猛，能捕食其他鱼类，属凶猛肉食性鱼类。善于跳跃，性情暴躁，容易受惊，可跳跃1m多高的屏障。

鲥、长颌鲚为溯河产卵洄游鱼类，春季生殖群体由海洋进入河流中产卵繁殖（洄游距离不长）。它们栖息活动于水体中上层，性情暴躁，容易受惊而受伤。

（二）中下层鱼类

草鱼、青鱼与鲢、鳙相同，都是栖息于大江大河及与其相通的湖泊，是典型的江湖洄游鱼类，但草鱼和青鱼栖息活动于水体的中下层，草鱼常在水草丰富和淹没浅滩草地的浅水区觅食，性情活跃，游泳速度快，抢食能力强，能跳跃，也时常到水体上层活动觅食；青鱼则常在水体下层活动，很少到水体上层活动。

团头鲂、三角鲂、长春鳊等是典型的湖泊鱼类，通常在有沉水植物的敞水区活动和觅食，性情活泼，也能跳跃。人工驯养投喂时，具有一定抢食能力。

细鳞斜颌鲴等鲴亚科鱼类喜栖于静水水域，尤其是水草繁茂的湖泊和水面宽阔的河流，在水体中下层活动，主要摄食水体中比较丰富的、大多数经济鱼类不能利用的底生藻类和有机碎屑等。

翘嘴鳜、斑鳜、大口黑鲈、条纹鲈、河鲈、梭鲈、短盖巨脂鲤等喜栖息于微流水河流或湖泊，常在水体中下层活动和觅食，主要捕食小型鱼类。春季天气转暖时，鳜游到浅水区觅食，白天卧于穴中，渔民常用"踩鳜鱼"或"鳜鱼夹"等方法捕捉鳜。夜间，鳜常到岸边草丛中觅食鱼、虾，渔民常用三角网抄捕。夏、秋季鳜摄食旺盛，没有钻卧洞穴的习性。这些鱼类抢食能力强，人工驯养时也会游到水体中上层摄食。

花鲈、暗纹东方鲀、鲻、梭鱼等为近海鱼类，喜栖息于浅海内湾或河口咸淡水区域，常在水体中下层活动和觅食。幼鱼可随潮水进入港湾及河口摄食，也常溯河进入淡水水域。退潮后，成群栖息在背风向阳、饵料丰富的地区。冬季水温降低时转入深水处越冬。花鲈春季主要栖息于沿岸和内湾 10~30 m 深水域。整个夏季多栖息于河口附近水深 10 m 以内的浅水水域，直到深秋再游向深水区产卵或越冬。

（三）底层鱼类

鲤、鲫栖息分布于各类淡水水域，通常在水体底层活动和觅食。人工驯养时，也能到水体中上层摄食；鲤的抢食能力比鲫强，但不及草鱼，池塘混养时应注意这一特性。

泥鳅和大鳞副泥鳅栖息于静水或缓流湖泊、沟渠、沼泽、稻田等小型水域中，喜欢中性或弱酸性土壤环境的水域，在水体底层活动和觅食，是典型的底栖杂食性鱼类。当水体溶氧不足时，泥鳅可将头跃出水面，吞入空气行肠呼吸。当水温升高至 33 ℃ 以上、降低至 7 ℃ 以下或水位下降近干涸时，泥鳅会钻入泥土中躲藏。

乌鳢是营底栖性鱼类，通常栖息于水草丛生、底泥细软的静水或微流水中，遍布于湖泊、江河、水库、池塘等水域内。为凶猛肉食性鱼类，时常潜于水底层，以摆动其胸鳍来维持身体平衡，一旦发现猎物，迅速出击捕食。乌鳢鳃上器官具有辅助呼吸功能，钻入淤泥或离开水能存活 2~3 d，甚至更长时间。

鲇形目养殖鱼类多营底栖生活，多栖息于静水或缓流的水体，白天常在水底或光线较暗处隐藏，黄昏和夜间到水层中觅食。鲇、兰州鲇、怀头鲇、南方鲇为凶猛肉食性鱼类，以鱼为主要食物，饵料缺乏时同种相互残杀。长吻鮠、斑点叉尾鮰、云斑鮰、黄颡鱼、瓦氏黄颡鱼为温和肉食性鱼类，主要摄食虾、水生昆虫等无脊椎动物。苏氏圆腹𩷶俗称巴丁鱼、淡水鲨，营底栖生活，属杂食性鱼类，幼鱼以浮游动植物为饵，也摄食人工饲料，胡子鲇多栖居在田间沟渠、稻田、河川和湖泊等水域中，具有聚居或穴居、耐低氧、能直接利用空气中氧气、昼伏夜出觅食的习性。革胡子鲇与蟾胡子鲇不同，其性温顺，不打洞，不筑巢，跳跃和逃逸能力均低于蟾胡子鲇。

鲽形目养殖鱼类多为底层海水鱼类，身体上多具有保护色，善于隐藏；当发现猎物时，迅速跃起，捕食鱼、虾等食物。

真鲷、黑鲷、大泷六线鱼、许氏平鲉等为近海底层鱼类，喜栖息在岩礁、沙砾或泥沙底及贝藻丛生的海区。

石斑鱼属养殖种类很多，多栖息于热带及温带海洋，喜栖息在沿岸岛屿附近的岩礁、沙砾、珊瑚礁底质的海区。

黄鳝视力退化，喜暗而成为穴居底栖性鱼类，喜生活在湖汊、浅塘、稻田水沟的静水处和水流静缓的江河浅底泥穴、石缝中。在自然状态下，黄鳝白天常静伏洞穴中，很少活动，晚上出洞觅食。如有活饵靠近洞口，即使在白天也会以敏捷的动作将活饵拖入洞中。

二、对环境条件的适应性

鱼类养殖的环境条件包括生物环境和非生物环境，这里主要讨论非生物环境，主要有光照、盐度、水温、pH、溶氧、肥度、氨氮和亚硝酸盐等。

（一）光照条件

光线的刺激通过视觉器官、中枢神经影响内分泌器官（主要是脑垂体）的活动，从而影响鱼类的生长、发育和繁殖。栖息于不同生境的鱼类，对光照强弱和周期长短有不同的需求。生活在江河浑水中的鱼类，眼睛一般较小。生活在洞穴中的鱼类，视觉器官往往退化，对光照的要求不高。

许多鱼类的视觉与光的关系，还表现在对环境背景的选择方面。如鲱群喜欢在光亮的沙质底部活动，而不喜欢在暗黑的草丛中生活。而多数养殖鱼类则喜欢在背景和光线较暗处活动，这常使鱼体的色泽与环境色调相一致。

绝大多数鱼类是在有光且光照不太强的条件下摄食，完全黑暗下摄食活动几乎停止。光线是使鱼成群的主要条件，集群是鱼类的自我保护行为，当光照降低到一定程度时，鱼的集群现象也就消失。

许多研究证明，光照对某些鱼类的性腺发育、成熟和繁殖产生影响。热带地区鱼类，一年繁殖多次，性腺发育需要有充足的光照。如食蚊鱼（*Gambusia affinis*）等卵胎生鳉得不到充足的光照，就会发生维生素缺乏症，并丧失繁殖能力。相反，秋、冬季产卵鱼类，如美洲红点鲑（*Salvelinus fontinalis*）在春、夏季饲养时，缩短光照时间可促使亲鱼提早成熟和产卵。这一结果在鲑鳟类、香鱼和花鲈等鱼类的人工繁殖中也得到证实。

（二）对盐度的适应

不同种鱼类对盐度的适应能力存在差异。根据鱼类对盐度的适应能力，可将养殖鱼类划分为狭盐性和广盐性鱼类。

1. 狭盐性鱼类 根据不同生态类型和渗透压调节机制的不同,又可分为淡水狭盐性和海水狭盐性鱼类,一般来说,一生只能生活在淡水中的鱼类,在盐度 5 以下的水体中都能正常摄食生长。鲢、鳙、草鱼和青鱼在盐度为 3~5 的水体中均能正常摄食和生长,但性腺发育和繁殖受到影响。草鱼在盐度为 7 的水体中,摄食率仍较高(调节渗透压所需的能量增加),但生长率却大幅度下降,日增重率仅为正常的 1/2。青鱼和团头鲂适宜生长盐度的最大值分别为 2.8 和 3.96。草鱼能短期忍受高达 16 的盐度,鲤可生活在盐度高达 17 的水中(如里海、黑海、亚速海)。鲫和瓦氏雅罗鱼对盐度和碱度的适应能力很强,是在盐度和碱度较高的达里诺尔湖中仅存的经济鱼类。

温度不同时,鱼类对盐度的适应能力不同。据 Von Oertzen(1985)试验,鲢鱼种在 18~22 ℃时耐盐能力最强。鱼种成活率与温度、盐度的相关方程为:

$$y = 882.59 + 145.25s + 38.13t - 9.95s^2 - 1.68t^2 + 2.24ts$$

式中:y 为鲢鱼种的成活率,‰;s 为盐度;t 为温度,℃。

海水狭盐性鱼类是指能在盐度为 16~35 的水体中正常摄食、生长和繁殖的鱼类。如真鲷适宜生长的盐度为 17~31。一些海水养殖鱼类虽然对盐度适应能力较强,但其产卵繁殖和受精卵的孵化对盐度要求比较严格(表 1-5-1)。如多数石斑鱼能适应 11~41 的盐度,但产卵和孵化适宜的盐度为 26~35。

表 1-5-1 几种海水养殖鱼类对盐度的适应

鱼 类	生存适宜	最适生长	产卵和孵化适宜
真鲷	16~41	17~31	26~35
石斑鱼	11~41	20~30	26~35
大黄鱼	15~35	24~34	28~31
牙鲆	8~40	17~33	19~33
大菱鲆	12~40	18~30	25~30

2. 广盐性鱼类 广盐性鱼类主要是那些海产并适应低盐度、喜栖于河口附近的鱼类,还有河海洄游性鱼类。在养殖鱼类中,广盐性鱼类主要有罗非鱼类、花鲈、暗纹东方鲀、鲻、梭鱼、眼斑拟石首鱼、鳗鲡、香鱼和部分鲑鳟类。

罗非鱼为典型的广盐性鱼类。莫桑比克罗非鱼从淡水到盐度 30 的海水中都能正常生长、繁殖;从淡水突然放入咸水的情况下,盐度达 25 仍能耐受;

而逐渐过渡时，盐度40也能安全耐受；在30~40的高盐度下不能繁殖，仍能生长。尼罗罗非鱼的耐盐能力略低于莫桑比克罗非鱼，从淡水直接进入海水时，只能耐受15的盐度；需经4昼夜分3段驯化才能耐受32的盐度；在盐度为21.5的水中已不能正常繁殖。但是，不同品系的尼罗罗非鱼的耐盐性不同（表1-5-2）。五个品系尼罗罗非鱼从淡水直接移入盐度32的海水中的平均成活时间（MST）和50%成活时间（ST_{50}）依次为奥利亚罗非鱼＞红罗非鱼＞奥尼鱼＞吉富罗非鱼＞"78"品系（$p<0.05$）；96 h半致死盐度（MLS-96）为奥利亚罗非鱼＞红罗非鱼＞奥尼鱼＞吉富罗非鱼＞"78"品系。这说明奥利亚罗非鱼的耐盐性最高，红罗非鱼次之，"78"品系最低。

表1-5-2 五个品系罗非鱼从淡水直接移入盐度32的海水中的平均成活时间（MST）、50%成活时间（ST_{50}）和96 h半致死盐度（MLS-96）

项目	吉富	"78"品系	奥利亚	奥尼鱼	红罗非鱼
MST（min）	38.3	34.5	49.5	45.8	47.9
ST_{50}（min）	39.3	34.0	49.3	45.7	47.0
MLS-96	15.55	15.2	16.34	15.91	16.17

花鲈为海产鱼类，喜栖息于河口咸淡水处，亦能在淡水中生活和饲养；在盐度12~18下，生长速度和成活率较高。眼斑拟石首鱼也为海产鱼类，可生活在淡水、半咸水和海水中，在盐度20~35的海水中最为适宜。鲻、梭鱼为海产鱼类，对盐度的适应范围为0~40，养殖的适宜盐度为3~10；也可以通过淡化，在淡水池塘中饲养。

暗纹东方鲀主要分布在中国近海（东海、黄海、渤海）和长江中下游，是海淡水洄游鱼类，春季亲鱼由海逆河产卵，幼鱼在长江、湖泊中肥育，翌年春入海。目前，暗纹东方鲀主要是利用淡水池塘饲养。

河海洄游鱼类，生命周期的一部分在淡水中度过，另一部分在海洋中生活。如日本鳗鲡生长在淡水，成熟后要到海里产卵繁殖（亲鱼产后死亡），幼鱼再回到江湖中生活生长。鳗鲡的渗透压是由富有肾小球的肾脏来调节的，即肾脏在不同的盐分环境中，产生不同的尿量。它的鳃和口腔膜在不同盐分梯度的环境中，既能吸取盐分，又能排出盐分。生活在淡水中时，和其他淡水硬骨鱼一样，排泄大量尿液来维持渗透压平衡；进入海洋后，就要大量吸取海水，而把海水中的盐分通过鳃上的氯泌细胞分泌出来。洄游性鲑鳟类，在淡水中产卵繁殖，幼鱼进入海水中生长发育。但幼鱼在其氯泌细胞未形成前是不会进入海洋的。

（三）对水温的适应

根据鱼类对水温的适应能力，可将主要养殖鱼类划分为热水性鱼类、暖水性鱼类、温水性鱼类、亚冷水性鱼类和冷水性鱼类5种类型。

1. 热水性鱼类　淡水养殖热水性鱼类主要有：鲮、短盖巨脂鲤、细鳞肥脂鲤、尼罗罗非鱼、奥利亚罗非鱼、淡水石斑鱼、厚唇弱棘鯻（淡水黑鲷）、高体革鯻（澳洲宝石鲈）、中华乌塘鳢、云斑尖塘鳢、胡子鲇、革胡子鲇、丝尾鳠、苏氏圆腹䰲、遮目鱼等（表1-5-3）。

表1-5-3　几种淡水热水性鱼类对水温的适应（℃）

鱼　类	生存水温范围	开始摄食水温	最适生长水温	繁殖适温
鲮	7～38	14	25～30	22～28
短盖巨脂鲤	11～40	16	28～32	24～28
尼罗罗非鱼	10～38	14	25～32	22～28
奥利亚罗非鱼	7.5～38	14	25～30	22～28
厚唇弱棘鯻	12～38	15	25～31	25～31
中华乌塘鳢	10～37	15	23～26	22～28
云斑尖塘鳢	10～37	15	25～30	22～30
胡子鲇	7～41	15	22～32	24～30
革胡子鲇	10～41	15	25～30	26～30
丝尾鳠	14～38	16	26～32	24～31
苏氏圆腹䰲	12～38	18	26～32	22～31
遮目鱼	8.5～42	12	25～28	22～32

海水养殖热水性鱼类主要有：石斑鱼类、尖吻鲈、军曹鱼、卵形鲳鲹、布氏鲳鲹、银鲳等（表1-5-4）。

表1-5-4　几种海水热水性鱼类对水温的适应（℃）

鱼　类	生存水温范围	开始摄食水温	最适生长水温	繁殖适温
青石斑鱼	14～32	18	22～28	20～26
赤点石斑鱼	14～32	20	24～28	20～26
龙趸石斑鱼	14～35	16	25～35	20～27
尖吻鲈	14～34	18	28～32	23～28
军曹鱼	16～36	20	26～30	24～31
卵形鲳鲹	10～32	18	24～28	20～28
布氏鲳鲹	14～32	18	24～28	20～28

从表1-5-3和表1-5-4可以看出,热水性鱼类对水温的适应表现为以下特点:

(1) 热水性鱼类对低温的适应能力比较差 热水性鱼类生存温度下限通常在7℃左右,有的只能在10℃以上水温生存,如淡水养殖鱼类中短盖巨脂鲤、苏氏圆腹䰾、丝尾鳠生存的最低水温分别为11℃、12℃、14℃;海水养殖热水性鱼类生存水温下限都超过10℃,多数超过14℃。

(2) 淡水热水性鱼类对高温的适应能力强于海水鱼 从表1-5-3和表1-5-4可以看出,淡水热水性鱼类生存水温的上限均超过37℃,多数能适应38℃的高温,有的能适应41℃(胡子鲇、革胡子鲇)和42℃(遮目鱼)的高温;而海水热水性鱼类生存水温上限多为32℃,最高为36℃。

(3) 摄食和最适生长温度比较高 热水性鱼类开始摄食的水温均在12℃以上,多数在15℃以上;最适生长水温均在22℃以上,多数在25~32℃。

(4) 热水性鱼类的繁殖适温比较高 淡水热水性鱼类的繁殖适温均在22℃以上,一些种类(云斑尖塘鳢、厚唇弱棘鯻、革胡子鲇、丝尾鳠、苏氏圆腹䰾、遮目鱼)在30℃时也能正常产卵繁殖。

2. 暖水性鱼类 暖水性鱼类大多是海水鱼类,主要有大黄鱼、鮸、鮸状黄姑鱼、眼斑拟石首鱼、真鲷、胡椒鲷、花尾胡椒鲷、斜带髭鲷、红鳍东方鲀、暗纹东方鲀、鲻等(表1-5-5)。

表1-5-5 几种海水暖水性鱼类对水温的适应(℃)

鱼类	生存水温范围	开始摄食水温	最适生长水温	繁殖适温
大黄鱼	10~32	14	18~25	17~24
鮸状黄姑鱼	6~30.5	12	18~28	18~25
眼斑拟石首鱼	4~33	10	25~30	20~25
真鲷	6~31	9	22~28	18~25
花尾胡椒鲷	8~35	11	18~26	18~23
暗纹东方鲀	8~35	15	18~27	18~25
鲻	3~35	9	20~28	20~22

从表1-5-5可以看出,海水暖水性鱼类生存水温下限为3℃,开始摄食的水温在9℃以上,多为10℃以上;最适生长水温和繁殖适温都不高,而且范围也不大。由此可见,海水暖水性鱼类生活在水温较稳定环境,对水温变化的适应能力较差。

3. 温水性鱼类 我国海水养殖中的温水性鱼类主要有鲻、梭鱼、花鲈、眼斑拟石首鱼、许氏平鲉和大泷六线鱼，它们生存极限水温范围较大，适应低温能力较强（属广温性鱼类），摄食和生长要求水温较高（表1-5-6）。

表1-5-6 几种海水温水性鱼类对水温的适应（℃）

鱼 类	生存水温范围	摄食水温	最适生长水温	繁殖适温
鲻	3～35	12～32	25～32	20～22
梭鱼	0.7～35	12～25	20～28	22～26
花鲈	1～36	10～30	20～28	—
许氏平鲉	0.5～27	—	12～25	12～20
大泷六线鱼	0.5～27	—	15～20	10～20

鲤科鱼生存水温范围为0.5～38 ℃，最适水温25～32 ℃，繁殖适温多在18～26 ℃（表1-5-7）。

表1-5-7 几种温水性鱼类对水温的适应（℃）

鱼 类	生存水温范围	摄食最低水温	最适生长水温	繁殖适温
鲤科鱼类	0.5～38	10	25～32	18～26
泥鳅	0.5～38	8	25～30	20～26
大鳞副泥鳅	0.5～38	10	25～28	22～26
鮠科鱼类	0.5～35	8	20～28	20～26
斑点叉尾鮰	0.5～38	8	25～30	20～26
长吻鮠	0.5～38	10	25～28	20～26
黄颡鱼	0.5～38	10	25～28	22～26
瓦氏黄颡鱼	0.5～38	12	25～29	23～26

鲟鳇类为区域性洄游鱼类，鲟科养殖种类多属温水性鱼类。它们生存水温范围为0.5～33 ℃，对高温的适应能力不如鲤科鱼类；生长适宜水温多为14～28 ℃，最适生长水温多为18～26 ℃，繁殖适温多为15～22 ℃（表1-5-8）。

表1-5-8 几种鲟科养殖鱼类对水温的适应（℃）

鱼 类	生存水温范围	最适生长水温	繁殖适温
达氏鳇	0.5～30	18～25	15～20
欧洲鳇	1.0～33	22～26	15～21
施氏鲟	0.5～33	18～27	17～20
中华鲟	0.5～37	16～24	17～24.5

(续)

鱼 类	生存水温范围	最适生长水温	繁殖适温
达氏鲟	1.0~32	20~25	16~19
西伯利亚鲟	0.5~33	15~26	12~18
俄罗斯鲟	0.5~33	19~24	—
小体鲟	0.5~32	19~25	12~17
闪光鲟	1.0~33	18~26	16~22
裸腹鲟	1.0~33	22~26	18~20

淡水养殖的温水性鱼类还有翘嘴鳜、斑鳜、大口黑鲈、条纹鲈、河鲈、乌鳢、斑鳢、白斑狗鱼、鳗鲡。它们对水温的适应能力较强，但不同种类略有差异（表1-5-9）。

表1-5-9 几种淡水温水性鱼类对水温的适应（℃）

鱼 类	生存水温范围	摄食水温	最适生长温度	繁殖适温
翘嘴鳜	0.5~38	10~32	22~28	20~25
斑鳜	0.5~36	—	—	20~26
大口黑鲈	1.0~36	—	20~30	22~25
条纹鲈	2.0~36	15~32	20~29	19~25
河鲈	0.5~35	—	15~25	10~22
乌鳢	0~41	8~32	25~28	18~30
斑鳢	1.0~38	10~32	20~28	18~26
黄鳝	0.5~40	15~30	18~28	23~26
白斑狗鱼	0.5~35	10~30	22~26	9~20
鳗鲡	1~38	10~30	25~28	—
鸭绿沙塘鳢	0~33	—	23~27	19~26

4. 亚冷水性鱼类 养殖鱼类中，多数的鲽形目鱼类、鲤科裂腹鱼亚科中的青海湖裸鲤、齐口裂腹鱼、重口裂腹鱼等属亚冷水性鱼类。它们对水温的适应能力介于冷水性鱼类和温水性鱼类之间，水温高于23℃摄食和生长率明显下降，属狭温性鱼类（表1-5-10）。

表 1-5-10　几种养殖鱼类对水温的适应（℃）

鱼　类	生存水温范围	适宜水温	最适生长温度	繁殖适温
牙鲆	5～25	13～23	16～22	10～20
大菱鲆	2～26	10～23	15～19	10～20
圆斑星鲽	2～26	15～24	18～21	
青海湖裸鲤	0～25	5～22		6.2～17.5
齐口裂腹鱼	0.8～33	5～27	22～25	7～16

5. 冷水性鱼类　冷水性鱼类是指适宜生活的水温较低，繁殖适温也较低，对水温（高温）的适应能力较差的狭温性鱼类。养殖的冷水性鱼类主要有鲑形目鲑亚目鲑科、茴鱼科鱼类和胡瓜鱼亚目香鱼科、胡瓜鱼科、银鱼科的种类。它们的生存水温多为0.5～25 ℃，适宜水温为12～22 ℃，最适生长水温为16～20 ℃，繁殖适温多在2～13 ℃。冷水性鱼类的种类不同，对水温的适应也略有差异（表1-5-11）。香鱼和大银鱼是冷水性鱼类中耐高温种类，高白鲑是鲑科鱼类中较耐高温种类。

表 1-5-11　几种鲑形目鱼类对水温的适应（℃）

鱼　类	生存水温范围	适宜水温	最适生长温度	繁殖适温
虹鳟	0～26	12～20	16～18	2～13
硬头鳟	0.6～25	10～20	17	2～13
山女鳟	0～25	10～20	15～17	1～13
银鲑	1～24	11～20	15～17	2～15
大西洋鲑（陆封）	0.6～20	10～20	16	2～20
高白鲑	1～28	10～25	18～22	3～13
哲罗鲑	1～25	7～24	13～18	2～13
细鳞鱼	0.6～25	10～20	16～18	—
北极红点鲑	0～22	5～20	14～16	3～12
香鱼	2～28	15～25	18～23	10～16
大银鱼	0.5～28	10～23	15～20	2～10

此外，还有太平洋鳕（大头鳕，*Gadus macrocephalus*）、大西洋鳕（*Gadus morhua*）和大西洋庸鲽属冷水性鱼类。太平洋鳕和大西洋鳕可生活在0～20 ℃水域，索饵适宜水温5～10 ℃，最适宜水温6～8 ℃，产卵繁殖水温1.6～10 ℃，产卵盛期水温3～8 ℃。大西洋庸鲽分布于大西洋的两岸以及北冰洋的

部分地区，适宜的水温在 1~15 ℃，最适水温为 3~9 ℃。

变温动物会随着周围环境温度的改变而改变自身的体温，鱼类的新陈代谢状况很大程度上取决于体温的高低，水温的变化能改变鱼类代谢速度而影响鱼类的生长和发育。在适温范围内，鱼类的代谢强度一般与温度成正相关；提高养殖水体温度，鱼的代谢速度加快，摄食量必然增大。鱼类的生长速度主要取决于摄食和消化食物的多少。

据报道，在增温 6 ℃/h 条件下，鲤的致死高温为 40.9 ℃，草鱼和鲢为 38.5 ℃。在增温 3 ℃/h 条件下，太湖新银鱼的半致死温度为 30.5~33.5 ℃，致死温度为 39.5~42.5 ℃，与鲤相似，太湖新银鱼的广温性为其在内陆水域进行广泛移殖提供了有利条件。

一般认为，温度急剧变化超过 5 ℃会对鱼产生不利影响，其原因是鱼不能迅速改变代谢通路和调节渗透机能。Smith 等（1981）研究了鲤、莫桑比克罗非鱼和虹鳟三种鱼类在不同温度下的血液生理反应，发现明显影响这三种鱼血液参数的温度分别为 15 ℃、25 ℃和 20 ℃。与温度变化密切相关的血液参数有：罗非鱼为血液的 pH、$p(O_2)$、细胞血红蛋白浓度、血浆总蛋白、红细胞数；鲤为 $p(O_2)$、血糖、血浆总蛋白、钠、钾；虹鳟为血液的 pH、红细胞比容、细胞血红蛋白浓度、乳酸、血浆总蛋白、氯、渗透性。15 ℃时鲤的血糖值最大，25 ℃时最小。低温时鲤血糖高而乳酸含量并不高，生长缓慢，这可能是对厌氧代谢的一种调整。实验证明，温度变幅大时，鲤保持酸碱平衡的能力远比虹鳟强。

（四）对 pH 的适应

我国《渔业水质标准》（GB 11607—89）中规定养殖水体 pH 范围为 6.5~8.5，这是鱼类生长的安全 pH 范围，大多数养殖鱼类都能适应。但鱼类的种类不同，对 pH 的适应能力有所不同。多数鲤科养殖鱼类适宜在中性或微碱性的水体中生长，其最适 pH 为 7.0~8.5。pH 低于 6.5 时，鱼类血液的 pH 下降，血红蛋白载氧功能发生障碍，导致鱼体组织缺氧，尽管此时水中溶氧正常，鱼类仍然表现出缺氧的症状。另外，pH 过低时，水体中 S^{2-}、CN^-、HCO_3^- 等转变为毒性很强的 H_2S、HCN、CO_2；而 Cu^{2+}、Pb^{2+} 等重金属离子则变为配合物，对水生生物的毒性大为减轻。

pH 过高时，铵离子（NH_4^+）转变为氨分子（NH_3），毒性增大，水体为强碱性，腐蚀鱼类的鳃组织，造成呼吸障碍，严重时使鱼窒息。强碱性的水体还影响微生物的活性进而影响微生物对有机物的降解。

实验表明，鲤、鲫对 pH 有较强的适应性（4.4~10.4），pH 低于 4.4 时死亡率达 7%～20%，低于 4.0 全部死亡；pH 高于 10.4 时死亡率达 20%～89%，高于 10.6 时全部死亡。瓦氏雅罗鱼可在 pH 为 9.4 的内蒙古达里诺尔湖里生活生长，表现出较强的适应性。短盖巨脂鲤等原产于南美亚马孙河流域的鱼类生长适宜 pH 为 5.6～7.4。

（五）对溶氧的适应

大多数鱼类对水中溶氧变化有一定的适应能力，能通过调节呼吸频率而保持一定的呼吸强度，但这种调节只能在一定溶氧量范围内进行。当水中溶氧量降低到一定界限时，鱼的呼吸率就发生显著变化，以至于不能维持其正常的呼吸强度，这时的溶氧量称为临界溶氧量（若以氧的分压表示，则称为临界氧分压）。鱼类在水中溶氧量降低到较临界溶氧量更低的某个界限时开始死亡，这时的溶氧量称为窒息点（或称氧阈）。

当环境条件适宜时，水中溶氧量达 5.0 mg/L 以上时，多数养殖鱼类摄食强度大，饲料效率高（饲料系数低），生长速度快；溶氧量低于 3 mg/L 时，摄食强度低，生长缓慢，饲料系数高；溶氧量低于 2 mg/L 时开始浮头，甚至窒息死亡。主要养殖鱼类对水中溶氧量的要求和适应范围有一定差异（表 1-5-12）。一般来说，海水鱼类、冷水性鱼类和喜流性鱼类的窒息点较高，因此，水中应保持较高的溶氧量。而淡水中多数的温水性鱼类，特别是具有辅助呼吸器官的鱼类（如鳗鲡、泥鳅、胡子鲇、乌鳢等）耐低氧的能力强，更耐肥水，适合高密度养殖和长途运输。

表 1-5-12　几种养殖鱼类对水中溶氧量的适应（mg/L）

鱼　类	正常摄食和生长	呼吸受抑制	氧　阈
鲫	2	1	0.1～0.3
鲤	4	1.5～2.5	0.2～0.8
鳙	4～5	1.55	0.23～0.4
鲮	4～5	1.55	0.3～0.5
草鱼	5	1.6	0.4～0.57
青鱼	5	1.6	0.58
团头鲂	5.5	1.7	0.26～0.60
鲢	5.5	1.75	0.26～0.79
泥鳅	3		0.48～0.24
南方鲇	3		0.8～0.16
尼罗罗非鱼	3	1.6	0.23～0.07

(续)

鱼　类	正常摄食和生长	呼吸受抑制	氧　阈
大口黑鲈、条纹鲈	4.5		0.33~0.40
虹鳟、金鳟	6	3.0~3.5	1.55~2.02
大黄鱼	4	3	1.42~2.27
牙鲆	5		0.6~0.8
大菱鲆	5		0.68
鲻、梭鱼		1.18	0.52~0.50
香鱼			1.54
真鲷	4		2.56~3.17
中华鲟			2.8
施氏鲟			1.36~1.20
眼斑拟石首鱼	3		2.0
大口胭脂鱼			0.30~0.35

鱼类的耗氧量和耗量率是衡量鱼类代谢作用的尺度。耗氧量是指个体在单位时间内的耗氧数值，耗氧率是单位时间（h）内单位体重（g 或 kg）所需的氧量（mg 或 g）。各种鱼类的耗氧量和耗氧率是不同的，而且随年龄、个体大小而不同（表 1-5-13）。一般来说，鱼类耗氧量随着个体的增大而增大，耗氧率随着个体的增大而减小。

表 1-5-13　几种养殖鱼类不同体重的耗氧率

鱼类	体重/g	水温/℃	耗氧率/[mL O_2/(g·h)]
鲢	0.67~1.70	28.5~30.3	0.237~0.338
	118.0~130.7	27.3~28.7	0.147~0.134
鳙	0.40~0.80	28.5~30.3	0.288~0.417
	74~172.3	28.5~30.3	0.113~0.134
草鱼	0.93~1.38	22.5~31.7	0.228~0.383
	30.0~62.2	22.0~23.5	0.120~0.167
	1 101~1 355	21.0~23.5	0.097~0.106
泥鳅	3.9	22.0	0.178
	25	22.0	0.120
大鳞副泥鳅	3.9	22.0	0.205
大口黑鲈	25.0~73.5	20.0	0.136~0.181

(续)

鱼类	体重/g	水温/℃	耗氧率/[mL O$_2$/(g·h)]
大菱鲆	250	12.0	0.137
虹鳟			
真鲷	0.4	20.0	0.945
	1.0	21.0	0.732
	3.2	20.5	0.504
	6.2	21.0	0.312
	18.0	20.7	0.285
大口鲇	1.00	24~27	0.435
	2.67	24~27	0.401
	5.53	24~27	0.285
	9.07	24~27	0.236
	57.0	24~27	0.127
	196.7	24~27	0.091
施氏鲟	9~10	15~20	0.301~0.245
胡子鲇	0.012	30.0	1.269 6
	91.00	30.0	0.154 1
革胡子鲇	127.0	30.0	0.137 1
大口胭脂鱼	6.7	30.5~32.1	0.614 3
	24.05		0.125 4

注：1.00 mL 氧气相当于 0.700 mg 氧气；根据罗相忠等（1998）和宋苏祥等（1998）的资料整理。

鱼类耗氧量与体重之间是一种幂指数相关关系：

$$R = kW^x$$

式中：R 为耗氧量（mg）；k 为常数；W 为体重（g）；x 为指数，一般为 0.6~1.0。

曾对红鲤、野鲤、鲢、鳙的鱼苗耗氧量进行测定，得出耗氧量与体重的关系式为：红鲤，$R = 0.001\,04W^{0.84}$；野鲤，$R = 0.000\,85W^{0.89}$；鲢，$R = 0.000\,91W^{0.88}$；鳙，$R = 0.000\,82W^{0.91}$。用这四种体重相同的鱼苗，根据这种关系式所计算出来的耗氧量是相当接近的。

了解鱼类体重与耗氧量之间的关系，对于养殖生产具有现实的意义。可以利用这种关系，根据水中溶氧状况来掌握和及时调整放养鱼类的大小和数量，以提高养殖鱼类的成活率。

鱼类的耗氧量受许多因素的制约，除鱼的年龄和大小外，鱼的营养和健康状况、体内神经和激素调节机制、性腺发育和生殖状况等都可引起耗氧量的改变。此外，鱼的耗氧量还与水温、pH、氨等环境条件相关。

（六）对氨和亚硝酸盐的适应

1. 对氨的适应 含氮有机物的分解和鱼类的代谢产物是养殖水体氨的主要来源。氨在水体中的存在形式有非离子氨（NH_3）和离子氨（NH_4^+），二者的相对浓度与 pH 有密切关系。非离子氨对鱼类具有毒性，其相对浓度和毒性随 pH 的升高而加大。不同种类和规格的养殖鱼类的非离子氨半致死浓度有所不同（表 1-5-14）。

表 1-5-14 非离子氨（NH_3）对几种养殖鱼类的半致死浓度

鱼 类	规 格	水温/℃	半致死浓度/(mg/L)		
			24 h	48 h	96 h
鲢	鱼苗	25	0.91		
鳙	鱼苗	25	0.46		
虹鳟	鱼苗		0.47～0.50		
鲤	鱼苗			1.76	1.76
欧洲鳗鲡	7.2 g	28	4.26	3.27	2.19
草鱼	1.73 cm				0.570
	2.62 cm		1.848	1.727	1.609
	3.54 cm			2.050	
	7.07 cm			2.141	1.683
翘嘴鳜	10～15 mm	23～27	0.94	0.85	0.60
	12～19 mm	19～21	0.92	0.49	0.32
真鲷	仔鱼		0.87	0.66	0.28

注：根据蓝伟光和陈霓（1991）等的资料整理。

一般来说，喜栖于水质清澈、喜流水和冷水性鱼类对氨的毒性更敏感；多数海水养殖鱼类较鲢、鳙等淡水鱼类对氨的耐受力弱；同种鱼类随着规格的增大，对氨的耐受力逐渐增强。由于在氨对鱼的急性致死试验中所用的实验材料、环境条件和鱼的规格不尽相同，所以所得的结果尚难统一。一般都以 0.05～0.1 mg/L 的 NH_3 作为几种主要养殖鱼类可允许的极限值。水温 20 ℃时，NH_3 浓度低于 0.240 mg/L 时，对 1 龄草鱼种的生长无影响，随着鱼体的增长，对氨的耐受力增强。但当氨浓度高于 0.240 mg/L 时草鱼的生长明显受影响。对虹鳟和大鳞大麻哈鱼生长有影响的氨浓度分别为 0.015～0.033 mg/L 和 0.026 mg/L（周永欣，1986）。Dabrowska 和 Sikora（1986）用 NH_4Cl、NH_3、NH_4NO_3、CH_3COONH_4、$(NH_4)_2S$ 水溶液在 10.4～16.0 ℃下测定了氨对 28.7～42.5 g 鲤的毒性。结果表明，总氨的 48 h 半致死浓度为 6.6～7.6 mg/L。

水中氨含量增加会抑制鱼体内氮的排泄，使血液和组织中氨的浓度升高，进而产生一系列毒性影响。草鱼氨中毒的主要症状是鳃组织损伤，鳃上皮增生，鳃小片扭曲甚至融合，黏液增多。

2. 对亚硝酸盐的适应 亚硝酸盐（$NO_2^- - N$）是氮素（主要是有机氮和氨态氮）在自然界循环过程中（硝化作用在低溶氧条件下进行）的中间产物，对水生动物具有毒性。养鱼水体中非离子氨含量应小于 0.02 mg/L，亚硝酸盐（$NO_2^- - N$）含量应小于 0.1 mg/L。较高亚硝酸盐（$NO_2^- - N$）使鱼血液中的血红蛋白氧化成高铁血红蛋白，血液的载氧能力下降造成鱼体组织缺氧、神经麻痹，甚至窒息死亡（王明学和吴卫东，1997）。据实验，亚硝酸盐（$NaNO_2$）对鳗鲡（1.3 g/尾）的 24 h、48 h、96 h 半致死浓度分别为 100.0、84.1、26.6 mg/L（潘小玲等，1998）；对鳜的 24 h、48 h、96 h 半致死浓度分别为 141.25～724.44、84.14～190.55、50.12～71.61 mg/L（王侃等，1996；陈瑞明，1998）。在水温 30 ℃时，亚硝酸盐对体重（24.5±4.3）g、体长（14.03±3.1）cm 草鱼种的 96 h 半致死浓度为 4.62 mg/L（王鸿泰，胡德高，1989）。水温 20～23 ℃时，鲢的 $NO_2^- - N$ 临界值为 2.4 mg/L。

$NO_2^- - N$ 对鱼类的影响主要表现在：①导致鱼类生长缓慢。斑点叉尾鮰幼鱼在 $NO_2^- - N$ 浓度小于 1.00 mg/L 的水中生长正常，但当 $NO_2^- - N$ 浓度超过 1.62 mg/L 时，生长明显减慢。②有氧代谢水平的降低制约了鱼类持续游泳能力。③降低耐氧能力。平均重 9.3 g 的斑点叉尾鮰在 $NO_2^- - N$ 浓度分别为 0、0.5、1.0、1.5 mg/L 的水中，其耐低氧的时间随 $NO_2^- - N$ 浓度的增加而缩短，高铁血红蛋白的含量增加。④斑点叉尾鮰在 $NO_2^- - N$ 浓度高的水中，耐温上限由 38 ℃降至 35.9 ℃。⑤耗氧率下降。⑥斑点叉尾鮰血浆中皮质类固醇的浓度随 $NO_2^- - N$ 浓度的增加而升高。环境中 pH 和氯化物浓度的升高可阻止皮质类固醇含量的升高。⑦草鱼血液中碱性磷酸酶的含量随水中 $NO_2^- - N$ 浓度的升高而下降。⑧$NO_2^- - N$ 浓度增高可抑制虹鳟肝微粒体的细胞色素和氨基比林脱甲基酶活性，抗病力下降。

鱼类的种类和规格及环境条件都会影响 $NO_2^- - N$ 的毒性。$NO_2^- - N$ 对日本鳗鲡的 24 h 半致死浓度（LC_{24}）为 460 mg/L，其敏感性比欧洲鳗鲡（LC_{24} 为 351 mg/L）低（山形阳一等，1981）。在 pH 7.7～8.1、水温 23 ℃时，斑点叉尾鮰、奥利亚罗非鱼和大口鲈的 $NO_2^- - N$ 的 96 h 半致死浓度分别为 (7.1 ± 1.9) mg/L、(16.2 ± 2.3) mg/L 和 (14.02 ± 8.1) mg/L（Palachek，1984）。Lewis 和 Morris（1986）比较了 $NO_2^- - N$ 对几种鱼类的毒性，发现鲑科鱼类对 $NO_2^- - N$ 最敏感。

Ca^{2+} 是一种渗透调节剂，能结合于鳃表面，改变细胞膜的通透性，降低 $NO_2^- - N$ 的毒性。因此，养鱼盛期适时适量施用生石灰调节水质是降低氨氮毒性的措施之一。

在鲢、鲤、尼罗罗非鱼和鲑科鱼类中发现，Cl^- 可降低 $NO_2^- - N$ 的毒性。但水体中的氯化物却未能增强黑鲈对 $NO_2^- - N$ 毒性的耐力。一般认为，Cl^- 抑制 $NO_2^- - N$ 的毒性可能是由于竞争性地排除了 $NO_2^- - N$ 在鳃上的结合位点，主动运输到循环系统，从而降低了 $NO_2^- - N$ 的毒性。Cl^- 对 $NO_2^- - N$ 的拮抗作用在鲢比在大麻哈鱼、斑点叉尾鮰、虹鳟都强（王学明等，1995）。

有关鱼类吸收和排出亚硝酸盐的机制，目前有两种假说。一种认为 NO_2^- 以 HNO_2 的形式结合到鳃上而进入血液，依血液的 pH 而离析。当血浆的 pH 高于水时，NO_2^- 将积累于血浆中。这种假说较好地解释了 pH 对 $NO_2^- - N$ 毒性的影响。另一种认为淡水鱼鳃的吸氯结构对 NO_2^- 有亲和力，而当外界氯离子达到有效数量时，NO_2^- 被阻止在血液外。这种理论在解释 Cl^- 对 $NO_2^- - N$ 毒性的影响上更为合理。

生产上消除亚硝酸氮的方法，除了合理放养和科学管理之外，可在池塘中施加次氯酸钠（1.00 mg/L）。当亚硝酸氮含量高（大于 0.15 mg/L）时，最好先施生石灰，再加次氯酸钠，且分次使用，效果较好。

第六节　实验部分

实验一　鱼类标本的采集与保存

（一）实验目的

通过本实验，了解和掌握鱼类标本的采集方法和保存方法。

（二）实验器材、固定和保存液

1. 器材　网具、解剖盘、水桶、盆、解剖剪、解剖刀、镊子、注射器、纱布、标签等。

2. 固定和保存液　福尔马林和乙醇。福尔马林液的配制：取 40% 甲醛 1 份 (10%) 加入 9 份水 (90%)，配制成 10% 左右的溶液；取 40% 甲醛 0.5 份

（5％）加入9.5份（95％）水，配制成5％左右的溶液，备用。鱼类标本也可用70％乙醇液固定和保存。

（三）标本的采集

在采集标本时，除了种类采集外，还要注意选择同一种的不同大小个体和不同性别的个体。选择的标本要求新鲜、鳞片和鳍条完整。询问并记录标本捕获的地点、水域状况、捕捞工具等。尽可能进行现场鉴定或记录标本数量，以免遗漏。

采集的标本最好是活体，可短时间暂养；一经死亡，应立即进行处理。

（四）标本的处理

将鱼体清洗干净，并矫正标本。小型标本用固定液和保存液浸泡；体重超过0.5 kg的标本，需要向体腔内注射保存液；超过2 kg的标本，还要向肌肉中注射保存液。做好标本处理记录。

（五）标本的包装和运输

固定好的标本可以纱布包裹，整齐平放于标本箱中，避免标本受挤压。

（六）标本的保存

用水缸、搪瓷罐或标本瓶保存，保存液为标本体积的2倍以上；标本瓶保存一般是鱼的头部朝下，避免折断各鳍。

实验二　鱼类形态学测量与种类鉴定

（一）实验目的

通过本实验，了解和掌握鱼类形态测量和描述的一般方法，熟悉常见鱼类形态学测定，为鱼类分类鉴定奠定基础。

（二）实验材料和器具

1. 实验材料　常见鱼类若干种。

2. 实验器具　直尺、皮尺、分规、镊子、解剖刀、解剖剪、解剖盘、鳞片袋、纱布、培养皿、放大镜、解剖镜、显微镜等。

（三）观测内容

1. 测量项目　全长、体长、体高、体宽、头长、吻长、口裂长、眼径、眼间距、眼后头长、尾柄长、尾柄高。计算出体长/体高、体长/头长、头长/吻长、头长/眼径、尾柄长/尾柄高等比例性状。

2. 可数性状 鳍式、鳞式、鳃耙数、脊椎骨数等。

（四）种类鉴定

1. 鉴定 根据观测数据，查阅和对比相关资料，依次鉴定出目、科、属、种。

2. 制检索表 将鉴定出的种列出一检索表。

实验三 鱼类年龄鉴定和生长推算

（一）实验目的

通过本实验，了解和掌握鱼类年龄鉴定和生长推算方法。

（二）实验材料和器具

1. 实验材料 常见养殖鱼类。

2. 实验器具 直尺、皮尺、分规、镊子、解剖刀、解剖剪、解剖针、锯条、磨石、解剖盘、鳞片袋、纱布、培养皿、放大镜、解剖镜、显微镜、载玻片、吸管、洗涤液等。

（三）年龄鉴定方法

1. 用鳞片鉴定年龄 采取背鳍起点下方和侧线上方中间的鳞片5～10枚，选择完整鳞片放入鳞片袋中备用，记录种类、全长、体重等资料。将鳞片清洗后，在解剖镜、显微镜或投影仪下观察，常见年轮有切割型和疏密型（图1-6-1）。

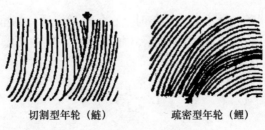

切割型年轮（鲢）　　疏密型年轮（鲤）

图1-6-1　用鳞片鉴定年龄

2. 用鳍条鉴定年龄 取背鳍、臀鳍和胸鳍粗大鳍条、鳍棘。用锯条截取2～3 mm段，再用磨石（加水磨）磨成厚0.2～0.3 mm的透明薄片，在解剖镜或显微镜下观察年轮排列（图1-6-2）。

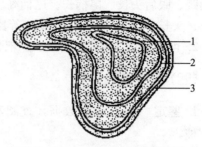

图1-6-2 鲢第一鳍条断面轮纹
1. 第1年轮 2. 第2年轮 3. 第3年轮

3. 用耳石鉴定年龄 耳石位于头骨后端两侧的球囊内。劈开头骨，用镊子挑破球囊薄骨，取出耳石。小耳石可直接放在显微镜下观察，大耳石则需研磨后观察。在显微镜入射光下，可见白色的宽层和黑暗的狭层相间排列；在透射光下，宽层暗黑，而狭层呈亮白色。通常将狭层视为年轮（图1-6-3）。

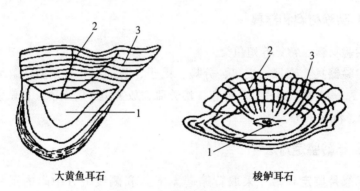

大黄鱼耳石　　　　梭鲈耳石

图1-6-3 用耳石鉴定年龄
1. 核 2. 辐射线 3. 年轮纹

（四）生长的推算

当用鳞片、鳍条、耳石鉴定年龄时，在年龄确定后，测量自生长中心到各年轮的半径长度（轮径）。通过下列公式推算鱼在一年中所增加的体长（或体重），见图1-6-4。

$$L_n = \frac{R_n}{R} L$$

式中：L_n 为鱼在以往任何年的长度；R_n 为与 L_n 相应的年份的龄长，即相对应年份的鳞片长度；L 为鱼体的实际长度；R 为整个鳞片的长度。

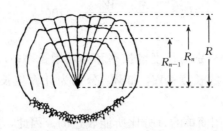

图1-6-4 利用年轮推算鱼在一年中增加的体长（或体重）

实验四　鱼类生长的测定与计算

（一）实验目的

通过本实验，了解和掌握鱼类生长的测量和计算方法。

（二）实验材料和器具

1. 实验材料　常见养殖鱼类及其饲养场所。

2. 实验器具　直尺、皮尺、分规、量鱼板、电子秤或电子天平。

（三）实验方法

1. 直接测定　对已知年龄的鱼，直接测定其体长和体重。

2. 饲养法　用水族箱或饲养池进行饲养实验。实验前测定体长和体重，实验结束时再测定体长和体重。

3. 标志放流法　将放流鱼类进行标记，放流标记前测定体长和体重，重捕后再测定体长和体重。

（四）生长的计算

1. 绝对生长率　单位时间内鱼体体长、体重的绝对增长值。

$$W_G = (W_1 - W_2)/(t_2 - t_1)$$

$$L_G = (L_2 - L_1)/(t_2 - t_1)$$

2. 相对生长率　绝对增长值占这一段时间鱼体体长或体重平均值的百分数。

$$L_R = \frac{L_2 - L_1}{\frac{1}{2}(L_2 + L_1)} \times 100\%$$

$$W_R = \frac{W_2 - W_1}{\frac{1}{2}(W_2 + W_1)} \times 100\%$$

式中：L_R 和 W_R 分别为长度增长率和体重增长率；L_2 和 L_1 分别为计算生长率结束和开始时的长度；W_2 和 W_1 分别为计算生长率结束和开始时的体重。

鱼类生长并非是用简单的百分比所能表达的。因此，在计算相对生长时，常把自然复杂的因素考虑在内，其计算公式为

$$L_R = (\lg L_2 - \lg L_1)/[0.434\ 3\ (L_2 - L_1)]$$
$$W_R = (\lg W_2 - \lg W_1)/[0.434\ 3\ (W_2 - W_1)]$$

3. 瞬时生长率 单位时间内鱼体体长、体重的自然对数的增长值。

$$G' = (\ln W_2 - \ln W_1)/(t_2 - t_1) = (\ln L_2 - \ln L_1)/(t_2 - t_1)$$

生长率的时间单位，可用年、月、日。绝对生长率一般只能用来比较同一种群或同一世代鱼的生长率，而相对生长率可以用于比较不同世代、不同种群或不同种的生长率。但这两种生长率都是单位时间内的生长值，加到原初的体长、体重上，不能反映瞬时生长情况。而瞬时生长率是将任何时刻的增长数都加在已增长的体长、体重上，表达具复利式特点。

实验五　鱼类食性和摄食强度测定

(一) 实验目的

通过本实验，了解和掌握鱼类食性和摄食强度的研究方法。

(二) 实验材料和器具

1. 实验材料 天然水域捕捞的鱼类若干。

2. 实验器具 解剖盘、解剖剪、解剖刀、直尺、皮尺、天平、载玻片、盖玻片、滴管、显微镜、解剖镜等。

(三) 实验方法

1. 常规测定 记录全长、体长、体高、体重，年龄和性别鉴定，捕捞日期、水域、渔具等。

2. 解剖观察 口、咽齿、鳃耙、消化道等。

（1）食物充塞度　胃肠中食物所占比重和等级。

① 0 级：消化道空或有极少食物。

② 1 级：只部分消化道中有极少食物或食物占消化道的 1/4。
③ 2 级：全部消化道有少量食物或食物占消化道的 1/2。
④ 3 级：食物较多，充塞度中等，食物占消化道的 3/4。
⑤ 4 级：食物多，充塞全部消化道。
⑥ 5 级：食物极多，消化道膨胀。

(2) 食物团重（饱满指数）　将胃肠中的食物剥离出来，用滤纸吸水后称重。

$$饱满指数 = (食物团重/去内脏体重) \times 100 （或 \times 10\ 000）$$

(3) 食物组成　分析各种食物在胃肠中的出现率，分析鱼类的食性类型。

鉴定消化道中未被消化的食物种类，将见到的食物种类全部列出，不管其数量多少，按下式统计食物出现率。

出现率＝某种（类）食物在被解剖的肠管中出现次数/解剖肠管数（充塞度 0 级不计在内）。

(4) 食物定量测定　将胃肠中食物分类，统计各种食物数量和重量，或计算饱满度分指数。

$$饱满度分指数 = (某一种食物重量/去内脏体重) \times 100\%$$

实验六　鱼类性腺发育和怀卵量观察

(一) 实验目的

通过本实验，掌握鱼类性腺发育和怀卵量观察方法，了解和掌握鱼类的繁殖习性。

(二) 实验材料和器具

1. 实验材料　采集鱼类新鲜标本。

2. 实验器具　解剖盘、解剖剪、解剖刀、镊子、解剖针、培养皿、吸管、天平、显微镜、目微尺和台微尺、载玻片等。

(三) 实验步骤和方法

1. 常规测量　记录种类、编号、体长、体重、年龄、性别等。

2. 性腺观察

(1) 成熟系数　将卵巢和精巢完整解剖出来，称重，计算成熟系数。

$$成熟系数 = 性腺重/去内脏体重 \times 100\%$$

(2) 发育分期观察

第Ⅰ期：卵巢、精巢都是细线状，半透明；肉眼辨别不出雌雄。

第Ⅱ期：卵巢扁带状，可见血管分布；撕去卵巢膜可见花瓣状的纹理（即卵巢隔膜或称蓄卵板）。此时还看不到卵粒。精巢为细带状，白色，半透明。肉眼已可分出雌雄。

第Ⅲ期：卵巢饱满，血管分布明显；肉眼可见不均匀卵粒，但不易剥离；成熟系数3%～6%。精巢白色，呈柱状，表面较光滑，没有精液。

第Ⅳ期：卵巢饱满，血管分布清晰；卵粒大、饱满、均匀，有光泽，易剥离；成熟系数14%～28%。精巢宽大，表面出现皱褶；刺破精巢膜，有精液流出。

第Ⅴ期：卵巢表面血管分布清晰；卵粒已从蓄卵板上脱落，卵粒在卵巢中处于游离状态；挤压有卵粒流出。精巢表面柔软，乳白色，轻压腹部有精液流出。

第Ⅵ期：卵巢缩小、松软，表面充血；卵巢内残存少量卵粒和组织液；卵粒瘪、多呈乳白色。精巢中大量精子已排出，体积缩小；颜色变为浅红色。

(3) 卵径 将第Ⅵ期末或第Ⅴ期卵放培养皿中剥离，用吸管移至载玻片上，放显微镜上用目微尺和台微尺测定卵的直径。

(4) 怀卵量 取卵巢一部分称重，放培养皿中分离并计数；折算每克卵巢对应成熟卵数量，计算一尾鱼怀卵量。绝对怀卵量：一尾雌鱼实际怀卵数量，即（抽样卵粒数/样品重）×卵巢卵总重量。相对怀卵量：绝对怀卵量（粒）/去内脏体重（g）。

第二章
鱼类养殖工程与设施

本章内容提要

鱼类养殖方式主要有池塘养殖、网箱养殖、开放式流水养殖和封闭循环水养殖、湖泊水库粗放养殖、经济鱼类的移殖驯化和人工放流、稻田养殖和综合养鱼等。本章的实践内容和应获得的实践技能如下：

1. 池塘养殖工程与设施

（1）了解池塘养殖模式和类型：经济型池塘养殖模式、标准化池塘养殖模式、生态节水型池塘养殖模式和循环水池塘养殖模式等。

（2）了解池塘养殖场建设规划的基本内容：场址选择的基本条件和要求，规划布局的基本原则。

（3）了解养殖场工程测量基本知识，熟悉地形图的识别。

（4）掌握养殖池塘建设基本要求：池塘形状和朝向，池塘面积和深度，池埂，坡度与护坡，养殖池注排水的设计与施工等。

（5）熟悉池塘养殖场的进排水和水处理系统的设计：进水管渠（明渠、暗管）的设计与施工，排水沟渠的设计与施工，水处理方法和工程的设计（过滤、生态沟渠、生态塘、潜流湿地、生态浮床等）。

（6）掌握常用养殖机械与设备配备和使用：变压器、输电线路、配电盘、增氧机、水泵、投饵机、捕捞网具、水质检测仪器等。

2. 网箱养殖工程与设施

（1）熟悉普通养鱼网箱的结构：网箱框架、形状、规格，网衣、纲绳的配备。

（2）熟悉深海网箱的结构和类型：框架系统、箱体、固定系统、附属设施。

3. 流水养殖和工厂化养殖工程与设施

（1）了解开放式流水养殖场的选址要求：水源水质和水量，地形和土质，电力、交通与通信等。

(2) 熟悉流水养殖场建设规划和布局：养殖种类与规模，引水和排水等。

(3) 熟悉流水养殖池的设计和施工、引排水工程设计与施工等。

(4) 了解封闭式循环水养殖模式和类型（工厂化养殖）。

(5) 熟悉封闭式循环水养殖车间的设计和施工要求：基础和地基，墙体结构与材料，顶的设计与材料，门窗设计，养殖池和循环水设计，动力配备等。

(6) 熟悉养殖水处理方法、原理及工程建设与设施：微滤机的结构和工作原理，生物滤池（塔）和生物转盘，泡沫分离和活性炭吸附，紫外线和臭氧消毒，增氧方式和装置等。

4. 稻田养鱼和综合养鱼工程

(1) 熟悉养鱼稻田的基本条件：水源、土质等。

(2) 熟悉稻田养鱼工程：鱼沟、鱼凼和其他工程的设计与施工。

(3) 了解综合养鱼类型、模式和生态学原理及其相应工程。

第一节 池塘养殖工程与设施

我国池塘养殖历史悠久，普及广、规模大，是淡水养鱼主要的生产方式。但大多数池塘养殖工程简单、设施简陋，水体净化和水处理能力较差，水体污染严重，养殖鱼类长期处于应激状态，生理功能紊乱，疾病频繁发生，养殖生产受到极大的限制和发展。所以，池塘养殖场工程与设施的改造和升级，是我国淡水养殖亟待解决的问题。

池塘养殖场的建设与改造应根据规划目的、要求、生产特点和地区经济发展水平等选择养殖系统模式。池塘养殖场系统模式可分为经济型池塘养殖模式、标准化池塘养殖模式、生态节水型池塘养殖模式和循环水池塘养殖模式等四种类型。

循环水池塘养殖模式是一种先进的池塘养殖模式（图 2-1-1、图 2-1-2），具有标准化池塘和基础设施，通过人工湿地、高效生物净化塘、水处理设备设施等对养殖排放水进行处理后循环使用。循环水池塘养殖系统一般由标准化池塘、沟渠、水处理系统、动力设备等组成。人工湿地或生物氧化塘一般通过生态沟渠与池塘相连，生态沟渠一般是利用水生植物、滤食或杂食动物构建而成。

生态沟渠和人工湿地等水处理设施占地一般为养殖水面的 10%～20%。

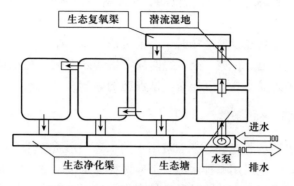

图 2-1-1 串联循环水池塘养殖系统

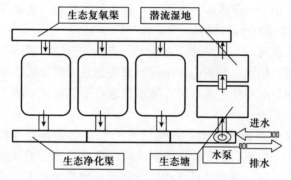

图 2-1-2 并联循环水池塘养殖系统

一、池塘养殖场建设规划

新建或改建池塘养殖场必须符合当地的规划发展要求,养殖场的规模和形式要符合当地社会、经济、环境等发展的需要。

(一)自然条件

新建或改建池塘养殖场要充分考虑当地的水文、水质、气候等因素,结合当地的自然条件确定养殖场的建设规模、建设标准,并选择适宜的养殖品种和养殖方式。

在规划设计养殖场时,要充分勘查了解规划建设区的地形、水利等条件,有条件的地区可以充分考虑利用地势自流进排水,以节约动力提水所增加的电力成本。规划建设养殖场时还应考虑洪涝、台风等灾害因素的影响,在设计养殖场进排水渠道、池塘塘埂、房屋等建筑物时应注意考虑排涝、防风等问题。

北方地区在规划建设养殖场时，需要考虑寒冷、冰雪等对养殖设施的破坏和影响，在建设渠道、护坡、路基等时应考虑防寒措施。南方地区在规划建设养殖场时，要考虑夏季高温气候对养殖设施的影响。

（二）水源和水质条件

新建池塘养殖场要充分考虑养殖用水的水源、水质条件。水源分为地面水源和地下水源，无论采用哪种水源，都应选择在水量丰足、水质良好的地区建场。水产养殖场的规模和养殖品种要结合水源情况来决定。采用河水或水库水作为养殖水源，要考虑设置防止野生鱼类进入的设施，以及周边水环境污染可能带来的影响。使用地下水作为水源时，要考供水量是否满足养殖需求，一般要求 10 d 左右能够把池塘注满。

选择养殖水源时，还应考虑工程施工等方面的问题，利用河流作为水源时需要考虑是否筑坝拦水，利用山溪水流时要考虑是否建造沉沙排淤等设施。水产养殖场的取水口应建到上游部位，排水口建在下游部位，防止养殖场排放水流入进水口。

水质对养殖生产影响很大，养殖用水的水质必须符合《渔业水质标准》（GB 11607—89）规定。对于部分指标或阶段性指标不符合规定的养殖水源，应考虑建设源水处理设施，并计算相应设施设备的建设和运行成本。

（三）土壤和土质条件

在规划建设养殖场时，要充分调查了解当地的土壤、土质状况，不同的土壤和土质对养殖场的建设成本和养殖效果影响很大。

池塘土壤要求保水力强，最好选择黏质土或壤土、砂壤土的场地建设池塘，这些土壤建塘不易透水渗漏，筑基后也不易坍塌。

沙质土或含腐殖质较多的土壤，保水力差，做池埂时容易渗漏、崩塌，不宜建塘。含铁质过多的赤褐色土壤，浸水后会不断释放出赤色浸出物，对鱼类生长不利，也不适宜建设池塘。pH 低于 5 或高于 9.5 的土壤地区不适宜挖塘。

（四）电力、交通和通信条件

水产养殖场需要有良好的道路、交通、电力、通信、供水等基础条件。新建、改建养殖场最好选择在"三通一平"的地方建场，如果不具备以上基础条件，应考虑这些基础条件的建设成本，避免因基础条件不足影响养殖场的生产发展。

（五）池塘养殖场建设规划和布局

水产养殖场应本着"以渔为主、合理利用"的原则来规划和布局，养殖场的规划建设既要考虑近期需要，又要考虑今后发展。

1. 规划布局基本原则 水产养殖场的规划建设应遵循以下原则：

（1）合理布局 根据养殖场规划要求合理安排各功能区，做到布局协调、结构合理，既满足生产管理需要，又适合长期发展需要。

（2）利用地形结构 充分利用地形结构规划建设养殖设施，做到布局合理、排灌方便、节省动力和能源。

（3）就地取材，因地制宜 在养殖场设计建设中，要优先考虑选用当地建材，做到取材方便、经济可靠。

（4）搞好土地和水面规划 养殖场规划建设要充分考虑养殖场土地的综合利用问题，利用好沟渠、塘埂等土地资源，实现养殖生产的循环发展。

2. 布局形式 养殖场的布局结构，一般分为池塘养殖区、办公生活区、水处理区等。

养殖场的池塘布局一般由场地地形所决定，狭长形场地内的池塘排列一般为"非"形。地势平坦场区的池塘排列一般采用"围"形布局。

二、池塘养殖基本设施

池塘养殖场工程与设施包括养殖池塘、进排水系统、场地和道路、建筑物和配套设施。

（一）养殖池塘

养殖池塘是养殖场的主体部分。按照养殖功能分，有亲鱼池、鱼苗池、鱼种池和成鱼池等。池塘面积一般占养殖场面积的65%~75%。各类池塘所占的比例一般按照养殖模式、养殖特点、品种等来确定。

1. 池塘的形状、朝向 池塘的形状主要取决于地形、品种等要求。一般为长方形，长宽比一般为（2~5）:1。养殖场池塘功能和面积不尽相同，但池塘宽度应尽可能一致，以便于拉网操作。

池塘的朝向应结合场地的地形、水文、风向等因素，一般为东西长、南北宽的长方形池塘，以利于池面接受阳光照射，满足水中天然饵料的生长需要。

同时，也能减少风浪对池塘堤坝的冲刷。

2. 池塘的面积和深度 池塘的面积取决于养殖模式、品种，池塘类型、结构等。池塘水深是指池底至水面的垂直距离，池深是指池底至池堤顶的垂直距离。一般成鱼池的深度在 2.5～4.0 m，鱼种池在 2.0～3.0 m。北方越冬池塘的水深应达到 2.5 m 以上。池埂顶面一般要高出池中水面 0.5 m 左右。表 2-1-1 列出不同类型池塘面积、池深和长宽比例的参考数值。

表 2-1-1 不同类型池塘规格参考

池塘类型	面积/m²	池深/m	长：宽	备 注
鱼苗池	600～1 300	1.5～2.0	2：1	可兼作鱼种池
鱼种池	1 300～3 000	2.0～2.5	(2～3)：1	
成鱼池	3 000～10 000	2.5～3.5	(3～4)：1	
亲鱼池	2 000～4 000	2.5～3.5	(2～3)：1	应接近产卵池
越冬池	1 300～6 600	3.0～4.0	(2～4)：1	应靠近水源

3. 池埂 池埂是池塘的轮廓基础，池埂结构对于维持池塘的形状、方便生产以及提高养殖效果等有很大的影响。池塘塘埂一般用匀质土筑成，埂顶的宽度应满足拉网、交通等需要，一般在 1.5～4.5 m。

池埂的坡度取决于池塘土质、池深、护坡与否和养殖方式等。一般池塘的坡比为 1：(1.5～3)。若池塘的土质是重壤土或黏土，可根据土质状况及护坡工艺适当调整坡比，池塘较浅时坡比可以为 1：(1～1.5)。图 2-1-3 为坡比示意图。

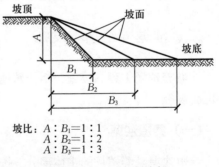

图 2-1-3 坡比示意

4. 池塘护坡 护坡具有保护池形结构和塘埂的作用，但也会影响池塘的自净能力。一般根据池塘条件不同，池塘进排水等易受水流冲击的部位应采取护坡措施，常用的护坡材料和护坡方法有水泥预制板护坡、混凝土护坡、砖石护坡、土工膜和防渗膜护坡等（图 2-1-4）。

5. 池塘池底 池塘底部要平坦，为了方便池塘排水、水体交换和捕鱼，池底应有相应的坡度。池塘底部的坡度一般为 1：(200～500)。在池塘宽度方向，应使两侧向池中心倾斜。

面积较大的长方形池塘内坡上，为了投饵和拉网方便，一般应修建一条宽度约 0.5 m 的平台（图 2-1-5），平台应高出水面。

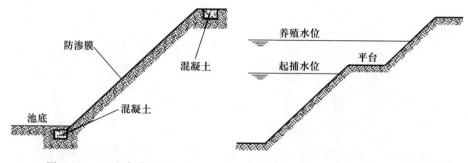

图 2-1-4 防渗膜护坡示意　　　　图 2-1-5 池塘内坡平台示意

6. 池塘注排水

（1）进水管道和闸门　池塘进水一般是通过分水闸门控制水流通过输水管道进入池塘，分水闸门一般为凹槽插板的方式（图 2-1-6），很多地方采用预埋 PVC 弯头拔管方式控制池塘进水（图 2-1-7），这种方式防渗漏性能好，操作简单。

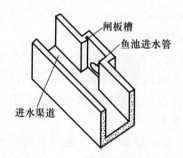 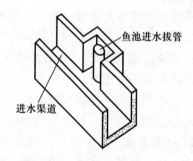

图 2-1-6 插板式进水闸门示意　　　图 2-1-7 拔管式进水闸门示意

池塘进水管道一般用水泥预制管或 PVC 波纹管，较小的池塘也可以用 PVC 管或陶瓷管。池塘进水管的长度应根据护坡情况和养殖特点决定，一般为 0.5～3 m。进水管太短，容易冲蚀塘埂；进水管太长，又不利于生产操作和成本控制。

（2）排水井、闸门　每个池塘一般设有一个排水井。排水井采用闸板控制水流排放，也可采用闸门或拔管方式进行控制。拔管排水方式易操作，防渗漏效果好。排水井一般为水泥砖砌结构，有拦网、闸板等凹槽（图 2-1-8、图 2-1-9）。池塘排水通过排水井和排水管进入排水渠，若干排水渠汇集到排水总渠，排水总渠的末端应建设排水闸。

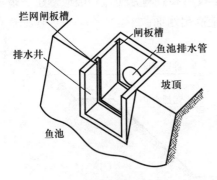
图 2-1-8 插板式排水井示意

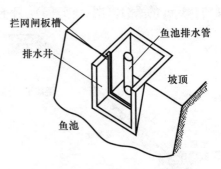
图 2-1-9 拔管式排水井示意

（二）进排水系统

池塘养殖场的进排水系统一般是以沟渠（或进水管道）形式建设，在规划设计时应做到进排水独立，严禁交叉污染，防止鱼病传播。还应充分考虑场地的具体地形条件，尽可能采取一级动力取水或排水，合理利用地势条件设计进排水自流形式，降低养殖成本。

养殖场的进排水渠道一般应与池塘交替排列，池塘的一侧进水，另一侧排水，使得新水在池塘内有较长的流动混合时间。

1. 泵站、自流进水 池塘养殖场一般都建有提水泵站，泵站大小取决于装配泵的数量。常用的水泵主要有轴流泵、离心泵、潜水泵等。自流进水渠道一般采取明渠方式，根据水位高程变化选择进水渠道截面大小和渠道坡降，自流进水渠道的截面积一般要比动力输水渠道大一些。

2. 进水渠道 进水渠道大小必须满足水流量要求，要做到水流畅通，容易清洗，便于维护。进水渠道分为土渠、石渠、水泥板护面渠道、预制拼接渠道、水泥现浇渠道等。按照渠道结构可分为明渠、暗渠（管）等。

渠道水流速度一般采取不冲不淤流速。进水渠的湿周高度应在 $60\%\sim80\%$，进水干渠的宽在 $0.5\sim0.8\,m$，进水渠道的安全超高一般在 $0.2\sim0.3\,m$。

进水也可采用暗管或暗渠结构。暗管有水泥管、陶瓷管和 PVC 波纹管等；暗渠结构一般为混凝土或砖砌结构，截面形状有半圆形、圆形、梯形等。铺设暗管、暗渠时，一定要做好基础处理，一般是铺设 10 cm 左右的碎石作为垫层。寒冷地区水产养殖场的暗管应埋在不冻土层，以免结冰冻坏。为了防止暗渠堵塞，便于检查和维修，暗渠一般每隔 50 m 左右设置一个竖井，其深度要稍深于渠底。

3. 分水井 分水井又称集水井，设在鱼塘之间，是干渠或支渠上的连接结构，一般用水泥浇筑或砖砌。分水井一般采用闸板控制水流（图2-1-10），也有采用预埋PVC拔管方式控制水流（图2-1-11），采用拔管方式控制分水井结构简单，防渗漏效果较好。

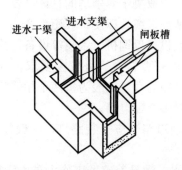 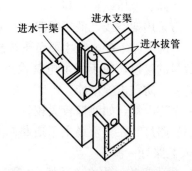

图2-1-10　闸板控制分水井示意　　图2-1-11　拔管式控制分水井示意

4. 排水渠道　　排水渠道是养殖场进排水系统的重要部分。水产养殖场排水渠道的大小、深浅要结合养殖场的池塘面积和地形特点、水位高程等设计。排水渠道一般为明渠结构，也有采取水泥预制板护坡形式。

排水渠道要做到不积水、不冲蚀、排水通畅。排水渠道的建设原则是：线路短、工程量小、造价低、施工容易、水面漂浮物及有害生物不易进渠等。

（三）场地和道路

养殖场的场地、道路是货物进出和交通的通道，建设时应考虑较大型车辆的进出，尽量做到货物车辆可以到达每个池塘，以满足池塘养殖生产的需要。

生产区应留有一定面积的场地，以满足生产物资堆放和生产作业需要。办公区、生活区应配建一定比例的场地，以满足车辆停放、活动等需要。

（四）建筑物

水产养殖场应按照生产规模、要求等建设一定比例的生产、生活、办公等建筑物。建筑物的外观形式应做到协调一致、整齐美观。生产、办公用房应按类集中布局，尽可能设在水产养殖场中心或交通便捷的地方。生活用房可以集中布局，也可以分散布局。

（五）配套设施

1. 供电设施　　水产养殖场需要稳定的电力供应，供电情况对养殖生产影响重大，应配备专用的变压器和配电线路，并备有应急发电设备。水产养殖场的供电系统应包括以下部分：

（1）变压器　水产养殖场一般按每亩[*] 0.75 kW 以上配备变压器，即 100 亩规模的养殖场需配备 75 kW 的变压器。

（2）高、低压线路　高、低压线路的长度取决于养殖场的具体需要，高压线路一般采用架空线，低压线路尽量采用地埋电缆，以便于养殖生产。

（3）配电箱　配电箱主要负责控制增氧机、投饲机、水泵等设备，并留有一定数量的接口，便于增加电气设备。配电箱要符合野外安全要求，具有防水、防潮、防雷击等性能。水产养殖场配电箱的数量一般为每两个相邻的池塘共用一个配电箱，如池塘较大较长，可配置多个配电箱。

（4）路灯　在养殖场主干道路两侧或辅道路旁应安装路灯，一般每 30～50 m 安装路灯一盏。

2. 供水设施　水产养殖场应安装自来水，满足养殖场工作人员生活需要。条件不具备的养殖场可开挖可饮用地下水，经过处理后满足工作人员生活需要。自来水的供水量应根据养殖小区规模和人数决定，自来水管线应按照市政要求铺设施工。

3. 生活垃圾、污水处理设施　水产养殖场的生活、办公区要建设生活垃圾集中收集设施和生活污水处理设施。常用的生活污水处理设施有化粪池等。化粪池大小取决于养殖场常驻人数。水产养殖场的生活垃圾要定期集中收集处理。

三、池塘养殖水处理工程与设施

水产养殖场的水处理包括源水处理、养殖排放水处理、池塘水处理等方面。养殖用水和池塘水质的好坏直接关系到养殖的成败，养殖排放水必须经过净化处理达标后，才可以排放到外界环境中。

（一）源水处理设施

水产养殖场在选址时应首先选择有良好水源水质的地区，如果源水水质存在问题或阶段性不能满足养殖需要，应考虑建设源水处理设施。源水处理设施一般有沉淀池、快滤池、杀菌消毒设施等。

（二）水质调控和排放水的处理

养殖过程中产生的富营养物质主要通过排放水进入外界环境中，已成为主

---

[*] 亩为非法定计量单位，1 亩≈667 m²。

要的面源污染之一。对养殖排放水进行处理回用或达标排放是池塘养殖生产必须解决的重要问题。

目前养殖排放水的处理一般采用生态化处理方式，也有采用生化、物理、化学等方式进行综合处理的案例。

养殖排放水生态化处理，主要是利用生态净化设施处理排放水体中的富营养物质，并将水体中的富营养物质转化为可利用的产品，实现循环经济和水体净化。养殖排放水生态化水处理技术有良好的应用前景，但许多技术环节尚待解决。

1. 生态沟渠 生态沟渠是利用养殖场的进排水渠道构建的一种生态净化系统，由多种动植物组成，具有净化水体和生产功能。图2-1-12所示为生态沟渠的构造示意。

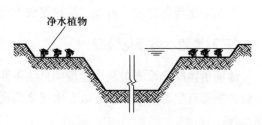

图2-1-12 生态沟渠示意

生态沟渠的生物布置方式一般是在渠道底部种植沉水植物、放置贝类等，在渠道周边种植挺水植物，在开阔水面放置生物浮床、种植浮水植物，在水体中放养滤食性、杂食性水生动物，在渠壁和浅水区增殖着生藻类等。

2. 人工湿地 人工湿地是模拟自然湿地的人工生态系统，它类似于自然沼泽地，但由人工建造和控制，是一种人为地将石、砂、土壤、煤渣等一种或几种介质按一定比例构成基质，并有选择性地植入植物的水处理生态系统。人工湿地的主要组成部分为人工基质、水生植物、微生物。人工湿地对水体的净化效果是基质、水生植物和微生物共同作用的结果。人工湿地按水体在其中的流动方式可分为两种类型：表面流人工湿地和潜流型人工湿地（图2-1-13）。

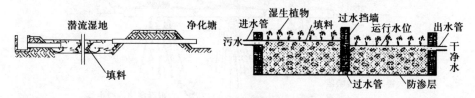

图2-1-13 潜流湿地立面示意

人工湿地水体净化包含了物理、化学、生物等净化过程。当富营养化水流过人工湿地时，砂石、土壤具有物理过滤功能，可以对水体中的悬浮物进行截流过滤；砂石、土壤又是细菌的载体，可以对水体中的营养盐进行消化吸收分解；湿地植物可以吸收水体中的营养盐，其根际微生态环境，也可以使水质得到净化。利用人工湿地构筑循环水池塘养殖系统，可以实现节水、循环、高效的养殖目的。

3. 生态净化塘 生态净化塘是一种利用多种生物进行水体净化处理的池塘。塘内一般种植水生植物，以吸收净化水体中的氮、磷等营养盐；通过放置滤食性鱼、贝等吸收养殖水体中的碎屑、有机物等。

生态净化塘的构建要结合养殖场的布局和排放水情况，尽量利用废塘和闲散地建设。生态净化塘的动植物配置要有一定的比例，要符合生态结构原理要求。

生态净化塘的建设、管理、维护等成本比人工湿地要低。

(三) 池塘水体净化设施

池塘水体净化设施是利用池塘的自然条件和辅助设施构建的原位水体净化设施。主要有生态浮床、生态坡、水层交换设备、藻类调控设施等，以下介绍前三种。

1. 生态浮床 生态浮床又称生物浮床，浮床净化是利用水生植物或改良的陆生植物，以浮床作为载体，种植在池塘水面，通过植物根系的吸收、吸附作用和物种竞争相克机理，消减水体中的氮、磷等有机物质，并为多种生物生息繁衍提供条件，重建并恢复水生态系统，从而改善水环境（图2-1-14）。生态浮床有多种形式，构架材料也有很多种。在池塘养殖方面应用生态浮床，须注意浮床植物的选择、浮床的形式、维护措施、配比等问题。

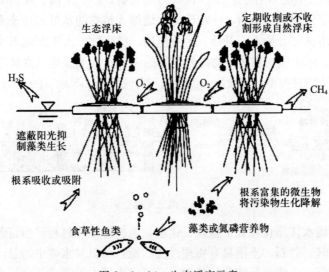

图2-1-14 生态浮床示意

2. 生态坡　生态坡是利用池塘边坡和堤埂修建的水体净化设施。一般是将砂石、绿化砖、植被网等固着物铺设在池塘边坡上，并在其上栽种植物，利用水泵和布水管线将池塘底部的水提升并均匀地布洒到生态坡上，通过生态坡的渗滤作用和植物吸收截流作用去除养殖水体中的氮、磷等营养物质，达到净化水体的目的。

3. 水层交换设备　在池塘养殖中，由于水的透明度有限，一般1 m以下的水层中光照较暗，温度降低，光合作用很弱，溶氧较少，底层存在着氧债，若不及时处理，会给夜间池塘养殖鱼类造成危害。水层交换主要是利用机械搅拌、水流交换等方式，打破池塘光合作用形成的水分层现象，充分利用白天池塘上层水体光合作用产生的氧，来弥补底层水的耗氧需求，实现池塘水体的溶氧平衡。

水层交换机械主要有增氧机、水力搅拌机、射流泵等。

四、池塘养殖生产机械与设备

目前主要的养殖生产设备有增氧设备、投饲设备、排灌设备、水质监控设备、起捕设备、动力和运输设备等。

（一）增氧设备

增氧设备是水产养殖场必备的设备，尤其在高密度养殖情况下，增氧机对于提高养殖产量、增加养殖效益发挥着较大的作用。

常用的增氧设备包括叶轮式增氧机、水车式增氧机、射流式增氧机、吸入式增氧机、涡流式增氧机、增氧泵、微孔曝气装置等。随着养殖需求和增氧机技术的不断改进，许多新型的增氧机不断出现，如涌喷式增氧机、喷雾式增氧机等。

（二）投饲设备

投饲设备是利用机械、电子、自动控制等原理制成的饲料投喂设备。投饲机具有提高投饲质量、节省时间、节省人力等特点，已成为水产养殖场重要的养殖设备。投饲机一般由四部分组成：料箱、下料装置、抛撒装置和控制器。下料装置一般有螺旋推进式、振动式、电磁铁下拉式、转盘定量式、抽屉定量下料式等。目前应用较多的是自动定时定量投饲机。

投饲机饲料抛撒一般使用电机带动转盘，靠离心力把饲料抛撒出去，抛撒面积可达到10~50 m²。也有不使用动力的抛撒装置、空气动力抛撒装置、水输送抛撒装置、离心抛撒装置等。

（三）排灌设备

排灌设备主要有水泵、水车等设备。水泵是养殖场主要的排灌设备，水产养殖场使用的水泵种类主要有：轴流泵、离心泵、潜水泵、管道泵等。

水泵在水产养殖上不仅用于池塘的进排水、防洪排涝、水力输送等，在调节水位、水温、水体交换和增氧方面也有很大的作用。

养殖用水泵的型号、规格很多，必须根据使用条件进行选择。轴流泵流量大，适合于扬程较低、输水量较大的情况下使用。离心泵扬程较高，比较适合输水距离较远的情况下使用。潜水泵安装使用方便，在输水量不是很大的情况下使用较为普遍。

选择水泵时一般应了解流量和扬程等参数。水泵的流量是根据养殖场（池塘）的需水量来确定的。水泵的扬程要与净扬程（$h_{净}$）加上损失扬程（$h_{损}$）基本相等。净（实际）扬程是指进水池（渠道、湖泊、河流等）水面到出水管中心的最高处之间的高差，常用水准测量方法测定。

（四）水质监控设备

为了对池塘水质进行日常检测，水产养殖场一般应配备必要的水质检测设备。水质检测设备有便携式水质检测设备以及在线监控系统等。

1. 便携式水质检测设备　具有轻巧方便、便于携带的特点，适合于野外使用，可以连续分析测定池塘的一些水质理化指标，如溶氧、酸碱度、氧化还原电位、温度等。水产养殖场一般应配置便携式水质检测仪器，以便及时掌握池塘水质变化情况，为养殖生产决策提供依据。

2. 在线监控系统　池塘水质在线监控系统一般由电化学分析探头、数据采集模块，以及增氧机、投饲机等组成。多参数水质传感器可连续自动监测溶氧、温度、盐度、pH、COD等参数。检测水样一般采用取样泵，通过管道传递给传感器检测，数据传输方式有无线和有线两种形式，水质数据通过集中控制的工控机进行信息分析和储存，采用液晶大屏幕显示检测点的水质实时数据情况。

反馈控制系统主要是通过编制程序把管理人员所需要的数据要求输入控制系统内，控制系统通过电路控制增氧或投饲。

（五）起捕设备

起捕设备是用于池塘鱼类捕捞作业的设备，起捕设备具有节省劳动力、提高捕捞效率的特点。

池塘起捕设备主要有网围起捕设备、移动起捕设备、诱捕设备、电捕鱼设备、超声波捕鱼设备等。目前在池塘方面应用的主要是诱捕设备、移动起捕设备等。

（六）动力和运输设备

水产养殖场应配备必要的备用发电设备和交通运输工具。尤其在电力基础条件不好的地区，养殖场需要配备满足应急需要的发电设备，以应付电力短缺时的生产生活应急需要。

水产养殖场需配备拖拉机、运输车辆等，以满足生产需要。

第二节　网箱养鱼工程与设施

网箱养鱼（cage culture）是指利用合成纤维网片或金属网片，按一定形状剪裁、缝合并与框架组合，装配成一定性状的箱体，将其设置在较大的水域中开展的养鱼生产方式。网箱养鱼是一种高度集约化的养殖方式。网箱养鱼是将网箱设置在较大水体中，由于水质良好，网箱内外水体不断交换，养殖鱼类处于活水环境；鱼的放养密度较大，饲养和投饵方便，摄饵效率高，活动代谢能量消耗小，鱼的生长速度快、产量高。但网箱养鱼一次性投资较大，受水域风浪和水位波动影响大，网箱易损坏，生产有一定风险；网箱养殖密度大、投饵多，对水体污染比较严重。

一、网箱的结构与类型

（一）养鱼网箱的基本结构

（1）框架　支撑箱体，保持一定形状和空间。
（2）箱体（网衣）　鱼类生活、生长的场所。
（3）浮子　保持框架和箱体在水层中的位置。
（4）沉子和固定装置　保持网箱现状和固定作用。

（二）养鱼网箱的类型

按箱体的装配方式和有无盖网，可分为封闭式和敞口式网箱。按箱体装配的形状划分，有正方形、长方形和圆形的网箱。按网箱设置方式分，有固定式、浮动式、沉水式和沉浮式的网箱。

二、普通网箱的设计与制作

普通网箱是指在风浪较小水域设置的养鱼网箱，其结构简单，框架、浮子和固定装置等材料可就地取材，制作成本较低；但普通网箱整体不够坚固，不宜设置在风浪较大的海域。

（一）网箱规格

普通网箱的平面形状多为正方形和长方形，其面积和规格见表 2-2-1。

表 2-2-1 普通养鱼网箱的面积和规格

单个网箱面积/m²	网箱规格（长×宽×高）/m
≤30	3×3×2，4×4×2，5×5×3，7×4×3
30~60	6×6×3，8×6×3，10×6×3
≥60	9×9×3，12×6×3，12×9×5，18×9×5

（二）箱体制作

1. 箱体材料和规格 箱体材料主要是网片和纲绳。网片多采用聚乙烯合股线编织网（有结）和聚乙烯经编网片（无结）。纲绳为聚乙烯多股网绳，规格［单丝直径（mm）/(每股单丝数×股数)］为 0.21/(6×3)、0.21/(8×3)、0.21/(9×3)。不同网箱的网目和网线规格见表 2-2-2。

表 2-2-2 不同网箱的网目和网线规格

网箱种类	网目/cm	网线规格
鱼种培育	1.0~1.3	0.25/(1×3)
	1.0~1.5	0.25/(2×2)
	1.6~2.5	0.25/(2×3)
	2.0~3.0	0.25/(2×3)
商品鱼饲养	2.4~3.0	0.25/(3×3)
	5.0	0.25/(4×3)
	6.0	0.25/(4×3)

2. 网衣剪裁 剪裁网片前，先要考虑网箱的缩结系数。在生产中，水平方向缩结系数一般采用 0.5~0.6，垂直方向缩结系数采用 0.7~0.8，由缩结系数计算出所需网目数，就可以进行剪裁了。

例如选用 0.25/(3×3) 网线编结的有结网片，目大 3 cm，制作 5 m× 5 m×3 m 的网箱的剪裁程序如下：首先确定缩结系数，水平方向为 0.6，垂直方向为 0.7，然后计算出网目数。

水平方向网目数：水平方向网目数＝500 cm/(3 cm×0.6)＝278 目。

垂直方向网目数：垂直方向网目数＝300 cm/(3 cm×0.7)＝143 目。

网箱底网和盖网的计算也依此法。

将网片材料依照计算出的网目数剪裁，裁剪时要考虑缝合方向，一般是纵目方向缝合，因为如果按横目方向缝合，网箱下水后深度要减小。

3. 箱体装配 网片按所需目数裁剪好后进行拼接，将同目数的两片网片按纵向边目重叠后，用 0.21/(6×3) 的聚乙烯绳穿过，用细线逐目扎紧，其余几边照此处理。

各网片用 0.21/(8×3) 或 0.21/(9×3) 聚乙烯绳索作帮纲，将墙网上纲、盖网边缘穿纲，连同帮纲进行并纲结扎。结扎时用 0.21/(6×3) 聚乙烯绳将相邻两根穿纲，间目绕缝，每隔 5～6 cm 结扎 1 次。

网箱剪裁与缝合有以下三种方法：①用六块网片并缝成型；②四面的墙网每 2 边合为 1 片网，加下底和上盖共 4 片网并缝成型。③四周的墙网为 1 片网，加底网和盖网，由 3 片网并缝成型。

（三）网箱设施

网箱设施包括框架、浮子、沉子和固定设施，还有投饵设备、栈桥、浮码头等。普通网箱设施及其使用的材料可参考表 2-2-3。

表 2-2-3 网箱设施及其使用的材料

构件名称		使用材料
框架		钢质结构、塑料构件、木质结构
浮子		塑料泡沫浮子、密闭塑料桶、密闭塑料管、金属浮筒、玻璃钢浮球
沉子		金属材料、砖石混凝土构件
固定设施	缆绳	合成纤维绳、钢丝绳、钢芯绳、铁丝、棕绳、麻绳
	锚	铁锚、石块、混凝土预制块
	柱桩	木桩、竹桩、混凝土柱桩
投饵设备		专用投饵机、饵料台、饵料盘
浮码头		囤船、浮子、枕木或竹、木平台、塑料构件
栈桥	脚桩	木桩、竹桩、混凝土柱桩
	桥体	浮子、竹跳板、木板、枕木、竹竿、木条、金属构件、塑料构件

三、深水抗风浪网箱

深水网箱通常指在水深 20 m 以上的海域设置的网箱，又称"离岸网箱"。

深水网箱类型很多，主要有挪威的聚乙烯（PE）圆形重力式网箱、钢结构板架式网箱、张力腿网箱，美国的碟形网箱、锚拉式海洋圆柱网箱，瑞典的 Farmocean 网箱，日本的船形网箱和高性能橡胶挠性网箱，日本和我国台湾省的浮绳式网箱，以及不同控制方式的升降式网箱等。下面介绍重力型高强度聚乙烯（HDPE）框架抗风浪网箱的结构。

（一）框架系统

1. 框架结构 重力型 HDPE 框架抗风浪网箱为圆柱体形状，平面形状为圆形。框架结构如图 2-2-1 所示，图 2-2-2 为网箱装配示意图。

图 2-2-1 重力型 HDPE 网箱框架结构

图 2-2-2 重力型 HDPE 网箱装配示意

（1）底圈管（主浮力管） 是网箱的主要框架和浮力支撑，一般由 2～3 道管并联构成一个环形平台，操作人员可在上面行走。

（2）上圈管（扶手管） 用于悬挂和支撑箱体，以及作为操作人员的扶手。

（3）支柱管（连接管） 连接底圈管和上圈管，起到支撑作用。

（4）L 形支架 用于连接底圈管和支柱管的配件。

（5）三通管 用于连接上圈管和支柱管的配件。

2. 框架材料 框架均采用高强度聚乙烯材料。底圈管管壁厚度≥22.7 mm，管径 250～315 mm。上圈管管壁厚度≥10 mm，管径 125 mm。框架管材、管件装配采用电热熔焊接工艺。

3. 框架规格 目前，国内重力型 HDPE 框架深海抗风浪网箱的主浮力管管径、框架周长、框架直径、参考养殖面积见表 2-2-4。

表 2-2-4 重力型 HDPE 框架深海抗风浪网箱主要参数

框架规格	网箱规格				
主浮力管管径/mm	250	≥250	≥250	≥250	315
框架周长/m	30～40	40～60	40～60	40～60	60～100
框架直径/m	9～13	13～19	13～19	13～19	19～32
参考养殖面积/m²	64～133	133～283	133～283	133～283	283～803

(二) 箱体系统

1. 网衣材料和规格 网箱网衣为聚酰胺（PA）或聚乙烯（PE）材料，一般使用经编型无结节网片或绞捻型无结节网片（表 2-2-5）。网线粗细、网目大小由养殖对象大小决定。一般使用 15～36 股 210 旦*（D）的网线，使用最小网目为 5 cm，网衣入水深度应在 6～20 m。

表 2-2-5 抗风浪网箱网衣网目和网线规格

网片类型	网目规格				
	35 mm	50 mm	60 mm	65 mm	75 mm
PA 经编型	23tex/48**	23tex/60	23tex/78～90	23tex/96	210D/120
PE 绞捻型			36tex/66		

2. 网衣剪裁和装配

（1）网片剪裁 按装配的缩结系数（水平方向为 0.6，垂直方向为 0.7）及网箱的尺寸，计算出网目数，然后剪裁出若干网片。

（2）网片穿纲和固定 用 0.21/(6×3) 或 0.21/(8×3) 的网线穿纲，用 0.21/(6×3) 网线逐个网目结扎固定。

（3）网片缝合 将相邻网片加力纲缝合在一起。力纲起到加固和稳定网衣的作用。网衣稳定装置是指网片力纲（绳）和沉件。网片力纲材料为聚乙烯，纲绳规格为 0.21/(9×3)、0.21/(12×3)。网箱网衣的力纲配备见图 2-2-3。

（4）网箱悬挂 将缝合好的网箱用绳索悬系在扶手圈上。

---

* 旦（D）为非法定计量单位，用来表示纤维的粗细，在公定回潮率下，9 000 m 长的纤维重 1 g 为 1 旦。

** 特克斯（tex）为非法定计量单位，用来表示纤维的粗细，在公定回潮率下，1 000 m 长的纤维 1 g 为 1 tex。

(5) 沉子　网箱底部用沉子固定。沉件材料为金属铸块、混凝土块件等，每个质量为 15～20 kg。也可采用填充大密度 HDPE 管制成沉力底框架与网箱底圈连接。沉子除与网衣相连外，还需用聚乙烯绳索与上框架相连，以满足换网操作需要，连接的绳索长度应适当大于箱体高度。

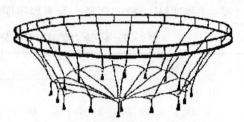

图 2-2-3　网箱网衣的力纲配备示意（HDPE 型）

（三）固定系统

1. 锚、桩材料　锚、桩的规格及材料见表 2-2-6。

表 2-2-6　锚、桩的规格及材料

类型	规格	材料	数量	备注
大抓力锚	≥400 kg	35 号钢	16 个或 12 个	以 4 口为一组
桩	ϕ200 mm×4 m	松木、无缝钢管	16 个或 12 个	以 4 口为一组计算，每个桩由 3 根桩构成群桩
石墩	15～20 t	花岗岩或钢筋混凝土	16 块或 12 块	

2. 锚绳材料　锚绳的材料及规格见表 2-2-7。

表 2-2-7　锚绳的规格及材料

锚链直径/mm	聚丙烯绳直径/mm	聚丙烯绳直径/mm	备注
≥10	≥40	≥50	3 股绳及 8 股绳

3. 浮筒　重力型 HDPE 框架抗风浪网箱可使用 HDPE 浮筒，或内充发泡材料的塑料浮筒，或由 3～4 个聚苯乙烯泡沫浮子捆扎而成的浮筒，单个浮筒浮力不少于 5 000 N。将浮筒系结在锚缆绳的适当位置上，以缓冲网箱受波浪作用时对锚绳及锚的冲击力。

（四）附属设施系统

1. 岸上管理基地　应在离网箱布置海区最近且能观察到网箱的陆地或海岛上建立管理基地。其规模可综合考虑网箱数量及财力、土地等情况而定。并应积极配备潜水员等网箱安全检查人员，定期检查网箱的安全性能。

2. 管理船 除配备用于运送饵料和管理人员的日常管理船外，还应配备1艘主机功率及吨位都比较大的管理船，用于网箱移动、换网和投饵等管理操作，在风力小于8级时，还可以把该管理船抛锚在网箱旁边，进行安全管理。

3. 高压洗网机 型号和功率应根据养殖网箱的数量而定。

4. 其他附属设施 在条件具备时，应及时配备自动起网机、饵料加工机械及自动投饵机、鱼规格自动分级设备、捕鱼设备、水下安全监控设施、通信设备等附属设施。

第三节 流水养殖工程与设施

一、开放式流水养鱼工程与设施

开放式流水养殖，又称自然式流水养殖，它是根据地形修建养殖池，利用水的自然落差和自然水温进行的流水养殖，如山泉水、河水、湖水、水库输水闸放出的水等。使用动力一次提水进行流水养鱼也属于自然流水养鱼，如在陆地上进行的海水养鱼属于这种类型。

（一）场址的选择

河道、溪流沿岸两旁，水库大坝下游，灌溉渠道的两侧，都可以作为流水养鱼建场的地方。还必须考虑是否有利于防洪，是否有利于管理，交通是否方便，水量是否充足，与农业灌溉和生活用水是否有矛盾等。

1. 水源条件 建设流水养鱼场的水源条件主要是水温、水质和水量。一般采用的都是山涧溪流、涌泉水、地下井水、水库底排水、清澈无污染的河水等。

（1）水温 调查了解建设地水源的常年水温及其季节变化情况。涌泉水、地下水、水库深层放出的水水温较低且稳定，适宜养殖冷水性和亚冷水性鱼类。河水、湖泊和水库表层水水温受气温影响大，周年水温变化也较大，可养殖温水性鱼类。温泉水和工厂余热水适宜养殖热水性鱼类。

（2）水质 水源的水质符合《渔业水质标准》(GB 11607—89)、符合《无公害食品 淡水养殖用水水质》(NY 5051—2001) 和《无公害食品 淡水养殖产地环境条件》(NY 5361—2016) 的要求。

（3）水量 水源的水量应满足养殖用水的需要，水源的水量与养殖规模有关，根据水源水量可大致确定养殖规模，计算公式如下：

$$S=Q/(R\times N)$$

式中：S 为养鱼场规模（m^2）；Q 为水源平均流量（m^3/h）；R 为鱼池平均水深（m）；N 为池水交换量（次/h）。

2. 地理和气候　我国地域辽阔，横跨几个地理分布区，要充分考虑建设地区的水文和气候等因素对流水养鱼的影响。夏季要充分考虑洪涝、台风的影响，冬季要考虑严寒和冰雪的影响。

3. 地形和地质　建设流水养鱼场最好是地势平坦或稍有坡度的地形，以便于水的自流排灌。建设地的地质应适合修建养殖池。

4. 交通、电力和通信　养殖场需要有良好的道路、交通、电力、通信、供水等基础条件。新建、改建养殖场最好选择在"三通一平"的地方建场，如果不具备以上基础条件，应考虑这些基础条件的建设成本，避免因基础条件不足影响养殖场的生产发展。

（二）流水养鱼工程与设施

流水养鱼是在小水体中饲养大量的鱼，为了保持水质清新，必须使鱼池的水不断地流动和交换，及时将鱼粪便、残饵和污物排出池外，所以流水池的面积、形状、进排水系统的设计都有特定的要求。

1. 养殖池　流水养殖池应根据养殖鱼类的生物学特性建设，还要考虑建设成本，因地制宜，就地取材。

流水养鱼池的形状有长方形、正方形、六边形、八边形和圆形等。方形池塘对地面利用率高，建设和施工方便，容易捕捞；但水流分布不均匀，易产生死角，排污性能差。圆形、多角形鱼池的优点是水流均匀、水交换充分，自动集污和排污方便；但对地面利用率较低，建设和施工难度增大。

2. 引排水工程　养殖池应建在水源附近，最理想的是水源水能自流入养殖池。如果水源水位较低，水源的引入可采取两种方法：一是设拦水坝，将水源水位提高，使水源水自流到鱼池；二是设高位蓄水池，将水源水用动力提至蓄水池，然后自流到养鱼池。

（1）鱼池排列　鱼池的排列有串联式和并联式两种，采取哪种方式要根据周年的水量变化和地形而定。串联池以两个为宜，最多不超过三个，倘若鱼池串联过多，后部池水水质污染变坏，养鱼效果就会变差。并联式排列是在鱼池一端修建注水渠道，渠道水通过闸门引入鱼池。

（2）注水渠道　根据地形和用水量设计宽度和深度，可以挡水板控制流速和流量。

（3）排水渠和水处理排放　流水养殖场排水应进行处理后排放，处理的最重要措施就是沉淀。简单处理方法：一是排水渠道加长、加深和加宽；二是将养殖废水排入沉淀池。沉淀方式主要有平流式沉淀和竖流式沉淀。

3. 配套工程与设施 流水养殖场的配套工程与设施主要有配电室、仓库、办公室、宿舍等。

二、封闭式循环水养鱼工程与设施

封闭式循环水养殖（recirculating culture）又称工厂化养殖（industrial culture），即在利用机械、生物、化学和自动控制等现代技术装备起来的车间进行的集约式养鱼生产方式。这种生产方式可以控制养殖鱼类生活生长环境，使养鱼过程摆脱自然条件的限制，从而实现高密度、高产量和高效率的养殖生产。工厂化养殖与传统养殖方式相比，具有节水、节地、高密度集约化、养殖过程和排放可控的特点，符合可持续发展的要求，是未来水产养殖方式转变和发展的趋势。

（一）场址条件

工厂化养鱼场宜选择环境安静、周围无污染源、交通供电便利、公共配套设施齐全的地点。水资源充足，取水水源符合《渔业水质标准》（GB 11607—89）的规定，取用海水符合《无公害食品 海水养殖用水水质》（NY 5052—2001）的规定。

（二）养殖车间

工厂化养鱼要摆脱自然条件的限制，养殖车间应满足养鱼过程对环境条件的基本需要，应具备调控温度、光照和保持空气新鲜的功能。

1. 建筑面积与规模 根据养殖规模的需要，规划建设养殖车间的面积。但考虑到建筑结构和建设成本，单层单跨养殖车间面积为 $700 \sim 1\,000\ m^2$，长 $50 \sim 70\ m$，宽 $12 \sim 15\ m$；一般采用双跨和多跨连体建筑。

2. 建筑结构与材料

（1）地基与基础 养殖车间建筑由基础、墙或柱、屋顶和门窗组成。基础是建筑物最下层的部分，它承受上面建筑的全部荷载，并把这些荷载传给下面的土层（地基）。基础是建筑物的重要组成部分，而地基与基础密切相关，若地基、基础出现问题，就难以补救。

地基可分为天然地基和人工地基两类。天然地基是指天然土层具有足够的承载力，不需经过人工改造或加固便可直接承受建筑物荷载的地基，如岩石、碎石、砂石、黏土等。人工地基是指天然土层承载力较弱,缺乏足够的稳定性,不能满足承受上部荷载的要求,必须对其进行人工加固,以提高其承载力和稳定性的地基。

人工地基的加固方法主要有压实法、换填法和打桩法。

基础按受力特点划分为刚性基础和柔性基础;按其使用材料划分为砖基础、毛石基础、混凝土基础、钢筋混凝土基础等;按构造形式划分为条形基础、独立基础、筏形基础和桩基础等。

（2）墙体和门窗　车间四周外墙,按材料划分为砖墙、砌块墙和板材墙。一般外墙自身高度与跨度大,同时承受自重和风荷载,要求具有一定的刚性和稳定性。

① 砖墙和砌块墙。这种外墙结构和要求与民用建筑类似,适用于车间跨度小于 15 m 的单层车间。一般外墙高度小于 3.0 m,墙体厚度 240 mm 或 370 mm,每隔 6 m 加一钢筋混凝土立柱。内墙或外墙应做保温层。

砖墙和砌块墙设计与施工还包括:基础梁与基础的连接;基础梁防冻胀与保温;墙体、梁与柱的连接;墙体与屋架、屋顶板的连接。

② 板材墙。建造板材墙需要槽钢框架或钢筋混凝土框架,然后将板材墙与框架连接,板材墙起到围挡和保温作用。板材墙材料一般采用轻质隔热夹心板,由内外两层高强度材料（压型钢板）和中间层保温材料（聚苯乙烯泡沫板）组成。保温材料为阻燃材料,隔热保温性能好,用于民用建筑或工厂化养殖车间的四周外墙等。

③ 门窗。养鱼车间要根据通行、操作和采光的需要设计门、通道和窗。门窗材料一般为塑钢或断桥铝。门窗尺寸根据需要设计。

（3）跨度和屋顶　养殖车间屋顶采用型钢框架结构,一般为拱形或三角形,跨度为 9~35 m。跨度越大建设要求和成本就越高。屋顶面一般采用钢板、阳光板等,根据需要配置面积和比例;屋顶可设自动排气窗和遮阳网等。

（三）养殖池系统

工厂化养鱼池建设材料应采用保水、无毒、无腐蚀、无污染的材料,一般用钢筋混凝土（环氧树脂涂层）、玻璃纤维增强塑料（不饱和聚酯、环氧树脂与酚醛树脂）建造。养鱼池形状以长方形和圆形为多见,面积为 2~200 m^2,深度为 50~120 cm。养殖池要求表面光滑、容易清洗。

长方形鱼池一端进水,另一端排水,池底向排水口处倾斜。圆形鱼池在池顶进水,池底中央排水,池底向排水口处倾斜。结构良好的养殖池水流均匀、无死角,排水兼排污,排污迅速、彻底。

（四）水处理系统

1. 水处理方法和设施　目前我国循环水养鱼水处理方法和设施主要有：微滤机、泡沫分离技术、生物过滤技术、活性炭吸附、紫外线和臭氧杀菌、增氧设备等。

（1）微滤机　目前用于循环水养鱼水处理的微滤机多为转筒式微滤机。它是一个转鼓式筛网过滤回收固液分离装置。其工作原理为：被处理的废水沿轴向进入微滤机鼓内，以径向辐射状经筛网流出，水中杂质（细小的悬浮物、纤维、纸浆等）即被截留于微滤机鼓筒上滤网内面。当截留在滤网上的杂质被转鼓带到微滤机上部时，被压力冲洗水反冲到排渣槽内流出（图2-3-1）。

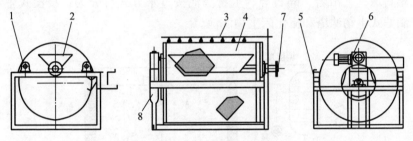

图2-3-1　转筒式微滤机示意
1. 滤鼓支撑轮　2. 布料斗　3. 冲洗喷嘴　4. 滤鼓　5. 机架
6. 传动变速装置　7. 进口　8. 排渣口

一般采用80～200目的微孔筛网。运行时，微滤机转鼓2/5的直径部分露出水面，转数为1～4 r/min，微滤网过滤速度可采用30～120 m/h，冲洗水压力0.5～1.5 kg/cm²，冲洗水量为生产水量的0.5%～1.0%。微滤机除藻效率达40%～70%，除浮游生物效率达97%～100%。微滤机占地面积小，生产能力大（250～36 000 m³/d），操作管理方便。

（2）泡沫分离技术　泡沫分离技术是利用表面活性剂在气-液界面的性质进行溶质分离的技术（图2-3-2）。表面活性剂分子由亲水基和疏水基组成，当它们溶入水中后即在水溶液表面聚集，亲水基留在水中，而疏水基伸向气相，借助鼓泡使溶液中的表面活性物质聚集在气-液界面，随气泡上浮至溶液主体上方，形成泡沫层，将泡沫与液相主体分

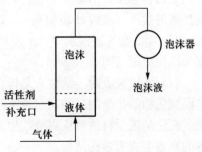

图2-3-2　泡沫分离原理示意

开,从而达到浓缩表面活性物质（在泡沫层）、净化液体主体的目的。从液相主体浓缩分离的既可以是微粒,也可以是胶体物质。对养殖水体来说,从液相主体浓缩分离的表面活性物质大多是蛋白质,所以又称蛋白质分离技术。

（3）生物过滤技术　生物过滤是循环水养殖系统中水质净化的重要组成部分,一般分为生物滤器（池、塔）和生物净化机两类。

① 生物滤器（池、塔）：由池体、滤料、布水和排水系统组成（图2-3-3）。滤料是微生物附着的载体,同时也起到过滤的作用。滤料对生物过滤效果起至关重要的作用。要求滤料不污染环境、经久耐用、抗紫外线、不被化学降解和生物降解;表面积大、自我支撑、水流畅通、有利于微生物附着;便于安装、清洗方便、运行稳定。循环水养殖水处理常用滤料有：塑料毛刷、波纹塑料板、塑料珠、火山岩、碎石等。生物滤池按过水方式可分为：浸没式生物滤池、滴滤式生物滤塔和流化床生物滤池。

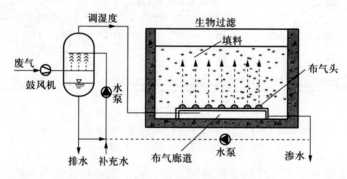

图2-3-3　生物过滤器示意

② 生物净化机：生物净化机有生物转盘和生物转筒等形式。生物转盘是以盘片为生物膜附着介质,生物转筒是以转筒内填充料（塑料球等）为生物膜介质,二者净化原理相同。

生物转盘主要由驱动装置、转轴、盘片组成,在转轴上安装有若干平行间隔排列的盘片（波纹硬质塑料）,盘片上附着大量原生动物、藻类和细菌等。运行时,1/2盘片浸没水中,驱动转轴带动盘片转动,起到扬水曝气、生物过滤和净化作用（图2-3-4）。

（4）活性炭吸附　活性炭是以含碳为主的物质（木材、煤炭）作原料,经高温炭化和活化而制成的疏水性吸附剂。活性炭外观呈黑色粉末或无定形的颗粒。炭化是把原料热解成炭渣,生成类似石墨的多环芳香系物质;活化是把热解的炭渣生成为多孔结构。

活性炭主成分除了炭以外还有氧、氢等元素。活性炭在结构上由于微晶炭

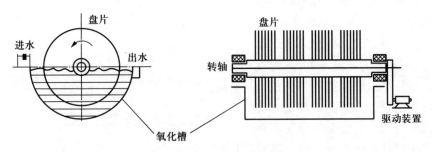

图 2-3-4 生物转盘示意

是不规则排列,在交叉连接之间有细孔,在活化时会产生炭组织缺陷,因此它是一种多孔炭,堆积密度低,比表面积大。

活性炭材料中有大量肉眼看不见的微孔,1 g 活性炭材料中的微孔,将其展开后表面积可达 $800 \sim 1\,500 \text{ m}^2$,特殊用途的更高。正是这些高度发达、如人体毛细血管般的孔隙结构,使活性炭拥有了优良的吸附性能。

活性炭净化水的原理见图 2-3-5 和图 2-3-6。

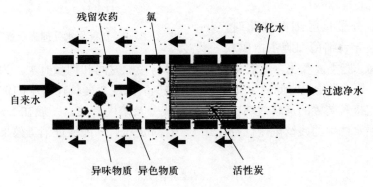

图 2-3-5 活性炭净化水示意

(5) 紫外线和臭氧杀菌　紫外线的波长范围为 $15 \sim 400$ nm,而消毒效果最佳是在 260 nm 波长。紫外线能改变和破坏细菌、真菌、病毒等的核酸物质而起消毒作用。由于水对大部分光有吸收作用,水的浊度等也不同程度地降低紫外线的透射率,所以,对水体消毒的照射距离应适当缩小,或在水中照射密度要加大。

常用的是低压汞蒸气灯(图 2-3-7),其波长 85% 集中在 253.7 nm,与消毒最佳波长 260 nm 很接近。低压汞蒸气灯有三种:热阴极灭菌灯(钨丝灯电极)、冷阴极灭菌灯(镍电极)和高强度灭菌灯(使用高压电,输出功率大)。

臭氧是氧的同素异形体，分子式为 O_3，它是一种蓝色气体，密度是空气的 1.66 倍。臭氧是极强的氧化剂，由于反应速度快，而且在水中残留后转化成氧气，常用于水体的消毒和氧化有机污染物等。由于臭氧分子不稳定，很容易被还原成氧气，因此应用臭氧消毒和氧化需现场制备和使用。在工业上，臭氧是通过电晕放电技术对空气或氧气进行电离而产生。利用电晕发生器对纯氧电离，每制备 1.0 kg 的臭氧约消耗 10 kW·h 的电量。如果以空气为气源，产生相同臭氧，效率则降低 1/3~1/2。

臭氧分子接触细菌细胞时，短时间会导致细菌细胞蛋白质和

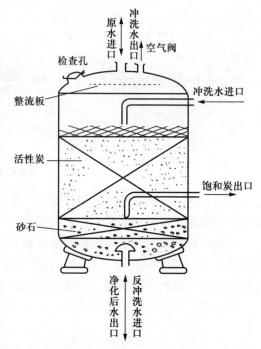

图 2-3-6 活性炭水处理罐示意

核酸渗漏、脂类被氧化。臭氧杀菌消毒效果与接触时间和剂量有关。为达到消毒效果，要求在给定时间内水体中有足够的臭氧浓度。臭氧在水中的传递和分解速度与接触装置的运转效率、水中化学成分及浓度有关，一般在 1~30 min 内臭氧在水体中的残留浓度保持在 0.1~0.2 mg/L，即能保证消毒效果。

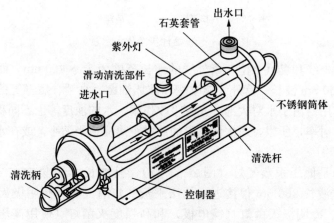

图 2-3-7 紫外线消毒装置示意

（6）增氧设备　在循环水养殖系统中纯氧增氧系统，通常有3种供氧方式，即高压氧气、液氧和现场制备的富氧。由于成本和供应量的限制，高压氧气只用于系统的应急使用。液氧很容易制备和运输，因此利用液氧增氧在循环水养殖系统的应用日益广泛。利用制氧机生产含氧85%～95%的富氧空气，尽管制备富氧的成本比较高，但目前在许多养殖系统中已作为一种很好的选择。纯氧增氧系统包括制氧机（液氧储存罐）、气液接触装置（高效溶氧器，图2-3-8）。

图2-3-8　气液接触装置

2. 水循环和处理系统　目前我国陆基循环水养鱼的水处理系统主要有5种模式：水处理车间型；高位水池生物滤池型；室外池水处理与综合利用型；每排鱼池一套水处理系统型；每个鱼池一个水处理单元型。以下仅介绍前三种。

（1）水处理车间型　该系统是将水处理系统建成一个车间，并与养鱼车间或多个养鱼池形成循环水养鱼的设施（图2-3-9）。该种类型的优点是水处理集中、规范、好管理，适合1 000～1 300 m³循环水养鱼场的水处理。

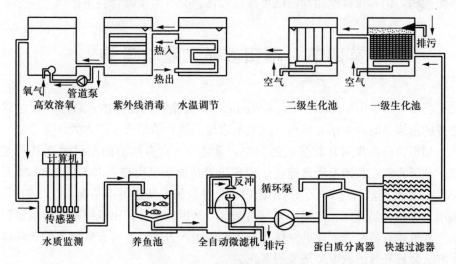

图2-3-9　水处理车间示意

（2）高位水池生物滤池型　该系统是建设一个综合性生物过滤池，并将过滤与生物净化功能结合，同时配备杀菌消毒、增氧设备等（图2-3-10）。该系统占地小、水处理效率高，适合 5 000 m³ 循环水养殖场的水处理。

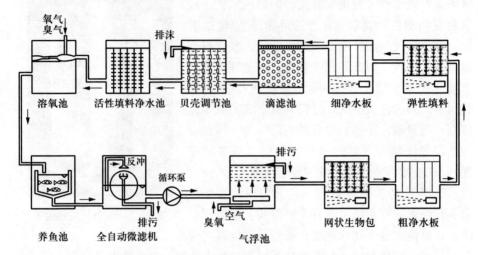

图 2-3-10　高位水池生物过滤池示意

（3）室外池水处理与综合利用型　对于 10 000 m³ 循环水养鱼的规模，若使用一些水处理机械设备是比较昂贵的。根据国内外一些经验，采用室外池水处理与综合利用型水处理模式比较适宜。室外池种植沉水植物、挺水植物，培养微生物，饲养滤食性动物，既可净化水体，又可实现综合利用。

第四节　稻田养殖工程与设施

稻田养鱼（fish culture in paddy fields）是指利用稻田的水环境，辅之以必要的措施，既种水稻又养鱼（或其他水生动物）的结合生产方式。

稻田养鱼在我国有着悠久的历史，远在 2 000 多年前的东汉时期就有记载。稻田养鱼在我国发展迅速，全国稻田养鱼面积已突破 1 500 万亩（100 万 hm²），养殖产量超过 30 万 t。但稻田养鱼在我国发展还很不平衡，仅在四川、湖南、贵州、黑龙江、广西等省（自治区）开展较好。稻田养殖是把种植业和水产养殖业有机结合起来的立体生态农业的生产方式，它符合资源节约、环境友好、循环高效的农业经济发展要求。

1. 养鱼稻田的选择

（1）养鱼稻田要求水源充足，水质良好，排灌方便，雨季不淹，旱季不干。

(2) 土质保水、保肥，灌水后能起浆，干涸后不板结。

(3) 面积依养殖方式、种类和时间而异。用于养苗种的稻田面积200～2 000 m²，培育大规格鱼和食用鱼的稻田，面积2 000～3 000 m²。

(4) 田块四周应开阔向阳，无树木遮蔽。

(5) 养鱼稻田应以有机肥作基肥为主，少施化肥，少用或不用农药。

(6) 选用茎秆坚硬、株型紧凑、叶片窄直且通风透光、耐肥、抗倒伏、抗病虫害、产量高的品种，江苏省主要选用盐粳187、盐粳235、晚粳9-92、南优6号，辽宁省选用辽开79-3、辽盐16、辽粳207、辽粳204等。

2. 稻田养鱼田间工程

(1) 加高、加宽田埂，保证有效水深　田埂的高度视稻田的类型、养殖对象和当地的降水情况而定，一般田埂高80 cm，宽30～50 cm。

(2) 开挖鱼沟和鱼凼，提供鱼类栖息场所　养鱼稻田要开设鱼沟和鱼凼，即在田地里挖沟和挖坑，为养殖鱼类提供栖息场所和活动通道。鱼沟和鱼凼的形状为"田"形或"井"形（图2-4-1）。沟的宽度和深度一般为50～80 cm。

(3) 增设拦鱼设施　稻田的进、排水口应有拦鱼设施，即栏栅，防止养殖鱼类逃逸（图2-4-2）。栏栅孔的大小视放养鱼的种类和规格而定。稻田养蟹或养黄鳝，还应设置防逃设备，如埋在地下和地上的塑料薄膜挡板，将稻田围起来。

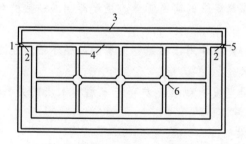

图2-4-1　稻田鱼沟、鱼凼示意
1. 进水口　2. 拦鱼栅　3. 田埂
4. 鱼沟　5. 排水口　6. 鱼凼

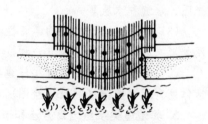

图2-4-2　稻田拦鱼栅示意

(4) 气温高时要搭凉棚　稻田水浅，温度变化大，特别是夏季高温季节，稻田水温通常达40 ℃以上。为此，应在养鱼稻田中设置遮阳棚，一般用树枝、瓜叶遮阳。

第三章
养殖鱼类人工繁殖技术

本章内容提要

养殖鱼类人工繁殖就是在人工控制下，使亲鱼性腺发育成熟，完成排卵、产卵、受精和孵化等一系列过程。本章介绍鱼类人工繁殖基础知识，亲鱼培育、人工催产和孵化的通用技术。本章实践内容和应掌握的知识技能如下：

1. 鱼类人工繁殖生物学基础

（1）养殖鱼类性腺的解剖观察：类型与结构、外观性状、成熟系数、发育分期等。

（2）了解养殖鱼类性周期和影响性腺发育的主要因素：性腺成熟季节；内分泌和激素作用机理；性腺发育与成熟要求的饵料营养、温度与积温、盐度与光照、水流和水质等。

（3）精子、卵子的生物学特性和受精作用：成熟卵的鉴别，精子活动能力及其影响因素，精子保存方法和技术。

（4）养殖鱼类胚胎发育和仔鱼早期发育观察：发育与水温和水质的关系；活体发育过程图谱（拍照或绘图）。

2. 养殖鱼类亲鱼培育方法和技术

（1）了解所到渔场养殖鱼类亲鱼的来源、选择、品种（育种方法），观察亲鱼形态特征（可数、可量性状），了解亲鱼的年龄和体重，了解亲鱼数量及鱼苗生产和销售计划。

（2）深入实际，了解亲鱼培育池（包括越冬池）的基本条件，如面积和深度、土质和淤泥、清塘和水质改良、水源和注排水条件等。了解亲鱼产前春季培育、产后夏秋季培育和越冬的放养方式、放养密度和数量。

（3）参加亲鱼培育池的管理，每天早晚巡塘，测定水温和水质，参加投饵或施肥、注排水和水质调节、鱼病防治等工作，掌握亲鱼饵料及投喂、水质调节与控制、鱼病防治方法，观察亲鱼活动和摄食情况，掌握亲鱼性腺发育规律、成熟季节、成熟系数和怀卵量等。

（4）对所到渔场的亲鱼培育过程及效果进行分析和讨论，总结亲鱼培育中的经验、教训和亲鱼培育环节的关键技术。

3. 鱼类人工催产方法和技术

（1）了解所到渔场鱼类人工繁殖条件、设备和设施：亲鱼培育条件和设施，包括产卵池、孵化池（器）、供水水源、温度和水质调控设施等。

（2）熟悉产孵设施及其工作原理，掌握使用方法和注意事项，参加产孵设施和设备的安装与调试。

（3）参加人工催产的准备工作，如测定亲鱼培育池水温、水质，观察亲鱼活动情况，了解鱼巢材料的选择及制作，亲鱼捕捞网具和运输工具准备，催产剂及其他物品、药品的准备等。制订催产计划，如确定催产组数，选用催产剂，确定剂量、注射次数和时间等。

（4）参加亲鱼的人工催产：①亲鱼培育池排水，捕捞亲鱼；②选择成熟亲鱼，按计划配组；③配制注射催产剂；④做好催产记录。掌握催产原理、过程和方法。

（5）参加亲鱼产卵管理：①测定水温，控制水流和水位，预测效应时间。②放置鱼巢，观察亲鱼发情、产卵，检查产卵情况；及时更换鱼巢，估计卵的数量，鉴别卵的质量。③统计催产效果（产卵率、产卵总数、平均产卵数、卵的质量等），对催产情况进行分析和讨论，总结经验、教训和人工催产的关键技术。

4. 鱼类人工孵化方法和技术

（1）卵的收集和处理方法：产卵方式和收卵方法，卵的数量统计和卵质量的鉴别。

（2）孵化方式和方法：孵化池（器）体积、水流和水体交换情况，放卵数量、单位水体密度等。

（3）孵化管理：流水孵化用水要过滤（砂石过滤或用100目以上的筛绢过滤）。孵化管理工作主要有：调节水流和换水，清除杂物和洗刷网罩。测定孵化池的水温和水质，做好孵化记录。

（4）统计受精率（受精卵数占总卵数的百分数）、孵化率（孵出仔鱼数占受精卵数的百分数）和出苗率（下塘和出售鱼苗数占受精卵数的百分数）等，对鲤、鲫孵化情况进行分析和讨论，总结经验、教训和人工孵化的关键技术。

（5）测定孵化水体的水温和水质（pH、氨氮、亚硝酸盐等）。

（6）观察胚胎和仔鱼早期发育。

第一节　鱼类人工繁殖的生物学基础

一、养殖鱼类的性腺与性腺发育

性腺又称生殖腺（gonad），是产生生殖细胞的地方，雌性为卵巢（ovary），雄性为精巢（testis）。

（一）卵巢与精巢的结构

1. 卵巢结构　大多数养殖鱼类的卵巢是成对的，位于鳔的腹面两侧，呈囊状。卵巢内有许多结缔组织的横隔，又称蓄卵板（ovarial lamellae）；卵细胞在蓄卵板上发育成熟。成熟卵从蓄卵板上脱落，落入卵巢腔（ovary cavity）中，这个过程称为排卵（ovulation）。卵巢两侧末端变细，合并为管状，称为输卵管（fallopian）；输卵管与排泄管合并称为泄殖孔（或腔）（cloaca），开口于体外。

2. 精巢结构　大多数养殖鱼类的精巢是成对的，位于鳔的腹面两侧，呈囊状。精巢的腺体是由许多圆形或长形的壶腹（ampulla）组成，壶腹的内壁由结缔组织基质形成，精细胞的发育和成熟过程就在壶腹中进行。精巢背部有一纵沟，汇集各壶腹的精液，精液通过精巢末端的输精管排出体外。

（二）性腺发育与成熟

1. 生殖细胞的发育与成熟

（1）卵细胞的发育　从卵原细胞发育到成熟的卵子，大致要经过3个时期：①卵原细胞分裂期：卵原细胞不断进行有丝分裂，数目增多；停止分裂时成为初级卵母细胞。②卵母细胞生长期：首先是原生质的积累，使细胞体积稍有增大（称为小生长期）；当卵母细胞开始积累卵黄时，细胞体积显著增大（称为大生长期）。③成熟期：初级卵母细胞经过2次成熟分裂，产生1个成熟的卵子。

（2）精子的发育　从初级精原细胞发育到成熟的精子，大致要经过4个时期：①精原细胞分裂期；②初级精母细胞生长期；③成熟期：初级精母细胞经过2次成熟分裂，产生4个相同大小的精细胞；④变态期：精细胞经过复杂的变化，变成具有头、颈、尾，能活动的精子。

2. 性腺发育分期

（1）卵巢发育分期　用肉眼鉴别时，可根据卵巢的形状、大小、颜色、卵粒大小以及卵巢上血管的分布等来判断发育阶段。下面以鲤为例，描述各期卵巢的形态特征。

第Ⅰ期：性腺紧贴在鳔下两侧的体腔膜上，透明细线状，肉眼不能分辨雌雄，看不到卵粒和血管的分布。

第Ⅱ期：卵巢呈扁带状，能看到卵巢表面有血管分布；撕去卵巢膜，其内部显现出花瓣状的纹理（卵巢隔膜或称蓄卵板）；此时还看不到卵粒。

第Ⅲ期：卵巢体积增大，成熟系数3％～6％。用肉眼就可以看到卵粒，但不能从卵巢隔膜上剥离下来。

第Ⅳ期：卵巢体积进一步增大，成熟系数14％～28％。卵粒大而明显，且已剥离下来；卵巢表面血管粗而清晰。

第Ⅴ期：卵粒已从隔膜上脱落，在卵巢中处于流动状态，轻轻挤压鱼的腹部，卵粒可从生殖孔流出。

第Ⅵ期：从外形上看，卵巢体积缩小，组织松软，表面充血。大部分卵粒已排出体外，未排出的卵粒退化，呈白浊色。

（2）精巢发育分期　精巢发育过程也是依据其形态和组织学特征分为6个时相（期）。肉眼观察主要特征如下：

第Ⅰ期：呈细线状，紧贴在体腔壁上，肉眼无法区分性别。

第Ⅱ期：为细带状，白色，半透明，肉眼已可分出雌雄。

第Ⅲ期：精巢白色，呈柱状，表面较光滑，没有精液。

第Ⅳ期：精巢宽大，表面出现皱褶；刺破精巢膜，有精液流出。

第Ⅴ期：精巢表面柔软，乳白色，轻压腹部有精液流出。

第Ⅵ期：精巢中大量精子已排出，体积缩小；颜色变为浅红色。

（三）鱼类性周期

鱼类性腺发育与成熟都有严格的周期性，这种周期性是鱼类在进化过程中所形成的一种适应性。

以鲢、鳙、草鱼、青鱼为例：春末夏初，在大江、大河的上游产卵繁殖，产卵后卵巢从第Ⅱ期开始发育。夏季，上述鱼类卵巢处于第Ⅱ期向第Ⅲ期的过渡时期；到了秋季，卵巢发育到第Ⅲ期，这些鱼类以第Ⅲ期卵巢越冬。春季养殖的鲢、鳙、草鱼、青鱼亲鱼卵巢由第Ⅲ期向第Ⅳ期发育，春末夏初卵巢发育到第Ⅳ期末，可以进行人工催产。

鲤、鲫等1～3龄性成熟，春季产卵繁殖，产卵后卵巢从第Ⅲ期开始发育，以第Ⅳ期卵巢越冬。养殖鲤、鲫亲鱼在春季可进行人工催产。

(四) 影响鱼类性腺发育的主要因素

影响鱼类性腺发育的因素可概括为生理和生态两个方面,生理上主要受神经和内分泌系统的调节与控制,生态上主要受水温、水质、光照和饵料等的影响。

1. 影响鱼类性腺发育的神经和内分泌系统 鱼类性腺发育主要受脑垂体、下丘脑、性腺和甲状腺及其分泌激素的调节和控制。

(1) 脑垂体 鱼类脑垂体和其他脊椎动物的垂体一样,位于间脑的腹面,与丘脑下部的垂体茎紧密相连。整个垂体可分为垂体神经部(neurohypophysis)及垂体腺体部(adenohypophysis)。垂体的神经部直接与间脑相连,它的神经纤维和分支可以深入腺体部分;腺体部又分为前、间、后三叶,它具有不同类型的细胞,可分泌多种激素(表3-1-1),其中叶的嗜碱性细胞所分泌的激素与性腺的发育、成熟及排卵有关。

表3-1-1 脑垂体分泌的激素

分泌部位	分泌细胞	分泌激素
前叶	嗜酸性细胞	促肾上腺皮质激素(ACTH)
	嗜酸性细胞	催乳激素(PRL)
	嗜碱性细胞	促甲状腺激素(TSH)
中叶	嗜碱性细胞	促生长激素(GH)
	嗜碱性细胞	促性腺激素(GTH)
后叶	嗜酸性细胞	黑色素细胞刺激素(MSH)

许多研究表明,鱼类脑垂体分泌的促性腺激素(gonadotrophic hormone,GTH)与高等哺乳动物中的促卵泡激素(follicle stimulating hormone,FSH)和促黄体激素(luteinizing hormone,LH)具有类似的功能。早在1930年,Houssay就用硬骨鱼类脑垂体的组织悬液进行养殖鱼类的人工催产并获得成功。

(2) 下丘脑 目前已发现的下丘脑促垂体激素至少有9种(表3-1-2),其中与鱼类繁殖关系密切的是促性腺释放激素(gonadotropin releasing hormone,GnRH)和促性腺释放激素的抑制激素(或称因子)[gonadotropin release-inhibitory hormone (factor),GRIH (GRIF)]。硬骨鱼类的GnRH与哺乳动物的促黄体素释放激素(luteinizing hormone releasing hormone,

LHRH）的化学结构、生物活性大体一致。GnRH 是一个含有 6 个功能团氨基酸的十肽化合物，相对分子质量为 1 182。改变 GnRH 分子的一级结构，就会影响促性腺激素的释放效力，也影响与垂体受体结合的亲和力。不同种类的 GnRH 相互使用，催产效果差异很大，原因之一是存在有受体种类的专一性问题。

表 3-1-2　下丘脑释放的激素及其作用

激素名称	生理功能	化学结构
促肾上腺皮质素释放激素（CRH）	刺激 ACTH 释放	十肽
促甲状腺激素释放激素（TRH）	刺激 TSH 释放	三肽
促性腺激素释放激素（GnRH）	刺激 GTH 释放	十肽
生长激素释放激素（GRH）	刺激 GH 释放	十肽
生长激素释放抑制激素（GIH）	抑制 GH 释放 干扰 TSH 释放	十四肽
催乳激素释放激素（PRH）	刺激 MSH 释放	多肽
催乳激素释放抑制激素（PIH）	抑制 MSH 释放	多肽
促黑色素激素释放激素（MSH）	刺激 PRL 释放	五肽
催黑色素激素释放抑制激素（MIH）	抑制 MSH 释放	三肽
促性腺激素释放激素抑制激素（GRIH）	抑制 GTH 释放	

由于下丘脑中存在能降解 LHRH 和水解其末端甘氨酰胺的酶，而且 LHRH 在血液循环中还会被内脏酶系水解，因此，天然 LHRH 的半衰期甚短，不能滞留于体内、不宜储藏和使用。为了提高催产效果，我国科技人员合成了 LHRH 的类似物（LHRH-A）。它是九肽化合物，相对分子质量为 1 167。它与天然 LHRH 的区别是：用 D-丙氨酸和乙基酰胺分别取代了第 6 位的甘氨酸和第 10 位上的甘氨酰胺。D 型氨基酸的肽键能抗蛋白质水解，可延长激素在体内停留的时间，提高其生物活性和效价；当亲水的 C 端（甘氨酰胺）被乙基酰胺取代后，增强了与受体的亲和力，并能抵抗脑内水解末端甘氨酰胺酶的作用。所以，LHRH-A 的活性比 LHRH 高，易储藏、运输和使用，是我国鱼类人工繁殖广泛应用的催产剂之一。

Peter 等（1978、1980、1987）发现，鱼类下丘脑中存在 GRIH，它能抑制脑垂体分泌和释放 GTH，进而抑制性腺发育、成熟和产卵（排精）。目前认为 GRIH 与多巴胺（dopamine，DA）的结构、性质和作用相似，它是一种抑制 GTH 释放的因子。如果能消除多巴胺或阻断多巴胺与受体的结合，就等于增强了 GnRH 的作用，就能促使脑垂体分泌和释放 GTH，进而促使性腺发育成熟。林浩然（1988）研究证明，多巴胺受体的拮抗剂多潘立酮（domperidone，DOM）和排除剂利血平（reserpine，RES）能通过竞争多巴胺受体和遏制多巴胺的合成来消除多巴胺的作用。在鱼类人工催产中，使用 LHRH-A 等催产剂的同时，还广泛应用 DOM 和 RES（市售催产剂 2 号是 RES 与 LHRH-A 的合剂，催产剂 3 号是 DOM 与 LHRH-A 的合剂）。

（3）性腺　性腺（精巢和卵巢）所分泌的激素称为性激素。性激素的主要功能有：①刺激性腺发育、成熟；②刺激机体产生副性征和性行为；③对脑垂体分泌的促性腺激素的效果起到反馈（至中枢神经）作用。卵巢中滤泡细胞分泌的激素主要有：孕激素（progestogen，包括孕酮、17α-羟孕酮、$17\alpha, 20\beta$-双羟孕酮）、雄激素（androgen，主要是脱氢表雄酮、雄烯二酮和睾酮等）、雌激素（oestrogen，主要是雌二醇和雌酮）和皮质类固醇（如 11-脱氧皮质类固醇）。20 世纪 70 年代，人们将孕妇尿、孕马血清中提取的绒毛膜促性腺激素（chorionic gonadotropin，简称 CG）等促性腺物质用于鱼类人工催产，都获得了成功。

（4）甲状腺　硬骨鱼类的甲状腺由许多球形细胞组成，散布在腹侧主动脉和鳃区主动脉等间隙组织中。甲状腺激素（单碘酪氨酸 MIT、二碘酪氨酸 DIT、三碘甲腺原氨酸 T_3、四碘甲腺原氨酸 T_4）的主要作用是增强机体的代谢，促进生长和发育成熟，与鱼类性腺发育和成熟密切相关。一般认为，甲状腺激素可以提高卵巢对 GTH 的敏感性。

2. 影响鱼类性腺发育的环境因素

（1）饵料和营养　养殖鱼类的性腺较其他动物大（性腺成熟时占体重的 1/5～1/4），性腺发育，特别是性腺的生长期需要大量的营养物。实践证明，亲鱼营养条件的好坏直接影响性腺发育和人工繁殖的效果。

另外，饲养亲鱼的饲料含能量物质过多，会造成鱼体过胖，也影响性腺发育和成熟。所以，应根据鱼类性腺发育的不同阶段，合理调整饲料的营养。

（2）温度和积温　同一种鱼类，生长在不同温度地区，达到性成熟的年龄有所不同。一般来说，在平均温度较高的水域中的温水性鱼类的成熟年龄早些。如"四大家鱼"，在华南地区比华中以北地区早熟 1～2 年。据统计，鲢达到性成熟需要的积温是 18 000～20 000 ℃。

各种鱼类都有其适应的水温范围，如生存适温、最适生长温度和繁殖适温。鱼类在一定温度范围内才能生长发育，如温水性鱼类在 10～35 ℃时摄食和生长，但在其性周期内一定时期的低温（10 ℃以下）对其性腺发育又是必要的条件。

（3）光照条件　一些实验证明，光照对鱼类的性腺发育和产卵有影响。在加强光照后，美洲红点鲑的成熟比一般光照条件下早。食蚊鱼如得不到光照，就发生维生素缺乏症，并丧失繁殖能力。例如，某渔场在室内饲养的鲟，已达到性成熟年龄，营养等其他条件适宜，但就是不产卵，这可能与光照条件有关。一般来说，延长光照时间可促使鱼类性腺发育。光照对性腺发育的影响是通过脑垂体促性腺激素的分泌和释放引起的，黑暗可使鱼类脑垂体的分泌机能衰退，性腺萎缩，就像脑垂体被切除一样。但当恢复光照后，脑垂体机能很快恢复，而且往往显现出机能亢进，性腺可加速发育。

人们通过改变光照来使养殖鱼类的繁殖期提前或推迟，这方面已取得令人满意的效果。另外，许多鱼类都是在昼夜交接的凌晨或傍晚开始产卵，这说明光线与鱼类的产卵行为有密切关系。

（4）盐度　淡水鱼调节渗透压是靠肾脏的作用，它能不断排出淡尿，来维持体液中盐分平衡。一些淡水鱼虽然可以在盐度为 3~10 的半咸水中生活，但性腺发育受到很大影响，表现为性腺发育不成熟或成熟的卵粒较小。一些海水鱼（鲻、梭鱼、鲈等）虽然可以生活在淡水中，但在淡水中不能繁殖。又如河蟹在淡水中生长，但需要到海水中产卵繁殖。所以，盐度对鱼类性腺发育和成熟是有影响的。

（5）其他因素　影响鱼类性腺发育的因素除上述几点外，水流和流速、水质、底质、卵的附着物以及异性的存在也不同程度地影响性腺发育、成熟和产卵。水流对亲鱼的性腺发育是一种刺激（通过内分泌系统起作用），也是一些鱼类产卵的必要条件；水的流动可提高水中的溶解氧，改善水质状况。产沉性卵的鱼类，底质对它们产卵繁殖影响较大。产黏性卵的鱼类，卵的附着物是产卵的必要条件。鱼类性腺发育、成熟及生殖行为需要有异性的存在。

二、鱼类精子、卵子的生物学特点与受精作用

（一）精子的生物学特点

任何动物的精子都是非常小的，一般在 100 μm 以下，而且与动物个体的大小无关。例如，牛精子的长度是 65 μm，长牡蛎的精子却有 73 μm。主要养殖鱼类的精子长度在十几微米：卵圆形的头部直径 2.2~2.5 μm，颈部长约 1 μm，尾部长 7~8 μm。

精液中除含有大量精子（4.5×10^7~5×10^7 个/mL）外，还含有精巢的分泌物。这些分泌物起到保护和营养精子的作用。

1. 精子活动能力和寿命　精子在精液中基本是不活动的。这是因为精液

中精子过稠，缺乏氧气、水分且二氧化碳过多。精子进入水中立即开始做激烈运动，并很快死亡。鲢、草鱼的精子在淡水中的生命力一般能维持50~60 s，鲤为1.5~3 min，鲟为10~15 min，海水鲈为1~2 min。由于精子的寿命短，鱼类又通常是体外受精，所以产卵和排精只有同步才能保证受精率。

2. 影响鱼类精子活动和寿命的因素　影响精子活动和寿命的主要因素有：温度、光照、pH和水的含盐量等，其中以水的含盐量（渗透压）的影响尤为重要（表3-1-3、表3-1-4）。

表3-1-3　鲢、鳙和草鱼精子持续运动时间与盐度的关系

盐度	3	5	0.03	7	9
精子持续运动的时间/s	40~65	35~40	20~30	0~25	0~6

表3-1-4　鲤精子在不同浓度氯化钠溶液中的寿命

氯化钠溶液浓度/(g/L)	0.3	0.9	1	2	3	5	6	7
精子平均寿命	1 min35s	1 min31s	1 min40s	3 min31s	31min54s	1h 4min38s	2min5s	不活动

3. 精液的保存　了解鱼类精子的生物学特点，不仅能科学地进行鱼类的人工繁殖、分析受精效果，还能利用低温保存精液。利用精液保存技术，可贮藏具有优良性状的遗传基因，解决亲本不足和性成熟不同步等问题。保存精液的方法和程序如下。

（1）精液的采集　将性腺成熟的雄鱼腹部擦干净，将经消毒和干燥的吸管插入鱼的生殖孔，将精液吸入吸管中；或挤压鱼的腹部，将精液挤入经消毒和干燥的试管中。

（2）精液的保存　低温保存是将装有精液的试管口封好，放到装有冰块的暖水瓶中。在0~2℃下可使鲤精子存活140~240 h；在2~6℃下可使鲢精子存活260 h。超低温保存在-196℃下，精子代谢完全停止，处于假死状态，但其结构完整，可以长期保存。常用于超低温保存精液物质的容器是液氮罐，液氮可使温度保持在-160~-190℃。为了得到良好的保存效果，精液中要加稀释剂和防冻剂。稀释剂是一些营养物质和模拟精液的成分，起到营养精子和稳定精子结构的作用。防冻剂能防止精液解冻时发生的次级重结晶现象，以免造成精子结构的变化。

（二）卵子的生物学特点

鱼类卵大多数为圆球形，少数为椭圆形、扁圆形或圆锥形。成熟的卵子比

精子要大得多，一般肉眼可见，卵子的大小与动物个体大小没有关系。鱼类成熟的卵子直径小的不足 1 mm，一般 1～4 mm，大的可达 80 mm（某些鲨鱼）。鱼类卵子的构造和一般的体细胞差别不大，都有细胞核（卵核）、细胞质和细胞膜（卵膜）等基本结构。所不同的是成熟鱼类卵中有卵黄，卵黄是胚胎发育的营养物质。

1. 卵膜的复杂结构 鱼的种类不同，鱼卵的结构也有所不同。其中卵膜的差别最大。成熟卵子的卵膜有质膜、放射膜和包卵膜。

（1）质膜 质膜是直接与卵质接触的一层最薄的膜，它由卵本身的外周原生质凝胶化而成，起到营养物质交换、代谢和保护卵质的作用。

（2）放射膜 放射膜是卵在卵巢内发育过程中形成的，并随着卵母细胞的发育形成许多放射状的小管沟，所以称为放射膜。随血液输送来的营养物质就是通过放射小沟进入卵中的。放射膜有一处是开口的（称为受精孔），是接受精子的入口。受精孔上有一个细胞，称为精孔细胞。卵遇水后吸水膨胀，放射膜与质膜之间出现空腔，称为围卵腔。围卵腔内充满水和蛋白液，胚胎可以通过质膜、蛋白液和放射膜与外界进行物质交换。

（3）包卵膜 包卵膜是由包围卵母细胞的滤泡层（滤泡细胞）分泌而成，因此称为次级卵膜。卵子成熟后，包卵膜随卵子一起脱离滤泡细胞，并一起产出体外。包卵膜一般遇水后产生黏性或变硬，起到加固和保护卵子的作用。黏性卵和沉性卵有包卵膜，而浮性卵和漂流性卵没有包卵膜。

2. 渗透压调节 从渗透压平衡原理看，卵液盐度为 5 左右的淡水鱼卵，在盐度为 1～2 的淡水中发育，处于低渗环境，水要向卵内渗入；卵液盐度为 7 左右的海水鱼卵，在盐度为 30～35 的海水中发育，处于高渗环境，水要从卵内渗出。但是，淡水鱼卵在淡水中发育并未因吸水而胀坏，海水鱼卵在海水中发育也未因失水而干死。这是因为放射膜、围卵腔中的液体和质膜具有渗透压调节机能。淡水鱼有防止外界水进入卵的能力，但没有防止卵失水的能力；而海水鱼只有防止卵失水的能力，没有防止水进入卵中的能力。

3. 卵子的寿命 鱼类成熟的卵产到水中，其卵膜很快吸水使受精孔封闭而失去受精能力。鳙的卵在水中仅 1 min 后绝大多数就失去受精能力。但是，鱼卵在其原卵液或在等渗液中，其寿命可大大延长。钟麟（1965）把鳙成熟卵置于卵原液中 40 min，仍有半数以上卵具有受精能力；140 min 后，有少数卵具有受精能力。中山大学生物系（1965）把鲢卵置于卵原液中和使卵停留在卵巢腔中，每隔一定时间取卵进行受精率观察试验。结果发现，排卵后 80 min 大多数卵子失去受精能力，个别的在 150～160 min 才失去受精能力；在排卵后 30～40 min 内，受精率较高。因此，在进行鱼卵人工繁殖和进行人工授精时，应准确掌握亲鱼发情和排卵时间,否则鱼卵受精率下降,甚至失去受精能力。

(三) 受精作用和影响受精的因素

精子和卵子的融合,称为受精作用。大多数鱼类为卵生,在水中产卵、排精和完成受精作用。各种鱼类具有适应自然条件的能力,保证卵和精子在短时间内迅速融合。在正常情况下,受精率都比较高,一般不低于 70%~80%。那些没有受精的卵细胞,几分钟内就要死亡。融合后的受精卵就是一个新世代的开始。

1. 受精前后卵的变化 处于第二次成熟分裂中期的卵母细胞,卵内沉积大量卵黄,卵膜上受精孔形成,放射膜和质膜紧靠在一起。成熟的卵母细胞进一步发育,细胞质中出现液泡。液泡先是分布于卵细胞的外周,以后向中心发展,充满整个细胞质。当卵与水接触时,一个精子的头部由受精孔进入卵内,精、卵两核结合,便发生一系列的变化。

卵遇水后,吸水膨胀,放射膜和质膜分离,出现围卵腔;同时卵内原生质向动物极集中,形成胚盘,两极分化更明显。卵吸水(膨胀)时间持续 1~3 h,才能达到最后的大小(卵径 2~6 mm)。

水渗入卵的同时,细胞质中的液泡开始破裂,泡液流入围卵腔(排到围卵腔中的液体,实际上也是卵代谢过程中的废物)。所以,围卵腔中的液体为水和液泡中胶体状的蛋白液。进入卵膜中的水分,并没有进入质膜,因此在受精后卵本身体积还稍有缩小。受精后,围卵腔的形成和液泡的破裂,使其他集聚在受精孔外的精子被排斥在外,不可能再有精子进入。

精子入卵后,它的头部与尾部分离,头部进入卵内。进入卵内的头部立即转动 180°,头端由向卵的内部转向卵的表面。几分钟后中心粒(头尾分离处)周围出现星光(称为精虫星光)。受精后 20 min 左右,精核膨大,核内染色质由密集变得稀疏,渐渐恢复成普通细胞核的结构和形状,即形成精原核。与此同时,卵完成第二次成熟分裂,卵核也恢复普通细胞核的结构和形状,形成卵原核。受精后 30 min 左右,两性原核相互靠拢,核膜消失,逐渐融合成合子核。

黏性卵和沉性卵遇水后的另一个变化是卵膜的硬化。这一特点使其能够经受住外界环境的碰撞。卵的吸水过程较快,而硬化过程较慢。在硬化过程中,卵膜的强度不断加大。以大麻哈鱼为例,受精前卵膜可负荷的重量为 100 g;受精后 2 h 为 700 g;心脏搏动期(约 40 d)最大,为 4 000~5 000 g;以后又逐渐软化,在孵化前卵膜可负荷的重量为 200 g 左右。

2. 影响受精的因素 影响鱼类受精效果的因素有内因和外因两方面,内因是精子和卵子的质量，外因是水的酸碱度、光线、温度、盐度等。鉴别精子和卵子的质量标准是：精液中精子的数量，精、卵的寿命和受精能力（成熟情况）。成熟卵子的特征是：晶莹光亮，饱满均匀，吸水膨胀速度快，分裂球整齐。

三、胚胎发育与仔鱼早期发育

当精子和卵子融合成受精卵，即受精作用完成之后，便形成一个新的生命。鱼类胚胎发育是在卵膜内进行，而刚孵出的胚体尚不能水平游泳和摄食，仍处于孵化阶段。所以，鱼类的孵化期是指胚胎发育和孵出仔鱼后的一段时间。

鱼类是动物界中的一大类群，它们绝大多数是卵生，胚胎在水中发育，受环境因素的影响较大。鱼的种类很多，各种鱼的胚胎期长短也不尽相同，淡水中的鲢、鳙、草鱼和青鱼的胚胎期为 30 h 左右（水温 25 ℃左右），鲤、鲫的胚胎期为 90～110 h（水温 20 ℃）；冷水性的大麻哈鱼，胚胎期为 100 d 左右（水温 2～6 ℃）。

第二节　鲤、鲫和团头鲂的人工繁殖

（一）人工繁殖所需条件

1. 繁殖季节和水温　鲤、鲫、团头鲂的繁殖季节均为春季，适宜繁殖水温为 16～28 ℃。

2. 水质要求　繁殖用水的水质应符合《渔业水质标准》(GB 11607—89) 和《无公害食品　淡水养殖用水水质》(NY 5051—2001) 的规定。

3. 产孵设施　鲤、鲫、团头鲂产出的卵均为黏性，人工繁殖需要的基本设施包括：亲鱼产卵池或暂养场所、孵化池、孵化环道或孵化桶等。

（二）亲鱼的选择和培育

1. 亲鱼的来源和选择

（1）种质特征　用于人工繁殖的亲鱼应来源于原种场或良种场，其种质特征应符合品种的相关标准，如：《荷包红鲤》(SC 1019—1997)、《兴国红鲤》(GB 16875—2006)、《建鲤》(GB/T 21325—2007)、《散鳞镜鲤》(GB 16873—2006)、《德国镜鲤选育系（F_4）》(SC/T 1035—1999)、《松浦鲤》(SC/T 1103—2008)、《方正银鲫》(GB 16874—2006)、《彭泽鲫》(GB/T 18395—2010)。

(2) 年龄和体重　鲤的性成熟年龄为 2～3 冬龄。用于人工繁殖的亲鱼的适宜年龄为 3～8 冬龄，雌亲鱼体重≥2.0 kg，雄亲鱼体重≥1.5 kg。

鲫的性成熟年龄为 1 冬龄。用于人工繁殖的雌亲鱼适宜年龄为 2～3 冬龄，体重≥300 g；雄亲鱼 1～2 冬龄，体重≥200 g。

2. 亲鱼培育

(1) 培育池塘　池塘面积 1 300～4 000 m^2，池塘深度 1.5～4.0 m。水源充足，注排水方便。水源水质符合《渔业水质标准》(GB 11607—89) 和《无公害食品　淡水养殖用水水质》(NY 5051—2001) 的规定。

(2) 亲鱼放养　亲鱼产前培育应雌、雄分池放养。亲鱼适宜放养量为 0.5～1.0 kg/m^2，池中少量搭养鲢、鳙鱼种。

(3) 培育管理　亲鱼投喂配合饲料，饲料符合《鲤鱼配合饲料》(SC/T 1026—2002) 和《无公害食品　渔用配合饲料安全限量》(NY 5072—2002) 的规定。每日上午和下午各投饵一次，日投饵量为体重的 2%～4%。定期泼洒药物和投喂药饵，防止鱼病发生。

亲鱼产后培育池水质要清新，以利于亲鱼恢复体质。夏、秋季培育，投喂高质量饲料，以满足亲鱼性腺发育对营养的需要。亲鱼越冬水体水温为 1.5～3.5 ℃，要求溶氧充足、水质良好。春季浅水培育，以利于池塘水温的回升。

(三) 催情产卵

1. 成熟亲鱼的鉴选　亲鱼性腺发育成熟时，摄食量明显减少或停止摄食，亲鱼有相互追逐现象。雄亲鱼体色鲜艳。雌亲鱼腹部膨大、柔软，卵巢轮廓明显，生殖孔微红色。轻压雄亲鱼腹部，有精液流出，精液遇水后迅速散开。

2. 亲鱼配组　根据亲鱼怀卵量、产卵量、受精率、孵化率和预计生产鱼苗数量，确定催产雌亲鱼和雄亲鱼的数量。

3. 催产剂及其使用剂量　催产使用的催产剂及其剂量见表 3-2-1。

表 3-2-1　鲤、鲫、团头鲂催产使用的催产剂及其剂量

方　法	催产剂	使用剂量
1	鱼用促黄体素释放激素类似物（促排卵素 2 号 LHRH-A$_2$）	2～4 μg/kg
	鱼用马来酸地欧酮（DOM）	2～4 mg/kg
2	鱼用促黄体素释放激素类似物（促排卵素 2 号 LHRH-A$_2$）	2～4 μg/kg
	鱼用绒毛膜促性腺激素（CG）	400～600 IU/kg

注：使用剂量为每千克雌亲鱼体重所需催产剂量；雄亲鱼使用催产剂与雌亲鱼相同，使用剂量为雌亲鱼剂量的一半。

4. 催产剂注射液配制 催产剂注射液用0.7%的生理盐水配制,注射液用量为每千克鱼体重0.2~0.4 mL。

5. 注射催产剂 使用注射器和7号或8号针头。注射部位是胸鳍基部或背部肌肉。

6. 效应时间 效应时间是指从亲鱼注射催产剂到其发情、产卵的时间间隔。效应时间长短与水温有关。水温与效应时间的关系见表3-2-2。

表3-2-2 水温与效应时间的关系

水温/℃	18~19	20~21	22~23	24~25	26~27
效应时间/h	14~16	12~14	10~12	8~10	6~8

(四) 自行产卵

1. 产卵池准备 亲鱼产卵池一般选用正方形、长方形和圆形的水泥池,面积20~100 m², 水深70~100 cm。要求池底和内壁光滑,注排水方便,不渗漏,应设充气增氧装置。产卵池在使用前用1~2 mg/L的二氧化氯浸泡消毒。

2. 鱼巢制作 鱼巢是指产出卵的附着物。可用作鱼巢的材料有棕榈树皮、杨柳树根、化学纤维等。亲鱼产卵前,将鱼巢布置在产卵池中,一般在池底铺和水层中悬挂(图3-2-1)。

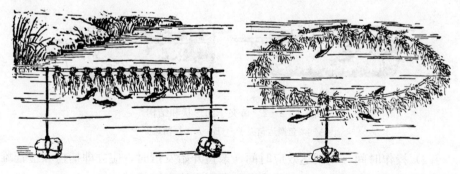

图3-2-1 鱼巢的布置

3. 雌、雄亲鱼并池 当季节和水温适宜时,即可将成熟亲鱼进行人工催产,注射催产剂后,将雌、雄亲鱼按1:(1.2~1.5)的比例放入产卵池中。产卵池亲鱼密度为3~5 kg/m²。

4. 产卵管理 亲鱼放入产卵池后,要布置鱼巢(池底鱼巢在放亲鱼前铺设),要保持环境安静,保持水温稳定。鲤一般在半夜至次日清晨产卵,要在亲鱼发情前 2 h 向产卵池加注新水（冲水），以利于亲鱼的发情产卵。

亲鱼开始产卵后，要及时观察产卵情况，如发现鱼巢上已布满鱼卵，应及时更换新鱼巢。将布满鱼卵的鱼巢轻轻取出，经过处理后转入孵化池静水孵化，也可放入流水孵化设施中流水孵化。

另外，可将产卵池内壁和池底刷上环氧树脂，亲鱼产出卵粘在池壁或池底，将卵刮取下来。然后在 40 目筛网中用手搓，使卵粒分离，再放入孵化桶中流水孵化。

5. 收卵计数 鱼巢上的卵采用抽样计数法计数；分离的卵采用称重法计数。

（五）人工授精

人工授精是采用人工挤卵和精液，使精、卵相遇进而完成受精的操作。

1. 亲鱼催产和暂养 成熟亲鱼的鉴选、亲鱼配组和催产同"（三）催情产卵"。

催产注射后的亲鱼应放在易进行捕捞操作的水体中暂养。暂养池一般为水泥池或水槽，面积 10~50 m²、水深 0.5~1.5 m，也可在网箱中暂养。保持适宜水温和水质，保持环境安静，密度适当。

2. 人工授精操作

（1）使用工具 用于搬运亲鱼和人工授精的鱼夹子（图 3-2-2）、搪瓷盆或不锈钢盆、长的硬羽毛。

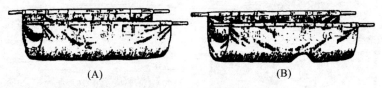

图 3-2-2 鱼夹子的形状和结构
(A) 亲鱼搬运鱼夹子 (B) 人工授精鱼夹子

（2）操作时间 当到达效应时间，亲鱼开始发情时，应立即捕捞和检查雌亲鱼。若轻压雌亲鱼腹部有卵粒流出，即可实施人工授精。

（3）授精操作 将亲鱼装入人工授精鱼夹子中，生殖孔暴露于开口处。一人将鱼夹子提起，擦干亲鱼体表水，另一人轻压亲鱼腹部，将卵挤到一个擦干的盆中（干法授精）；同样方法立即将雄鱼精液挤入盆中；用长硬羽毛搅拌，使精液与卵混合均匀；然后加入适量的清水再继续搅拌 1~2 min；静置 1 min 左右后，倒去污水。如此重复 2~3 次漂洗后，即可将卵着巢或经脱黏转入孵化器中孵化。

（4）卵的计数　挤出卵立即称重，抽样计数（粒/g），然后再实施人工授精操作。

3. 受精卵着巢　在大塑料槽内加入清洁水，槽底铺放鱼巢。将少许受精卵缓缓置于水槽内，同时搅动水，提起鱼巢，可正反面反复操作，使受精卵均匀地散落和附着在鱼巢上。

4. 受精卵脱黏

（1）黄泥浆的制备　取黏土黄泥，用水浸泡、搅拌，稍静置后，将黄泥浆倒入另一大盆中沉淀备用。

（2）脱黏操作　取授精、漂洗后的受精卵少许，缓缓向黄泥浆中加入，边加入边搅拌，不停搅拌10～15 min，使加入黄泥浆的卵完全分散开，以不结成块状为原则。

（六）人工孵化

1. 孵化时间　鲤受精卵孵化时间的长短与水温关系密切，水温越高孵化时间越短。水温15 ℃时，孵化时间为6～7 d，孵化水温最好保持在20 ℃以上。表3-2-3为水温与孵化时间的关系。

表3-2-3　鲤受精卵的孵化水温与孵化时间的关系

孵化水温/℃	15～16	17～18	19～20	21～22	23～24	25～26
孵化时间/h	130～150	110～120	90～110	70～80	50～60	40～50

刚孵出仔鱼，尚不能水平游泳和开口摄食，仍需在孵化器中孵化直至发育到鳔充气、能水平游泳，口张开、能摄食，卵黄囊尚未完全消失为止。

2. 着巢卵的孵化

（1）静水孵化

① 土池塘静水孵化。将带有受精卵的鱼巢悬挂在土池塘中孵化，并在原池中培育鱼苗，孵化池塘也是鱼苗培育池塘。池塘应提前8～15 d彻底清塘，加注清洁水50～70 cm，培养饵料生物。鱼巢悬挂在水面下20～30 cm，放卵密度为1 000～2 000粒/m²。孵化期间应无敌害侵袭，要求水质良好、水温适宜。

② 水泥池充气孵化。将带有受精卵的鱼巢放入水泥池、玻璃钢水槽等设施中进行充气和定期换水孵化。放卵密度为20万～30万粒/m³。孵化期间应无敌害侵袭，要求水质良好、水温适宜。

(2) 流水孵化　将带有受精卵的鱼巢放入孵化桶（缸）、孵化环道等孵化器中进行流水孵化，放卵密度为 60 万～80 万粒/m^3。孵化期间应无敌害侵袭，要求水质良好、水温适宜。

3. 脱黏卵的孵化　采用人工授精方法获得并经过脱黏处理的受精卵，可采用孵化桶（缸）流水孵化。此法的孵化效率很高，卵的投放密度可达 80 万～100 万粒/m^3。孵化期间应无敌害侵袭，要求水质良好、水温适宜。

为了提高孵化率，在未受精卵浑浊、发白和密度下降时，将卵全部接出，通过漂洗法清除未受精卵，然后再将受精卵移回孵化桶继续孵化。

（七）水花出苗和过数

1. 水花鱼苗　水花鱼苗是指孵出的仔鱼发育至鳔充气、能水平游泳，口张开、能摄食，卵黄囊尚未完全消失的仔鱼。

2. 出苗过数　水花出苗方法是将孵化池（器）中的仔鱼带水通过管道进入出苗池设置的网箱中。

水花鱼苗的过数，一般采用容量法，即将水花鱼苗移入小网箱，尽可能把水漏出，然后用适当容器（小碗或烧杯等）过数，即抽样（尾/mL）再用容器（mL）过数。鲤水花 400～420 尾/mL，鲫水花 450～470 尾/mL。

第三节　鲢、鳙、草鱼和青鱼的人工繁殖

（一）人工繁殖所需条件

1. 繁殖季节和水温　鲢、鳙、草鱼和青鱼的繁殖季节为春末夏初，水温为 18～28 ℃。水温稳定在 18 ℃以上可以催产，最适催产水温 22～28 ℃。

2. 水质要求　繁殖用水的水质应符合《渔业水质标准》（GB 11607—89）和《无公害食品　淡水养殖用水水质》（NY 5051—2001）的规定。

3. 产孵设施　鲢、鳙、草鱼和青鱼产出的卵均为漂流性，人工繁殖需要的基本设施包括：亲鱼产卵池或暂养场所、孵化环道或孵化桶等。

（二）亲鱼的选择和培育

1. 亲鱼的来源和选择　从鲢、鳙、草鱼和青鱼天然种质资源库（如国家级或省级原种场或良种场）选取亲鱼，或从上述水域采集的苗种或幼鱼经专门培育成亲鱼。草鱼、青鱼、鲢和鳙的亲鱼种质特征应分别符合《草鱼》（GB 17715—1999）、《青鱼》（GB 17716—1999）、《鲢》（GB 17717—1999）和

《鳙》(GB 17718—1999) 的规定。

鲢、鳙、草鱼和青鱼亲鱼体形、体色正常，体质健壮，无疾病，无伤残和畸形。

2. 亲鱼的年龄和体重　初次性成熟的鲢、鳙、草鱼和青鱼不得用作人工繁殖的亲鱼。

生长于不同水域的鲢、鳙、草鱼和青鱼的初次性成熟年龄，允许繁殖的最小年龄、最小体重和最大年龄见表 3-3-1、表 3-3-2、表 3-3-3 和表 3-3-4。

表 3-3-1　鲢初次性成熟年龄，允许繁殖的最小年龄、最小体重和最大年龄

流域名称	性别	初次性成熟年龄/冬龄	允许繁殖最小年龄/冬龄	允许繁殖最小体重/kg	允许繁殖最大年龄/冬龄
珠江流域	雌鱼	3	4	4	12
	雄鱼	2	3	3	
长江流域	雌鱼	3	4	4	12
	雄鱼	2	3	3	
黄河流域	雌鱼	4	5	5	14
	雄鱼	3	4	3	
黑龙江流域	雌鱼	4	5	5	14
	雄鱼	3	4	3	

表 3-3-2　鳙初次性成熟年龄，允许繁殖的最小年龄、最小体重和最大年龄

流域名称	性别	初次性成熟年龄/冬龄	允许繁殖最小年龄/冬龄	允许繁殖最小体重/kg	允许繁殖最大年龄/冬龄
珠江流域	雌鱼	4	5	8	15
	雄鱼	3	4	8	
长江流域	雌鱼	5	6	10	15
	雄鱼	4	5	8	
黄河流域	雌鱼	6	7	10	17
	雄鱼	5	6	8	
黑龙江流域	雌鱼	7	8	13	17
	雄鱼	6	7	8	

表 3-3-3 草鱼初次性成熟年龄，允许繁殖的最小年龄、最小体重和最大年龄

流域名称	性别	初次性成熟年龄/冬龄	允许繁殖最小年龄/冬龄	允许繁殖最小体重/kg	允许繁殖最大年龄/冬龄
珠江流域	雌鱼	4	5	8	14
	雄鱼	3	4	7	
长江流域	雌鱼	4	5	6	14
	雄鱼	3	4	4	
黄河流域	雌鱼	5	6	7	15
	雄鱼	4	5	6	
黑龙江流域	雌鱼	6	7	7	16
	雄鱼	5	6	6	

表 3-3-4 青鱼初次性成熟年龄，允许繁殖的最小年龄、最小体重和最大年龄

流域名称	性别	初次性成熟年龄/冬龄	允许繁殖最小年龄/冬龄	允许繁殖最小体重/kg	允许繁殖最大年龄/冬龄
珠江流域	雌鱼	5	6	13	20
	雄鱼	4	5	10	
长江流域	雌鱼	6	7	14	20
	雄鱼	5	6	12	

3. 亲鱼培育

（1）培育池塘　池塘面积 3 300～5 300 m²，池塘深度 1.5～4.0 m。水源充足，注排水方便。水源水质符合《渔业水质标准》(GB 11607—89) 和《无公害食品　淡水养殖用水水质》(NY 5051—2001) 的规定。

（2）亲鱼放养　亲鱼春季培育一般主养一种亲鱼，搭养少量其他鱼种。鲢、鳙亲鱼放养密度一般为 0.2～0.5 kg/m²，池中少量搭养鲤鱼种。草鱼、青鱼亲鱼放养的适宜密度为 0.5～1.0 kg/m²，池中少量搭养鲢、鳙鱼种。亲鱼的夏秋季培育和越冬一般采用混养，放养的适宜密度为 0.5～1.0 kg/m²。

（3）饵料和肥料　鲢、鳙亲鱼的培育以施肥培养天然饵料为主、投喂人工饲料为辅。采用堆肥法，每亩培育池施腐熟鸡粪 200～300 kg。投喂鲢、鳙饲料为粉状或糊状，蛋白质含量≥25%。

草鱼亲鱼的培育以投喂配合饲料为主、投喂饲草为辅。投喂草鱼亲鱼饲料可参照《草鱼配合饲料》(SC/T 1024—2002)。投喂亲鱼的饲草以水草和鲜嫩陆生饲草为主。

青鱼亲鱼的培育以投喂配合饲料为主、投喂螺蛳等动物饵料为辅。投喂青鱼亲鱼饲料可参照《青鱼配合饲料》(SC/T 1073—2004)。

投喂亲鱼饲料应符合《无公害食品　渔用配合饲料安全限量》(NY 5072—2002)的规定。

(4) 饲养管理　在我国北方地区，早春浅水(50～70 cm)培育，有利于水温升高，可促使亲鱼性腺快速发育。产前培育应经常加注新水或微流水，以刺激和促进亲鱼性腺快速发育。

水温10～15 ℃，每天中午投喂一次，投饵量占体重的2%。水温15 ℃以上，每天上午和下午各投喂一次，日投饵量为体重的2%～5%。

亲鱼产后培育池水质要清新，以利于亲鱼恢复体质。夏秋季培育投喂高质量饲料，以满足亲鱼性腺发育对营养的需要。亲鱼越冬水体水温1.5～3.5 ℃、溶氧充足、水质良好。

(三) 催情产卵

1. 成熟亲鱼鉴选　亲鱼性腺发育成熟时，摄食量明显减少或停止摄食，并有相互追逐现象。雄亲鱼体色鲜艳。雌亲鱼腹部膨大、柔软，卵巢轮廓明显，生殖孔微红色。轻压雄亲鱼腹部，有精液流出；精液遇水后迅速散开。

2. 亲鱼配组　亲鱼配组是指根据亲鱼怀卵量、产卵量、受精率、孵化率和预计生产鱼苗数量，确定催产雌亲鱼和雄亲鱼的数量。

3. 催产剂及其使用剂量　鲢、鳙、草鱼和青鱼催产使用的催产剂有：鱼用促黄体素释放激素类似物(促排卵素2号、促排卵素3号)、马来酸地欧酮(DOM)和绒毛膜促性腺激素(CG)(表3-3-5)。使用的催产剂分一次或两次注射到鱼体内，两次注射的时间间隔一般为8～24 h。

表3-3-5　草鱼、鲢、鳙和青鱼催产使用的催产剂及其剂量

鱼类	方法	催产剂和催产方法	使用剂量
草鱼	1	促排卵素2号 (LHRH-A_2)	8～10 μg/kg
	2	促排卵素2号 (LHRH-A_2)	5～8 μg/kg
		马来酸地欧酮 (DOM)	5～8 mg/kg
鲢、鳙	1	促排卵素2号 (LHRH-A_2)	5～8 μg/kg
		马来酸地欧酮 (DOM)	5～8 mg/kg
		绒毛膜促性腺激素 (CG)	400～600 IU/kg
	2	促排卵素3号 (LHRH-A_3)	1～2 μg/kg
		马来酸地欧酮 (DOM)	1～2 mg/kg

(续)

鱼类	方法	催产剂和催产方法	使用剂量
青鱼	1	促排卵素3号（LHRH-A$_3$）	1～2 μg/kg
		马来酸地欧酮（DOM）	1～2 mg/kg
	2	促排卵素2号（LHRH-A$_2$）	8～10 μg/kg
		马来酸地欧酮（DOM）	8～10 mg/kg
		绒毛膜促性腺激素（CG）	500～1 000 IU/kg

注：使用剂量为每千克雌亲鱼体重所需催产剂量；雄亲鱼应用催产剂与雌亲鱼相同，使用剂量一般为雌亲鱼剂量的一半。

4. 催产剂注射液配制 催产剂注射液用0.7%～0.8%的生理盐水配制，注射液用量为每千克鱼体重0.2 mL。

5. 注射催产剂 使用注射器和7号或8号针头。注射部位是胸鳍基部或背部肌肉。

6. 效应时间 效应时间是指从亲鱼注射催产剂到其发情、产卵的时间间隔。效应时间长短与水温有关。一次注射效应时间比二次时间长，表3-3-6是第二次注射后水温与效应时间的关系。

表3-3-6 第二次注射后水温与效应时间的关系

水温/℃	20～21	22～23	24～25	26～27	28～29
效应时间/h	11～12	10～11	8～10	7～8	6～7

（四）自然产卵

亲鱼注射催产剂后，让其在产卵池中自行产卵、排精，使精子和卵子在水中相遇完成受精过程。

1. 产卵池准备 鲢、鳙、草鱼和青鱼的产卵池一般为圆形的水泥池，直径10～15 m，面积50～80 m^2，水深130～180 cm。要求池底和内壁光滑，注排水和收卵方便。产卵池在使用前用1～2 mg/L的二氧化氯浸泡消毒。

2. 产卵管理 亲鱼注射催产剂后，将雌雄亲鱼按1∶（1.2～1.5）的比例放入产卵池。放亲鱼的适宜密度为3～5 kg/m^2。

亲鱼放入产卵池后，要保持环境安静，保持水温稳定。在亲鱼发情前2 h，向产卵池加注新水（冲水），以利于亲鱼的发情产卵。

亲鱼开始产卵后，要及时观察产卵情况，及时收卵并移入孵化器中孵化。收卵计数采用容量法。

(五)人工授精

1. 亲鱼催产和暂养 成熟亲鱼的鉴选、亲鱼配组和催产同"(三)催情产卵"。

催产注射后的亲鱼应放在易捕捞操作的水体中暂养。暂养池一般为水泥池、水槽或网箱。保持适宜水温和水质,保持环境安静,亲鱼密度3～5 kg/m²。

2. 人工授精操作 同本章第二节鲤的人工授精。

(六)人工孵化

1. 孵化器 鲢、鳙、草鱼和青鱼受精卵一般采用孵化环道或孵化桶(缸)孵化。孵化器的安装和调试都要在催产前完成。

2. 孵化管理 孵化环道和孵化桶(缸)放卵密度一般为50万～100万粒/m³。放入孵化器的卵应在水层中漂浮,随水流翻动。孵化期间保持水温适宜、稳定,水质良好,无敌害生物进入。

鲢、鳙、草鱼和青鱼受精卵孵化时间的长短与水温关系密切,水温越高孵化时间越短。水温25℃时,孵化时间为28～30 h。表3-3-7为水温与孵化时间的关系。

表3-3-7 鲢、鳙受精卵的孵化水温与孵化时间的关系

孵化水温/℃	18～19	20～21	22～23	24～25	26～27	28～29
孵化时间/h	35～36	33～34	31～32	28～30	24～27	22～23

刚孵出仔鱼,尚不能水平游泳和开口摄食,仍需在孵化器中孵化直至发育到鳔充气、能水平游泳,口张开、能摄食,卵黄囊基本消失为止。

(七)水花出苗和过数

1. 水花鱼苗 水花鱼苗是指孵出仔鱼发育至鳔充气、能水平游泳,口张开、能摄食,卵黄囊尚未完全消失的仔鱼。

2. 出苗过数 水花出苗方法是将孵化池(器)中的仔鱼带水通过管道进入出苗池设置的网箱中。

水花鱼苗的过数,一般采用容量法,即将水花鱼苗移入小网箱,尽可能把水漏出,然后用适当容器(小碗或烧杯等)过数,即抽样(尾/mL)再用容器(mL)过数。草鱼和鲢的水花350～370尾/mL,青鱼水花330～340尾/mL,鳙水花300～320尾/mL。

第四节　大口黑鲈和条纹鲈的人工繁殖

（一）亲鱼来源、选择和培育

1. 亲鱼的来源　由原产地引进，并经病害和种质鉴定的原种的亲鱼，或由鱼苗、鱼种经专门培育成的亲鱼，及由持有良种生产许可证的良种场生产的鱼苗、鱼种经专门培育成的亲鱼。近亲繁殖的后代不得留作亲鱼。

2. 亲鱼的选择　亲鱼的种质特性符合《大口黑鲈》（GB 21045—2007）的规定。体形、体色正常，体质健壮，无疾病，无伤残和畸形。

大口黑鲈初次性成熟年龄为 1^+ 龄。允许繁殖亲鱼的最小年龄为 2^+ 龄，最小体重 0.6 kg。允许繁殖亲鱼的最大年龄为 5^+ 龄。

繁殖季节成熟的雌亲鱼鳃盖光滑，胸鳍较圆，腹部膨大，卵巢轮廓明显，生殖孔稍凸、微红色，有些个体轻压腹部有卵粒流出。雄亲鱼体形瘦长，胸鳍狭长，生殖孔凹陷，繁殖季节体色较鲜艳，鳃盖较粗糙，轻压腹部有乳白色精液流出。

3. 亲鱼培育

（1）亲鱼放养　池塘培育池面积 0.2~0.7 hm^2，水深 1.5~3.0 m，土质为砂壤土，淤泥厚度小于 10 cm。靠近水源，水质良好，注排水方便。具有增氧机和水泵等设备。

亲鱼夏秋季和越冬可采取混养，以大口黑鲈亲鱼为主，少量搭养其他鱼类。春季亲鱼采用单养，繁殖前雌、雄亲鱼分池饲养，雌、雄亲鱼比例为1∶1。大口黑鲈亲鱼适宜放养密度为 250~300 kg/亩。

（2）饵料及投喂　培育期间以投喂小鱼、小虾为主，每日投喂量为亲鱼体重的 3%~5%。每隔一段时间可向池中放一些抱卵虾，让其繁殖幼虾供亲鱼捕食，使培育池中经常保持饵料充足，以满足亲鱼性腺发育对营养的需要。

（3）水质调控　大口黑鲈喜清水和高溶氧，所以培育亲鱼的池塘要经常加注新水调节水质，池水透明度大于 30 cm，溶氧含量大于 5 mg/L，COD 小于 50 mg/L，氨氮小于 1.0 mg/L，亚硝酸盐小于 0.1 mg/L。

（二）人工催产技术

1. 催产季节和水温　大口黑鲈春季 4~6 月繁殖，适宜水温 18~26 ℃，最适水温 20~24 ℃。

性腺发育成熟的雌亲鱼腹部膨大，卵巢轮廓明显，生殖孔稍凸、微红色，有些个体轻压腹部有卵粒流出。雄亲鱼体形瘦长，胸鳍狭长，生殖孔凹陷，繁殖季节体色较鲜艳，鳃盖较粗糙，轻压腹部有乳白色精液流出。

2. 人工催产 大口黑鲈在池塘中能自行产卵繁殖，但产卵不集中、不同步，产卵率、孵化率不高，孵出鱼苗有先有后，随着其生长，个体大小不齐，相互残杀严重。采用人工催产和人工孵化可提高繁殖和育苗效率。

（1）产卵池 一般采用水泥池，面积 10~70 m^2，水深 80~120 cm。水源充足，水质良好，注排水方便，设充气增氧装置。

大口黑鲈自行产卵，需为亲鱼提供产卵床和鱼巢。产卵床是在池底四周每隔 1.5 m 摆放一个 60 cm×60 cm×15 cm 的木框，木框内铺沙砾和鱼巢（聚乙烯网片或棕榈树皮）。

产卵池、产卵床和鱼巢在使用前用高锰酸钾消毒。

（2）注射催产剂 一般采用一次注射，使用催产剂和剂量分别为：每千克雌亲鱼使用促排卵素 2 号或 3 号（LHRH-A_2 或 LHRH-A_3）4~5μg、马来酸地欧酮（DOM）1~2 mg 和鱼用绒毛膜促性腺激素（CG）600~800 IU。

采用体腔（胸鳍基部）或肌内（背鳍基部）注射，每尾亲鱼注射催产剂体积为 1~2 mL。雄亲鱼注射催产剂与雌鱼相同，催产剂剂量为雌鱼的 1/2。

3. 自行产卵 产卵池事先要布置产卵床和鱼巢，加注水深 60~80 cm。亲鱼注射催产剂后放入产卵池，适宜密度为 1 尾/m^2，雌雄比例为 1∶1。要求水质清新，溶氧在 5 mg/L 以上，最好是微流水。亲鱼适应环境后，雄鱼会先修筑鱼巢，雌雄自动配对后占据产卵窝产卵。要保持环境安静和水温稳定。水温 22~26℃时效应时间为 18~30 h。

雄鱼不断用头部顶撞雌鱼腹部，当发情到达高潮时，雌、雄鱼腹部互相紧贴产卵射精；繁殖行为重复多次，持续时间达 10~12 h。产卵结束后，及时捕出亲鱼，收取鱼巢和鱼卵。

4. 人工授精

（1）授精操作 亲鱼注射催产剂后放待产池暂养，到了效应时间实施人工授精。

将雌亲鱼提起，用手堵住生殖孔，防止卵粒外流。把鱼体表面水分擦干，轻轻挤压雌鱼腹部，由前向后把卵挤落在干净干燥的盆中。反复挤压亲鱼腹部，直至无卵粒流出为止。

将雄亲鱼鱼体提起，用手堵住生殖孔，防止精液外流。把鱼体表面水分擦干，轻轻挤压亲鱼腹部挤出精液。可以把精液直接挤于卵上；也可以把精液挤到干净干燥的烧杯中，存放在 1~4 ℃条件下暂时保持，使用时用干净的吸管滴到卵上。

挤出的卵和精液在无水分或等渗液的盆中混合均匀后，立即加入洁净海水并迅速搅拌 1~3 min 完成受精。再静置 2 min，然后将精液和脏水滤出。进行受精卵计数，布巢或脱黏后移入孵化器中孵化。

（2）受精卵着巢和脱黏　着巢操作是在大水槽内进行的。在水槽内加入清洁水，在水槽底铺放鱼巢，然后取少许受精卵缓缓置于水槽内，同时搅动水并提起和摆动鱼巢，使受精卵均匀地散落和附着在鱼巢上。如此操作，可使鱼巢正反面都附着受精卵。

受精卵的脱黏使用滑石粉或黄泥浆。①脱黏液制备：取适量的滑石粉或黏土黄泥，用水浸泡、搅拌；稍静置后，将浆水倒入另一大盆中沉淀备用。②脱黏操作：取受精卵少许，缓缓向滑石粉或黄泥浆中加入，边加入卵边搅拌，不停搅拌 10~15 min，直至卵完全分散开，以不结成块状为原则；然后将受精卵放筛绢网中用清水冲洗干净。

（三）人工孵化技术

1. 孵化时间　大口黑鲈胚胎发育时间与水温相关。孵化水温 18~21 ℃，孵出仔鱼需 45 h 左右；水温 24~26 ℃需孵化 30 h 左右。初孵仔鱼黏附在鱼巢上或做间歇运动，3 日龄仔鱼可自由游泳，卵黄囊吸收殆尽，开始摄食。

2. 着巢卵的孵化

（1）将受精卵连同鱼巢悬挂在土池塘（或网箱）水层中静水孵化　此法中池塘既作为孵化池，又是鱼苗培育池，所以要提前 8~15 d 彻底清塘，加注清洁水 50~70 cm，培养饵料生物。鱼巢悬挂在水面下 20~30 cm，放卵密度为 1 000~2 000 粒/m^2。

（2）将受精卵连同鱼巢悬挂在水泥池或水槽水层中静水充气和定期换水孵化　受精卵密度为 30 万~40 万粒/m^3。

（3）将受精卵连同鱼巢放入孵化环道中流水孵化　受精卵密度为 50 万~60 万粒/m^3。

3. 脱黏卵的孵化　采用人工授精方法获得的受精卵，经过脱黏处理后采用孵化桶（缸）流水孵化。此法的孵化效率很高，卵的投放密度可达 60 万~80 万粒/m^3。孵化期间应无敌害侵袭，要求水质良好、水温适宜。

4. 孵化管理　为了提高孵化率，在未受精卵浑浊、发白和密度下降时，将卵全部接出，通过漂洗法清除未受精卵，然后再将受精卵移回孵化桶继续孵化。

孵化用水要经过滤，无敌害生物进入，水质清洁。保持水温稳定，适宜水温 18~24 ℃；保持水质良好，及时洗刷网罩。受精后 6~8 h 统计受精率，仔鱼孵出后（30～40 h）统计孵化率，仔鱼孵出后约 60 h（仔鱼水平游泳时）统计出苗率。

第五节　罗非鱼的人工繁殖

（一）养殖场环境条件

1. 场址选择　要求交通方便，靠近水源，供电可靠，避开洪涝、台风和地震等自然灾害的影响。苗种繁育场远离养殖区，建设地土质和底质符合建场需要。建设地应具有国家颁发的土地使用证，符合建设用地总体规划。

2. 环境条件　水源可用地下水、河水、湖水和水库水，水源水质符合《渔业水质标准》（GB 11607—89）的规定，养殖用水应符合《无公害食品 淡水养殖用水水质》（NY 5051—2001）的要求。

3. 生产许可证　持有渔业行政主管部门颁发的苗种生产许可证。

（二）亲鱼来源、选择和培育

1. 亲鱼的来源　用于苗种生产的亲鱼应来源于国家发放生产许可证的良种场，尼罗罗非鱼亲鱼种质质量应符合《尼罗罗非鱼》（SC/T 1027—2016）的规定，奥利亚罗非鱼的形态特征和亲鱼种质性状应符合《奥利亚罗非鱼》（SC/T 1042—2016）和《奥利亚罗非鱼亲鱼》（SC/T 1045—2001）的规定。

2. 亲鱼的选择　要求体质健壮，性腺发育良好，要求雌亲鱼个体体重大于 400 g，雄亲鱼个体体重大于 450 g。亲鱼年龄为 2～4 龄。

亲鱼达性成熟后，用肉眼鉴别雌雄的方法是：雌鱼腹部从前到后分别是肛门、生殖孔和泌尿孔，雄鱼腹部是肛门、生殖突起和泄殖孔（图 3-5-1）。

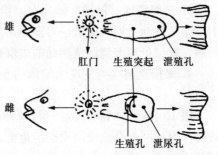

图 3-5-1　罗非鱼雌、雄生殖器外形

3. 亲鱼的培育

（1）培育池　亲鱼培育池面积 1 300～4 000 m²，水深 0.8～1.5 m，土质为壤土或砂壤土，池底淤泥≤10 cm。配备增氧机（1.5 kW）、投饵机和水泵等机械设备。

亲鱼放养前，应对池塘进行清整和药物清塘。加注河水、湖水和水库水，用 60～100 目筛绢网过滤。

(2) 亲鱼的筛选和放养 选留亲鱼应该从鱼苗培育就开始，采用专池疏放单养，避免混杂。鱼种培育阶段的放养密度为 1 000～1 500 尾/亩。个体体重达 100 g 时进行第一次筛选，选留率为 50%；个体体重达 250 g 时进行第二次筛选，选留率为 60%；个体体重达 400 g 时，进行第三次筛选，选留率为 70%。产前培育雌雄亲鱼应分塘饲养，放养密度为 600～800 尾/亩。

(3) 饲养管理 利用注水和水深调节池水温度；每隔 10～15 d 注水或换水一次；使用水质和底质改良剂、微生态制剂等调节水质。

投喂粗蛋白质含量为 30%～35% 的配合颗粒饲料，每天投喂 2～4 次，日投饵量占亲鱼体重的 1%～3%。

亲鱼培育专任管理，每天巡塘 2～3 次，观测水温、溶解氧、pH 等，做好亲鱼登记、饲养管理档案和记录。

(三) 人工繁殖技术

1. 产卵池 亲鱼产卵池以土池为宜，面积 1 300～4 000 m^2，水深 0.8～1.5 m，土质为壤土或砂壤土，池底淤泥≤10 cm。亲鱼入池前，应该对池塘进行清整和药物清塘，加注河水、湖水和水库水，用 60～100 目筛绢网过滤。

2. 亲鱼配组和并池产卵 水温达 20 ℃ 以上，可选性腺发育成熟的亲鱼，将雌性亲鱼并池自行产卵繁殖。雌鱼成熟个体生殖孔突出，微红色；雄性个体泄殖孔大而突出，轻压腹部有精液流出。

产卵池亲鱼密度 600～800 尾/亩，雌、雄亲鱼比例为 3∶1 或 5∶2。

3. 产卵管理 保持产卵池水温稳定，水质良好，环境安静。水温 22 ℃ 以上，亲鱼并池 4 周后就可以看到亲鱼发情、做窝交配和产卵现象。再过大约 1 周后，就可见到围绕雌鱼游动的成群鱼苗。

4. 采捞鱼苗 当发现池塘周边鱼苗营自由生活，尚未散群时，即可采捞鱼苗。

用 40 目筛绢网制作成三角抄捞网，或网口 100 cm×50 cm、网长 4～8 m 的袖（拖）网，沿池塘四周捕捞鱼苗。要求操作仔细、轻巧，避免鱼苗损伤。捞苗应选择在晴天的上午进行。在夜晚捞苗，可利用鱼苗的趋光习性，用灯光诱捕鱼苗。

(四) 苗种培育技术

1. 池塘培育 鱼苗培育池面积 0.07～0.27 hm^2，水深 1.2～1.5 m；鱼种培育池面积 0.13～0.53 hm^2，水深 1.5～2.5 m。要求池底平坦、为砂壤土，淤泥厚度小于 20 cm。靠近水源，注排水方便，配备增氧机。

放养鱼苗前7～10 d清塘、注水、施肥，培养天然生物饵料，鱼苗适时下塘。鱼苗放养密度为16万～20万尾/亩。

鱼苗全长1.0 cm前，可投喂鱼糜浆、水丝蚓或豆浆等；每天投喂2～3次，沿池边泼洒。鱼苗全长1.0 cm以后，可以投喂微颗粒配合饲料。

2. 网箱培育 设置网箱的水体面积≥10亩，水深≥2 m，每亩水面设置网箱200～300 m^2。网箱规格为长10 m、宽2 m、高1 m，网衣为尼龙材料，网目40目。由鼓风机充气供氧，网箱内设充气气头。每亩水面配备水车式增氧机1台（1.0～1.5 kW）。

鱼苗放养前7～10 d清塘、注水、施肥，培养天然生物饵料，放养前4～5 d设置网箱，鱼苗放养密度为6 000～8 000尾/m^2。

每天投喂轮虫和配合饲料4～5次。配合饲料为罗非鱼苗种专用饲料，蛋白质含量40%以上。每5～7 d清洗或更换网箱1次，保证水流和水交换畅通。

3. 水泥池流水培育 水泥池规格8 m×5 m×1.5 m，采用充气增氧方法。每平方米放养鱼苗3 000～4 000尾。饲养管理和喂养方法参照网箱培育方法。

（五）罗非鱼苗种的越冬

1. 越冬环境 罗非鱼可采用土池塘、大棚或温室越冬，越冬水体水温≥14 ℃。越冬池面积2～10亩，水深≥2 m。放养前清塘或消毒处理，方法参照《淡水鱼苗种池塘常规培育技术规范》(SC/T 1008—2012)。在我国北方地区，可利用地热水、工厂余热或温室加热方法越冬，水温不低于14 ℃。

2. 放养密度 越冬苗种规格要整齐，全长达3 cm以上，体质健壮，无病无伤。放养时一次放足，放养密度5.0万～6.5万尾/亩。

3. 越冬管理 视越冬水体水质情况更换新水，每次换水量为20%～30%，阴雨天可充气或增氧机增氧。水温低于18 ℃，一般不投喂饵料；水温18 ℃以上，可适当投喂蛋白质含量35%以上的配合饲料。投喂量视摄食情况而定，越冬鱼种摄食不宜过饱。

4. 鱼病防治 坚持"预防为主，防治结合"的原则。清水越冬池每10～15 d防病一次，最好结合换水，水位下降一半时用药。可用二氧化氯或溴氯海因，用量按使用说明，采用全池泼洒，用药0.5～1 h后加水至正常水位。每15 d对越冬鱼进行镜检，发现越冬鱼游动迟缓、摄食减少时，及时检查诊断治疗。渔药的使用按照《无公害食品 渔用药物使用准则》(NY 5071)、《无公害食品 渔用配合饲料安全限量》(NY 5072—2002)的要求执行。罗非鱼苗种车轮虫、水霉病、小瓜虫病等防治方法见表3-5-1。

表 3-5-1　罗非鱼苗种常见鱼病及其防治方法

鱼病名称	流行季节和条件	症状	防治方法
车轮虫病	初冬、初春、初夏，连绵阴雨	寄生于鳃、皮肤，黏液增多，局部发白，鳃丝肿胀	硫酸铜与硫酸亚铁（5∶2）合剂全池泼洒，浓度 0.7 g/m³
小瓜虫病	水温低于 18 ℃	肉眼可见体表、鳍条和鳃上布满白点状囊疱	①辣椒粉和鲜生姜各 4 g/m³；②福尔马林 1~15 mL/m³ 全池泼洒
水霉病	早春和冬季	病灶有棉絮状菌丝，病鱼体表发黑，焦躁不安	①操作过程避免鱼体受伤；②水霉净（主要成分为五倍子）全池泼洒（按说明书）
爱德华菌病	连续阴雨天，密度过大，水质老化	体色变黑，腹部膨胀，肛门发红，眼球突出，腹腔积水，肝、脾、肾有白色小颗粒，有腐臭味	①水体消毒：漂白粉 1 g/m³ 泼洒，连续用 3 d；②每千克鱼体用 10 mg 氟苯尼考拌料投喂，连用 7 d
假单胞菌病	低温天气，水质恶化	①眼球突出或浑浊发白，腹部膨胀，有腹水；②鳔腔内有土黄色脓汁贮积	①注意调节水质；②二氯异氰尿酸钠 0.3 g/m³；③氟苯尼考拌料投喂，每千克鱼体重用 10 mg，连用 7 d

第六节　怀头鲇和南方鲇的人工繁殖

（一）亲鱼的选择和培育

1. 亲鱼的来源　用于人工繁殖的亲鱼应是未经人工放养的天然水域中捕捞的亲鱼，或从上述水域采集的苗种经专门培育的亲鱼。由有关渔业行政主管部门批准的原良种场生产的亲鱼，或从上述原良种场引进的苗种经专门培育的亲鱼。不宜使用近亲繁殖的后代留作亲鱼。

2. 亲鱼的质量要求　怀头鲇符合《怀头鲇》（SC 1090—2006）的规定，南方鲇符合《南方鲇》（SC 1039—2000）的规定。亲鱼的体形、体色正常，体表光滑有黏液，体质健壮，无疾病，无伤残和畸形。

3. 雌雄鉴别　怀头鲇和南方鲇在性成熟前雌雄特征不明显。性成熟后，雌鱼腹部大而圆，生殖孔呈圆形、微红色、略凸出，胸鳍硬棘光滑。雄鱼体形狭长，生殖孔突出呈管状，胸鳍硬棘有瘤状凸起。

4. 年龄和体重　怀头鲇亲鱼应符合《怀头鲇　亲鱼、苗种》（SC/T 1095—2007）的规定。允许繁殖的最小年龄为雌鱼 5 龄，雄鱼 4 龄；允许繁殖的最大年龄为 13 龄。雌亲鱼体长应大于 85 cm，体重应大于 6 kg；雄亲鱼体长应大于 75 cm，体重应大于 4 kg。

南方鲇亲鱼应符合《南方鲇养殖技术规范 亲鱼》(SC/T 1050—2002)的规定。允许繁殖的最小年龄为雌鱼4龄，雄鱼3龄；允许繁殖的最大年龄为8龄。雌亲鱼体长应大于55 cm，体重应大于4.8 kg；雄亲鱼体长应大于35 cm，体重应大于2.7 kg。

5. 亲鱼培育

（1）培育池塘　池塘面积为1 300～4 000 m²，池塘深度为1.5～4.0 m。水源充足，注排水方便。水源水质符合《渔业水质标准》(GB 11607—89)和《无公害食品　淡水养殖用水水质》(NY 5051—2001)的规定。

（2）亲鱼放养　亲鱼产前培育一般雌雄应分池放养；产后和夏、秋季的培育一般混养，池中搭养少量鲢、鳙。亲鱼放养的适宜密度为0.5～1.0 kg/m²。

（3）培育管理　饲养怀头鲇和南方鲇亲鱼的饵料有：冰鲜或鲜活杂鱼、肉食鸡内脏等，每日傍晚投饵一次，投饵量为亲鱼体重的2%～4%。定期泼洒药物和投喂药饵，防止鱼病发生。

春季产前浅水培育（水深0.5～1.0 m）或大棚中培育，以利于池塘水温的回升。经常加注新水，刺激和促进亲鱼性腺发育成熟。夏、秋季产后培育池水深1.5～3.0 m，经常加注新水，水质要清新，投喂高质量饲料，以满足亲鱼性腺发育对营养的需要。亲鱼越冬水体有效水深1.5～3.0 m，水温保持在1.5～3.0 ℃，溶解氧充足、水质良好。

（二）催情产卵

1. 产孵设施和条件　适宜催产的季节为春末夏初，适宜催产的水温为18～28 ℃，最适水温为22～26 ℃。

孵化用水的水质应符合《渔业水质标准》(GB 11607—89)和《无公害食品　淡水养殖用水水质》(NY 5051—2001)的规定。

人工授精和产孵设施主要包括：催产亲鱼暂养水槽，搬运亲鱼鱼夹子，毛巾或布料块，盛卵用不锈钢大盆，电子秤，解剖雄鱼的解剖剪，摘取精巢的镊子，盛精巢的烧杯或小碗，滤过和挤出精液的筛绢网，着卵鱼巢，布巢用的水槽，孵化池、孵化桶或孵化环道等。

2. 成熟亲鱼的鉴选　雌亲鱼腹部膨大，卵巢轮廓明显，生殖孔呈微红色。也可通过解剖或用挖卵器取卵的方法判断性腺发育和成熟情况。

雄亲鱼生殖孔突出，轻轻挤压其腹部，有少许精液流出；精液遇水后迅速散开。

3. 亲鱼的配组　亲鱼的配组就是根据亲鱼怀卵量、产卵量、受精率、孵化率和出苗率，制订生产计划，确定催产雌亲鱼和雄亲鱼的数量。

一般体重10 kg左右的雌鱼可挤出卵1 kg左右，约4×10^5粒，一般可孵

化出水花鱼苗 $3×10^5$ 尾。

采用人工授精，雌雄亲鱼可按（4~8）∶1 配组。

4. 催产剂及其使用剂量 怀头鲇和南方鲇人工催产使用的催产剂及其剂量见表 3-6-1。

表 3-6-1　怀头鲇和南方鲇催产使用的催产剂及其剂量

注射顺序	催产剂	使用剂量
1	鱼用促黄体素释放激素类似物（促排卵素 2 号 LHRH-A₂）	1~2 μg/kg
	鱼用马来酸地欧酮（DOM）	1~2 mg/kg
2	鱼用促黄体素释放激素类似物（促排卵素 2 号 LHRH-A₂）	8~10 μg/kg
	鱼用马来酸地欧酮（DOM）	4~5 mg/kg
	鱼用绒毛膜促性腺激素（CG）	800~1 200 IU/kg

注：第 1 次与第 2 次注射的时间间隔为 12 h 左右。雄亲鱼使用的催产剂与雌亲鱼使用的相同，使用剂量为雌亲鱼使用剂量的一半。

5. 催产剂注射液配制 催产剂用 0.7% 的生理盐水配制。注射液的浓度由注射体积确定，一般每尾鱼注射体积不超过 4 mL，或以每千克亲鱼注射 0.2 mL 左右为宜。

6. 注射催产剂 使用注射器和 7 号或 8 号针头。注射部位是胸鳍基部或背部肌肉。

7. 效应时间 效应时间是指从亲鱼注射催产剂到其发情、产卵的时间间隔。效应时间长短与水温有关。第 2 次注射催产剂后，水温与效应时间的关系见表 3-6-2。

表 3-6-2　水温与效应时间的关系

水温/℃	18~19	20~21	22~23	24~25	26~27
效应时间/h	19~24	15~18	13~15	10~12	8~9

（三）人工授精

1. 亲鱼催产和暂养

（1）亲鱼的催产成熟　亲鱼的鉴选、配组、催产剂的使用见"（二）催情产卵"。

（2）亲鱼的暂养　为了捕捞操作的方便和防止亲鱼相互撕咬，注射催产剂后的亲鱼要分开暂养。一般用一个箱笼（100 cm 长、25 cm 宽、100 cm 高）装一尾亲鱼，然后把装有亲鱼的箱笼放在水槽中暂养。暂养水槽长 5~20 m、宽 105 cm、高 105 cm（宽和高与亲鱼箱笼相匹配）。暂养水槽注水深度为 20~40 cm（以淹没亲鱼为准）。暂养水槽微流水，保持适宜水温（24 ℃左右）和良好的水质，保持环境安静。

2. 人工授精操作

（1）挤出鱼卵并计数 擦干雌亲鱼体表水，将卵挤到事先擦干的盆中，立即称重计数。

（2）制备精液 解剖，取出雄鱼精巢放于烧杯或小碗中剪碎，用筛绢过滤和挤出精液。

（3）授精操作 用洁净水将精液冲入盛卵的盆中（每千克卵放入精液 1~2 mL），并迅速搅拌 1~2 min 即完成授精操作。受精卵在盆中静置 1 min 后，倒去污水；如此重复 2~3 次漂洗后，就可将卵着巢或经脱黏转入孵化器中孵化。

3. 受精卵的着巢

（1）鱼巢制作 鱼巢多选用聚乙烯多股经编网片，用 8 号钢筋焊接成长 70~80 cm、宽 40~50 cm 的框架，将聚乙烯网片缝合固定在框架上。

（2）着巢操作 在大水槽内加入清洁水，在水槽底铺放鱼巢。然后取少许受精卵缓缓放入水槽内，同时搅动水并提起和摆动鱼巢，使受精卵均匀地散落和附着在鱼巢上。如此操作，可使鱼巢正反面都附着受精卵。

4. 受精卵的脱黏

（1）滑石粉和黄泥浆的制备 取适量的滑石粉或黏土黄泥，用水浸泡、搅拌；稍静置后，将浆水倒入另一个大盆中沉淀备用。

（2）脱黏操作 取受精、漂洗后的受精卵少许，缓缓向滑石粉或黄泥浆中加入，边加入卵边搅拌，不停搅拌 10~15 min，直至卵完全分散开，以不结成块状为原则。

（四）人工孵化

1. 孵化时间 怀头鲇胚胎期的长短与水温关系密切，水温越高孵化时间越短。水温 22~24 ℃，30~36 h 孵出仔鱼。刚孵出的仔鱼，尚不能水平游泳和开口摄食，仍需在孵化池（器）中生长发育大约 30 h。

2. 着巢卵的孵化

（1）土池塘静水孵化 将带有受精卵的鱼巢悬挂在土池塘中孵化（或网箱中），并在原池中培育鱼苗，孵化池塘也是鱼苗培育池塘。池塘应提前 8~15 d 彻底清塘，加注清洁水 50~70 cm，培养饵料生物。鱼巢悬挂在水面下 20~

30 cm，放卵密度为 1 000～2 000 粒/m²。孵化期间应无敌害侵袭，要求水质良好、水温适宜。

（2）水泥池充气孵化　将带有受精卵的鱼巢放入水泥池、玻璃钢水槽等设施中进行充气和定期换水孵化。放卵密度为 30 万～40 万粒/m³。孵化期间应无敌害侵袭，要求水质良好、水温适宜。

（3）流水孵化　将带有受精卵的鱼巢放入孵化桶（缸）、孵化环道等孵化器中进行流水孵化，放卵密度为 50 万粒/m³。孵化期间应无敌害侵袭，要求水质良好、水温适宜。

3. 脱黏卵的孵化　采用人工授精方法获得并经过脱黏处理的受精卵，可采用孵化桶（缸）流水孵化。此法的孵化效率很高，卵的投放密度可达 60 万～80 万粒/m³。孵化期间应无敌害侵袭，要求水质良好、水温适宜。

为了提高孵化率，在未受精卵浑浊、发白和密度下降时，将卵全部接出，通过漂洗法清除未受精卵，然后再将受精卵移回孵化桶继续孵化。

（五）水花出苗和过数

1. 水花鱼苗　水花鱼苗是指孵出仔鱼发育至能上浮和水平游泳、能开口摄食、卵黄囊尚未完全消失的仔鱼。

2. 出苗过数　将孵化池（器）中的仔鱼带水通过管道放入出苗池设置的网箱中。

水花鱼苗的过数，一般采用容量法，即将水花鱼苗移入小网箱，尽可能把水漏出，然后用适当容器（小碗或烧杯等）过数，即抽样（尾/mL）再用容器（mL）过数。怀头鲇水花鱼苗 200～220 尾/mL。

第七节　黄颡鱼和瓦氏黄颡鱼的人工繁殖

（一）亲鱼的来源、选择和培育

1. 亲鱼的来源　用于人工繁殖的亲鱼应是原产地未经人工放养的天然水域中捕捞的亲鱼，或从上述水域采集的苗种经专门培育的亲鱼。由有关渔业行政主管部门批准的原良种场生产的亲鱼，或从上述原良种场引进的苗种经专门培育的亲鱼。不宜使用近亲繁殖的后代留作亲鱼。

2. 亲鱼的质量要求　黄颡鱼亲鱼质量应符合《黄颡鱼》（SC 1070—2004）的规定。亲鱼的体形、体色正常，体表光滑有黏液，体质健壮，无疾病、无伤残和畸形。

3. 雌雄鉴别和繁殖期特征　在性成熟前雌雄特征不明显。性成熟后，在繁殖季节雌鱼腹部大而圆、有弹性，卵巢轮廓明显，生殖孔呈圆形、微红色、略凸出，胸鳍硬棘光滑。雄鱼体形狭长、头部宽大，生殖乳突（长4~5 mm）游离呈锥管状，生殖孔呈微红色。

4. 年龄和体重　黄颡鱼亲鱼应符合《黄颡鱼　亲鱼和苗种》（SC/T 1124—2015）的规定。允许繁殖的最小年龄雌鱼、雄鱼都为2龄；允许繁殖的最大年龄雌、雄亲鱼都为5龄。雌亲鱼体长应大于15 cm，体重应大于75 g；雄亲鱼体长应大于20 cm，体重应大于125 g。

5. 亲鱼培育池塘　池塘面积为2 000~5 000 m²，池塘深度为1.5~3.5 m。水源充足，注排水方便。水源水质符合《渔业水质标准》（GB 11607—89）和《无公害食品　淡水养殖用水水质》（NY 5051—2001）的规定。

6. 亲鱼的放养　亲鱼产前培育一般雌雄应分池放养；产后和夏、秋季的培育一般混养，池中搭养少量鲢、鳙夏花鱼种。亲鱼放养适宜密度为2 000~3 000尾/亩（0.3~0.5 kg/m²）。

7. 培育管理

（1）饵料及其投喂　投喂蛋白质占40%、脂肪占7%的配合饲料（膨化浮性颗粒饲料），每日傍晚投饵一次，投饵量为亲鱼体重的1.0%~2.5%。每隔20~30 d增加投喂一次动物性饵料（冰鲜或鲜活小杂鱼）。雌亲鱼性情温和，胆小，争食力弱，可适当延长投饵时间，增加投饵面积和数量。

（2）水温、水质调控　春季产前浅水培育（水深0.5~1.0 m）或大棚中培育，以利于池塘水温的回升。经常加注新水，刺激和促进亲鱼性腺发育成熟。夏、秋季产后培育池水深1.5~3.0 m，经常加注新水，水质要清新。亲鱼越冬水体有效水深1.5~3.0 m，水温保持在1.5~3.0 ℃，溶解氧充足、水质良好。

（3）鱼病防治　定期有针对性地泼洒防病药物和投喂药饵，防止鱼病发生。

（二）催情产卵

1. 催产季节、水温和水质　黄颡鱼在春末夏初性腺发育成熟和产卵繁殖，适宜催产的水温为22~28 ℃，最适水温为24~26 ℃。催产孵化用水的水质应符合《渔业水质标准》（GB 11607—89）和《无公害食品　淡水养殖用水水质》（NY 5051—2001）的规定。

2. 产孵设施

（1）亲鱼产卵池或暂养水槽　采取自行产卵方式需配备产卵池。产卵池一般选用正方形、长方形或圆形的水泥池，面积为 20～100 m²，水深为 50～100 cm。要求池底和内壁光滑，注排水方便，不渗漏，应设充气增氧装置。产卵池在使用前用 1～2 mg/L 的二氧化氯浸泡消毒。采用人工授精方法需配备暂养池或水槽。

（2）人工授精操作使用的工具　搬运亲鱼的鱼夹子，毛巾或布料块，盛卵用不锈钢大盆，电子秤，解剖雄鱼的解剖剪，摘取精巢的镊子，盛精巢的烧杯或小碗，滤过和挤出精液的筛绢网，着卵鱼巢，布巢用的水槽。

（3）孵化设施　孵化池、孵化桶或孵化环道等。

3. 成熟亲鱼的鉴选　亲鱼性腺发育成熟时，摄食量明显减少或停止摄食，亲鱼有相互追逐现象。

雌亲鱼腹部膨大，卵巢轮廓明显，生殖孔呈微红色。也可通过解剖的方法判断性腺发育和成熟情况。

雄亲鱼生殖孔突出，轻轻挤压其腹部，有少许精液流出；精液遇水后迅速散开。

4. 亲鱼的配组　亲鱼的配组就是根据亲鱼怀卵量、产卵量、受精率、孵化率和出苗率，制订生产计划，确定催产雌亲鱼和雄亲鱼的数量。

一般体重 100 g 左右的雌鱼可产出卵 8 000 粒左右，一般可孵化出水花鱼苗 6 000 尾。采用自行产卵方式，雌、雄亲鱼配比为（4～5）∶1。采用人工授精方式，雌、雄亲鱼可按（8～10）∶1 配组。

5. 催产剂及其使用剂量　黄颡鱼人工催产使用的催产剂及其剂量见表 3-7-1。

表 3-7-1　黄颡鱼人工催产使用的催产剂及其剂量

注射次数	催产剂	使用剂量
1	鱼用促黄体素释放激素类似物（促排卵素 2 号 LHRH-A₂）	1～2 μg/kg
	鱼用马来酸地欧酮（DOM）	1～2 mg/kg
2	鱼用促黄体素释放激素类似物（促排卵素 2 号 LHRH-A₂）	8～10 μg/kg
	鱼用马来酸地欧酮（DOM）	4～5 mg/kg
	鱼用绒毛膜促性腺激素（CG）	1 000～2 000 IU/kg

注：第 1 次与第 2 次注射的时间间隔为 12 h 左右。雄亲鱼使用的催产剂与雌亲鱼使用的相同，使用剂量为雌亲鱼使用剂量的一半。

6. 催产剂注射液配制 催产剂用 0.7% 的生理盐水配制成浓度适宜的注射液，一般以每尾亲鱼注射 0.5 mL 左右为适宜。

7. 注射催产剂 使用注射器和 7 号或 8 号针头。注射部位是胸鳍基部或背部肌肉。

8. 效应时间 效应时间是指从亲鱼注射催产剂到其发情、产卵的时间间隔。效应时间长短与水温有关。第 2 次注射催产剂后，水温与效应时间的关系见表 3-7-2。

表 3-7-2 水温与效应时间的关系

水温/℃	22~23	24~25	26~27
效应时间/h	20~24	15~18	12~14

（三）自行产卵

在自然条件下，黄颡鱼产卵繁殖是在春末夏初，一般是在涨水季节，水温为 24~28 ℃。在有草根、树根的地方，雄鱼用胸鳍在水底清扫杂质污泥，露出草根或树根，形成一个浅碟形鱼窝（深度 10 cm 左右，直径为 30~40 cm）。雄鱼在此守候，吸引雌鱼前来产卵。自由配对，在巢内草根或树根上产卵、排精。全部产卵过程持续几个小时。

1. 产卵池准备 黄颡鱼产卵对环境条件要求不严格，在静水或流水环境均能产卵繁殖。土池塘产卵，面积为 1 300~3 300 m^2，水深 0.7~1.1 m。要求池底平坦，砂壤土质，淤泥较少；水源充足，排灌方便；可配叶轮式增氧机一台；放养亲鱼前彻底清塘。

水泥池产卵，面积为 20~100 m^2，水深 0.5~0.8 m。要求不渗漏，池底和内壁光滑；水源充足，注排水迅速和方便；配备增氧和充气设备。使用前用 1~2 mg/L 的二氧化氯浸泡消毒。

2. 产卵窝（巢）的设置 黄颡鱼产卵需要产卵窝（巢）。在土池塘产卵，可选择木桶、胶皮桶、铁桶等作为产卵窝；在池底每隔 4~5 m 摆放一个桶，用竹竿固定。在水泥池中产卵，用八块砖摆成长方形的产卵窝，在窝里摆放一片同等尺寸的棕榈树皮鱼巢。

3. 雌雄亲鱼并池产卵 亲鱼注射催产剂后，按产卵窝数量放入亲鱼，雌、雄亲鱼比例为 (4~5)∶1。保持环境安静和水温稳定。可向产卵池中加注新水（冲水）或充氧，保证产卵池的溶解氧和水质良好。水温为 24~26 ℃，效应时间为 14~16 h。

4. 卵的收集 黄颡鱼产卵大多是在凌晨和上午，为分批产卵，产卵时间可持续几个小时。亲鱼产卵后，应及时将附着卵的鱼巢收取，计数后移送至孵化池孵化。

（四）人工授精

黄颡鱼和瓦氏黄颡鱼的人工授精方法，包括亲鱼鉴选、配组、注射催产剂、亲鱼的暂养、人工授精操作和脱黏操作等，可参照鲇的人工授精方法进行。

（五）人工孵化

1. 孵化时间 黄颡鱼受精卵孵化时间的长短与水温关系密切，水温越高孵化时间越短。水温为 24~26 ℃，在 40~50 h 孵出仔鱼。刚孵出的仔鱼，尚不能水平游泳和开口摄食，仍需在孵化池（器）中生长发育大约 30 h。

2. 着巢卵的孵化

（1）土池塘静水孵化 将带有受精卵的鱼巢悬挂在土池塘中（或网箱中）孵化，并在原池中培育鱼苗，孵化池塘也是鱼苗培育池塘。池塘应提前 8~15 d 彻底清塘，加注清洁水 50~70 cm，培养饵料生物。鱼巢悬挂在水面下 20~30 cm，放卵密度为 1 000~2 000 粒/m²。孵化期间应无敌害侵袭，要求水质良好、水温适宜。

（2）水泥池充气孵化 将带有受精卵的鱼巢放入水泥池、玻璃钢水槽等设施中进行充气和定期换水孵化。放卵密度为 20 万~30 万粒/m³。孵化期间应无敌害侵袭，要求水质良好、水温适宜。

（3）流水孵化 将带有受精卵的鱼巢放入孵化桶（缸）、孵化环道等孵化器中进行流水孵化，放卵密度为 50 万粒/m³。孵化期间应无敌害侵袭，要求水质良好、水温适宜。

3. 脱黏卵的孵化 采用人工授精方法获得并经过脱黏处理的受精卵，可采用孵化桶（缸）流水孵化。此法的孵化效率很高，卵的投放密度可达 50 万~60 万粒/m³。孵化期间应无敌害侵袭，要求水质良好、水温适宜。

为了提高孵化率，在未受精卵浑浊、发白和密度下降时，将卵全部接出，通过漂洗法清除未受精卵，然后再将受精卵移回孵化桶继续孵化。

（六）水花出苗和过数

1. 水花鱼苗 水花鱼苗是指孵出仔鱼发育至能水平游泳，口张开、能摄食，卵黄囊尚未完全消失的仔鱼。

2. 出苗过数 将孵化池（器）中的仔鱼带水通过管道进入出苗池设置的

网箱中。

水花鱼苗的过数，一般采用容量法，即将水花鱼苗移入小网箱，尽可能把水漏出，然后用适当容器（小碗或烧杯等）过数，即抽样（尾/mL）再用容器（mL）过数。黄颡鱼水花鱼苗为200~220尾/mL。

第八节　泥鳅和大鳞副泥鳅的人工繁殖

（一）亲鱼的来源、选择和培育

1. 亲鱼的来源　用于人工繁殖的亲鱼应是未经人工放养的天然水域中捕捞的亲鱼，或从上述水域采集的苗种经专门培育的亲鱼。由有关渔业行政主管部门批准的原良种场生产的亲鱼，或从上述原良种场引进的苗种经专门培育的亲鱼。不宜使用近亲繁殖的后代留作亲鱼。

2. 亲鱼的质量要求　泥鳅种质质量应符合《泥鳅》（SC 1104—2007）的规定。亲鱼的体形、体色正常，体表光滑有黏液，体质健壮，无疾病，无伤残和畸形。大鳞副泥鳅与泥鳅形态特征的主要区别见表3-8-1。

表3-8-1　大鳞副泥鳅与泥鳅形态特征的主要区别

区　别	泥　鳅	大鳞副泥鳅
体形	身体细长，尾柄皮褶有较小的棱起	体较粗短，尾柄皮褶棱肥大，与尾鳍相连
口须	口须较短，末端后伸仅达或稍超过眼后缘	口须较长，接近或超过前鳃盖骨后缘
鳞	鳞片小，侧线鳞多于130枚	鳞片较大，侧线鳞少于110枚

3. 雌、雄鉴别　泥鳅和大鳞副泥鳅在性成熟前雌、雄特征不明显。性成熟后，在繁殖期雌鱼体形粗壮，生殖孔呈圆形、微红色、略凸出；胸鳍前端圆钝呈扇形展开；腹部圆而肥大，颜色鲜艳，产过卵腹鳍上方有白斑伤痕。雄鱼体形狭长，背鳍较小，两侧有肉质突起；胸鳍狭长，前端尖、上翘，基部有小型薄骨板；雄鱼头顶部和两侧有许多珠星，有时臀鳍附近的体侧亦有。

4. 年龄和体重　泥鳅和大鳞副泥鳅的性成熟年龄，雌鱼为1~2龄，雄鱼为1龄。一年多次成熟，分批产卵；产出的卵呈黏性。在辽宁地区，泥鳅的产卵盛期是5~6月和8月。开始产卵水温为18~20℃，最适水温为24~26℃。体长8~20 cm，怀卵量2万~2.4万粒；体长大于20 cm，怀卵量大于 3 万粒。

泥鳅亲鱼应选择 2 龄以上，要求雌亲鱼体重≥20 g，雄亲鱼体重≥12 g。大鳞副泥鳅亲鱼选择 2 龄以上，雌亲鱼体重≥40 g，雄亲鱼体重≥20 g。

5. 亲鱼培育

（1）培育池塘　池塘面积为 1 000～4 000 m^2，池塘深 1.0～1.5 m。水源充足，注排水方便。水源水质符合《渔业水质标准》(GB 11607—89) 和《无公害食品　淡水养殖用水水质》(NY 5051—2001) 的规定。

（2）亲鱼放养　亲鱼产前培育一般雌、雄应分池放养；产后和夏、秋季的培育一般混养，池中少量搭养鲢、鳙。亲鱼培育密度以每 667 m^2 放养 300～400 kg 为适宜。亲鱼放养时用 30 mg/L 聚维酮碘（有效碘 1.0%）浸洗 5～15 min 或用 3%～4% 的食盐水浸浴 5～10 min。

（3）培育管理　饲养泥鳅亲鱼的饵料应是配合饲料，粗蛋白质含量≥40%，粗脂肪含量≥6%，维生素 C 含量≥100 mg/kg，维生素 E 含量≥300 mg/kg。每日投饵两次，日投饵量为亲鱼体重的 2%～4%。还可定期投喂新鲜鱼糜饵料，以促进泥鳅性腺发育。定期泼洒药物和投喂药饵，防止鱼病发生。

春季产前浅水培育（水深 0.5～1.0 m）或大棚中培育，以利于池塘水温的回升。经常加注新水，刺激和促进亲鱼性腺发育成熟。夏、秋季产后培育池水深 1.0～1.5 m，经常加注新水，水质要清新，投喂高质量饲料，以满足亲鱼性腺发育对营养的需要。我国北方地区，采用冷棚越冬，水温保持在 1.5～3.0 ℃，溶解氧充足、水质良好。

（二）催情产卵

1. 成熟亲鱼的鉴选　亲鱼性腺发育成熟时，摄食量明显减少或停止摄食，亲鱼有相互追逐现象。

雌亲鱼腹部膨大、柔软，卵巢轮廓明显，生殖孔呈微红色。轻压雄亲鱼腹部，有精液流出；精液遇水后迅速散开。

2. 亲鱼配组　根据亲鱼怀卵量、产卵量、受精率、孵化率和预计生产鱼苗数量，确定催产雌亲鱼和雄亲鱼的数量。体重 20 g 左右的雌鱼可产卵 4 000～5 000 粒，孵化鱼苗 3 000 尾左右。

泥鳅自行产卵时，雌、雄亲鱼可按 1∶(1.2～1.5) 配组；采用人工授精，雌、雄亲鱼可按 (7～8)∶1 配组。

3. 催产剂及其使用剂量　泥鳅催产使用的催产剂及其剂量见表 3-8-2。

养殖鱼类人工繁殖技术　第三章

表 3-8-2　泥鳅催产使用的催产剂及其剂量

催产剂	使用剂量
鱼用促黄体素释放激素类似物（促排卵素 2 号 LHRH-A_2）	8～10 μg/kg
鱼用马来酸地欧酮（DOM）	4～5 mg/kg
鱼用绒毛膜促性腺激素（CG）	600～1 000 IU/kg

注：使用剂量为每千克雌亲鱼体重所需催产剂量；雄亲鱼使用的催产剂与雌亲鱼使用的相同，使用剂量为雌亲鱼使用剂量的一半。

4. 催产剂注射液配制　催产剂注射液用 0.7% 的生理盐水配制，以每尾亲鱼注射 0.1～0.2 mL 为宜。催产剂剂量（μg/kg）×亲鱼总重量（kg）＝催产剂总量；亲鱼总重量（kg）÷平均尾重（g/尾）＝亲鱼总尾数；亲鱼总尾数×(0.1～0.2 mL/尾)＝注射液总量（mL）。

5. 注射催产剂　使用注射器和 7 号或 8 号针头。注射部位是背部肌肉。

6. 效应时间　效应时间是指从亲鱼注射催产剂到其发情、产卵的时间间隔。效应时间长短与水温有关。水温与效应时间的关系见表 3-8-3。

表 3-8-3　水温与效应时间的关系

水温/℃	20～21	22～23	24～25	26～27
效应时间/h	16～18	13～15	10～12	8～10

（三）自行产卵

1. 产卵池准备　泥鳅亲鱼产卵池一般为水泥池，面积为 20～100 m^2，水深 70～100 cm。要求池底和内壁光滑，注排水方便，不渗漏，应设充气增氧装置。产卵池在使用前用 1～2 mg/L 的二氧化氯浸泡消毒。

2. 亲鱼网箱和接卵网箱　为了操作方便和防止亲鱼吞食鱼卵，要把亲鱼放在产卵网箱（20 目尼龙筛绢网片）中，产出卵可漏出网箱落入产卵池内。产卵网箱亲鱼密度为 100～200 尾/m^2。

在产卵池底铺设鱼巢，产出卵可落在和黏附在鱼巢上。泥鳅产出的卵黏性较差，直接落到池底的卵也容易收取。为了方便操作，可采用 60～80 目尼龙筛绢网箱接卵。

3. 雌雄亲鱼并池产卵　当季节和水温适宜时，即可将成熟亲鱼进行人工催产，注射催产剂后，将雌、雄亲鱼按 1∶(1.2～1.5) 的比例放入产卵池的产卵箱内，适宜密度为 100～200 尾/m^2。

4. 产卵管理　亲鱼放入产卵池后，要保持环境安静，保持水温稳定。泥鳅产卵时间一般在半夜至次日清晨，要在亲鱼发情前 2 h，向产卵池加注新水（冲水），保持良好的水质，以利于亲鱼的发情产卵。

5. 收卵计数和卵质量鉴别 采用称重法计数（粒/g）。

质量较好的卵：卵粒大而饱满、均匀、有光泽，颜色深，呈橘黄色，黏性较强。在光学显微镜下观察，卵粒均匀、饱满，卵膜平整，细胞分裂均匀规整。

（四）人工授精

1. 使用工具 解剖雄鱼使用的解剖剪，摘取精巢使用的镊子，装精巢的搪瓷小碗或烧杯，过滤和挤出精液的筛绢网（100～150 目）。

抓亲鱼使用的手套、毛巾，装卵的搪瓷小盆或不锈钢小盆，人工授精使用的不锈钢大盆，称卵计数用的电子秤。

2. 人工授精操作

（1）摘取精巢和精液制备 用解剖剪将雄亲鱼腹部剪开，用镊子迅速将精巢取出，擦干组织液和水分后，放入干净的小碗或烧杯中。再用干净的解剖剪将精巢剪碎，倒入筛绢网中，挤压过滤出精液。

（2）人工挤卵 用一只手戴手套抓住雌亲鱼，擦干鱼体水分，另一只手轻轻挤压亲鱼腹部，将鱼卵挤到干净的搪瓷小盆或不锈钢小盆中。用电子秤称重（去皮）计数。

（3）授精操作 将盛卵小盆放在较大盆中，用洁净水将过滤挤压出的精液冲入盛卵的大盆中，迅速搅拌；持续搅拌 1～2 min 完成授精。静置 1～2 min 后，倒去污水；重复 2～3 次漂洗后，即可将卵着巢或经脱黏转入孵化器中孵化。

3. 受精卵着巢 在大塑料槽内加入清洁水，槽底铺放鱼巢。将少许受精卵缓缓置于水槽内，同时搅动水，提起鱼巢，可正反面反复操作，使受精卵均匀地散落和附着在鱼巢上。

4. 受精卵的脱黏

（1）滑石粉或黄泥浆的制备 取适量滑石粉或黏土黄泥，用水浸泡、搅拌；稍静置后，把浆水倒入另一个大盆中沉淀备用。

（2）脱黏操作 取受精卵少许，缓缓向黄泥浆中加入，边加入边搅拌，不停搅拌 10～15 min，使卵粒完全分散开。用清水反复冲洗去除泥浆后，将受精卵移入孵化器中孵化。

（五）人工孵化

1. 孵化框静水充气孵化

（1）孵化池 水泥池面积为 20～100 m^2，水深 50～70 cm。水源充足，水质良好，注排水方便，水流无死角。配备充气增氧设备。

（2）孵化框　木板框，长 80～100 cm，宽 50～100 cm，高 12～15 cm，框底为 80 目筛绢网。孵化框悬浮在孵化池水面，用绳索拴系于池边。

（3）孵化密度　每个孵化框放受精卵 2 万～3 万粒，即 4 万～6 万粒/m²。

（4）孵化管理　孵化期间避免阳光直射，保持水温稳定，适宜水温为 24～26 ℃；保持水质良好，连续不间断充气增氧。及时剔除死卵，适当加注新水和换水。受精 6～8 h 统计受精率，孵出仔鱼（24～30 h）统计孵化率，仔鱼水平游泳时（孵出仔鱼约 30 h）统计出苗率。

（5）仔鱼暂养　开口仔鱼可在孵化框中或网箱中暂养 1～2 d 后下塘饲养。暂养期间，投喂轮虫、益生菌、鸡蛋黄等饵料。少量多次投喂，保持水质良好。

2. 孵化桶流水孵化

（1）孵化桶　脱黏的受精卵可采用孵化桶（缸）流水孵化。要求水流均匀、水流无死角；封闭好，不漏卵、不漏苗；调节水流、放卵、出苗等操作方便。

（2）孵化密度　孵化桶每立方米水体可放卵 80 万～100 万粒。

（3）孵化管理　孵化期间避免阳光直射，保持水温稳定，适宜水温为 24～26 ℃；保持水质良好。及时洗刷网罩和漂洗剔除死卵。受精 6～8 h 统计受精率，孵出仔鱼（24～30 h）统计孵化率，仔鱼水平游泳时（孵出仔鱼约 30 h）统计出苗率。

（4）仔鱼暂养　开口仔鱼及时移至网箱中，暂养 1～2 d 后下塘饲养。暂养期间，投喂轮虫、益生菌、鸡蛋黄等饵料。少量多次投喂，保持水质良好。

（六）水花出苗和过数

1. 水花鱼苗　水花鱼苗是指孵出仔鱼发育至鳔充气、能水平游泳，口张开、能摄食，卵黄囊尚未完全消失的仔鱼。

2. 出苗过数　水花出苗方法是将孵化池（器）中的仔鱼带水通过管道进入出苗池设置的网箱中。

水花鱼苗的过数，一般采用容量法，即将水花鱼苗移入小网箱，尽可能把水漏出，然后用适当容器（小碗或烧杯等）过数，即抽样（尾/mL）再用容器（mL）过数。泥鳅水花 480～520 尾/mL。

第九节　施氏鲟的人工繁殖

（一）亲鱼的来源和选择

1. 亲鱼的来源　用于人工繁殖的亲鱼应是原产地未经人工放养的天然水域

中捕捞的亲鱼，或从上述水域采集的苗种经专门培育的亲鱼。或来源于国家渔业行政主管部门批准的原种场或良种场。不宜使用近亲繁殖的后代留作亲鱼。

2. 亲鱼的选择

（1）亲鱼种质标准　施氏鲟亲鱼种质质量应符合《施氏鲟》（SC/T 1117—2014）的规定。亲鱼的体形、体色正常，体表光滑有黏液，体质健壮，无疾病，无伤残和畸形。

（2）亲鱼年龄和体重。自性成熟到衰老前，施氏鲟怀卵量随年龄和体重的增加而增加，不同年龄组个体怀卵量情况见表3-9-1。

表3-9-1　施氏鲟不同年龄组亲鱼的怀卵量

亲鱼年龄/龄	体长/cm	体重/kg	绝对怀卵量/($\times 10^4$)
20～35（野生）	142～182	12.5～43.0	10.2～44.0
9～13（养殖）	98～156	13.8～28.0	11.0～26.6

注：绝对怀卵量指卵巢中第Ⅳ期卵母细胞的数量。

施氏鲟允许繁殖用亲鱼的最小年龄和最小体重见表3-9-2。

表3-9-2　允许繁殖用施氏鲟亲鱼的最小年龄和最小体重

亲鱼性别	成熟年龄/龄	允许繁殖的最小年龄/龄	允许繁殖的最小体重/kg
雌（♀）	7	8	10
雄（♂）	4	5	5.5

（二）亲鱼培育

1. 亲鱼培育池　亲鱼培育池应为流水或微流水池塘，面积为200～500 m²，池深1.5～2.0 m。圆形水泥池，直径为7～8 m，池深1.5～1.8 m；池底为锅底形，比坡为1∶20，池底中央为排水口，池上、池壁注水。

2. 水源和水质　水源充足，具有独立的注排水系统。水源水质符合《渔业水质标准》（GB 11607—89）和《无公害食品　淡水养殖用水水质》（NY 5051—2001）的规定。水源水温为4～30℃，繁殖期水温为12～18℃，溶解氧应在5.0 mg/L以上。

3. 亲鱼的放养　亲鱼应专池培育，每口池塘放养亲鱼8～20尾。繁殖季节雌、雄亲鱼分池饲养，非繁殖季节可以混养。

4. 培育管理

（1）饲料及投喂　饲养鲟鱼亲鱼应使用配合饲料，粗蛋白质≥40.0%、粗脂肪 6.0%～8.0%、粗纤维≤4.0%、粗灰分≤14.0%、钙 0.5%～1.5%、总磷 0.6%～2.0%、食盐 0.5%～3.0%、赖氨酸≥1.5%、水分≤12.0%。产前培育增加投喂鲜活饵料，如鱼、虾、螺、蚌等。

水温 5～10 ℃，每日投喂 1 次，投饵量为亲鱼体重的 0.2%～0.5%。水温 10 ℃以上，每天早晚各投喂一次，日投饵量为亲鱼体重的 0.5%～1.0%。

（2）水温调节　初产亲鱼专池培育，越冬期水温小于 10 ℃。经产亲鱼在产卵前也要有 1 个月左右的低温（低于 10 ℃）刺激。

（3）水质调控　产前培育雌、雄亲鱼分池饲养。产前加大池水交换量和水流刺激，培育池水每小时交换一次。非繁殖季节，培育池水每 3 h 交换一次。

（4）亲鱼档案和管理日志　将亲鱼做好标记，建立档案，包括亲鱼的来源、年龄、性成熟时间、产卵次数和时间、产出卵的数量和质量、受精率、孵化率等。

每日巡塘 2～3 次，记录水温、水质指标，观察亲鱼活动和摄食情况，做好饲养记录。

（三）催产和人工授精

1. 繁殖环境　施氏鲟的繁殖季节因饲养地区不同而有差异，黑龙江地区与北京、河北地区的繁殖季节存在差异（表 3-9-3）。

表 3-9-3　不同地区施氏鲟的繁殖季节

地　区	繁殖季节	最适繁殖季节
黑龙江地区	5月上旬至6月中旬	5月中旬至6月上旬
北京、河北地区	4月上旬至5月下旬	4月中旬至5月上旬

施氏鲟的繁殖水温为 12～20 ℃，最适水温为 16～18 ℃。

繁殖用水水质符合《渔业水质标准》(GB 11607—89) 和《无公害食品淡水养殖用水水质》(NY 5051—2001) 的规定。

2. 成熟亲鱼鉴选　繁殖用亲鱼符合上文中亲鱼的选择条件，亲鱼的体形、体色正常，体表光滑有黏液，体质健壮，无疾病，无伤残和畸形。

繁殖期雌亲鱼胸腹部浑圆，柔软而有弹性，腹部肌肉较薄、凹陷，生殖孔红润外突。也可用挖卵器挖出卵检查成熟情况。雄亲鱼生殖孔紧缩不外突，轻压腹部有乳白色精液流出。

催产雌、雄亲鱼按（2～3）∶1 的比例配组。

3. 催情产卵

(1) 催产剂种类　催产剂使用鲤脑垂体、鲟脑垂体、鱼用促性腺素释放激素类似物（LHRH-A_2 或 LHRH-A_3）、马来酸地欧酮（DOM）和鱼用绒毛膜促性腺激素（CG）等。

(2) 催产剂使用剂量　使用的催产剂及其剂量可按表3-9-4中任选一种方法。

表3-9-4　施氏鲟催产使用的催产剂及其剂量

亲鱼	使用方法	使用催产剂	使用剂量
雌亲鱼	1	促性腺素释放激素类似物（LHRH-A_2 或 LHRH-A_3）	10~15 μg/kg
		马来酸地欧酮（DOM）	4~5 mg/kg
	2	促性腺素释放激素类似物（LHRH-A_2 或 LHRH-A_3）	20~30 μg/kg
		鲟脑垂体（PG）	8~12 mg/kg
	3	鲟脑垂体（PG）	10~15 mg/kg
		鲤脑垂体（PG）	6~10 mg/kg

注：雄亲鱼催产方法和使用催产剂与雌亲鱼相同，使用剂量为雌亲鱼剂量的1/2。

(3) 催产剂配制和注射方法　催产剂使用0.7%的生理盐水配制，以每尾亲鱼注射≤4 mL为原则。胸鳍基部和背部肌内注射。

采用一次或两次注射方法。若两次注射，第一次只注射全剂量的1/8~1/10，相隔10~12 h注射全部余量。

4. 人工授精

(1) 亲鱼暂养　催产注射后亲鱼放入暂养池。暂养池面积为20~50 m²，水深80~100 cm，要求池底清洁，水质清新，透明度高，环境安静，避光。暂养池使用前要进行消毒处理。每池暂养亲鱼3~4尾。暂养期间，模拟自然流水环境，发情前加大水流速度刺激，促进亲鱼排卵。

(2) 亲鱼排卵和排精　亲鱼催产后16~20 h开始发情，主要表现是逆水游泳速度加快。这时如轻压腹部有少量卵粒流出，即可实施人工取卵。

(3) 取卵　雌鱼在注射催产剂后18 h左右进入排卵期，应每隔0.5 h检查一次排卵情况，以防止排卵时间长，鱼卵失去受精能力。如果有少量卵粒从生殖孔流出，且比较分散，说明卵已经成熟，就可以进行人工采卵了。

将雌亲鱼放在简易手术台上，提高尾部，用手捂住生殖孔，防止卵粒流出。擦干鱼体腹部水分，把鱼体腹部朝上放平，用力挤压亲鱼腹部，在生殖孔下方用干净大盆收集挤出的鱼卵。

反复挤压鱼体腹部，当很难挤出鱼卵时，可采取活体手术取卵法取卵。用手术刀在生殖孔偏前方 3 cm 处开一个 5 cm 左右的创口，创口深度要求将鱼体肌肉割开、有体腔液冒出即可。

同样采用由前向后的方法将卵从创口处挤出。挤压腹部时，若卵巢从创口被挤出，说明体内组织液较少，可将卵巢送回体内，抖动鱼体使卵巢复位；也可用大注射器向鱼体内注射 0.8% 的生理盐水，然后再由前向后挤压鱼体腹部，用力挤出鱼卵。当鱼体腹部塌瘪，挤不出卵时，应停止挤卵。解剖挤卵操作如图 3-9-1 所示。

图 3-9-1　鲟的解剖挤卵

（4）采精液　将雄亲鱼放在操作台上，把鱼体腹部水分擦干。将鱼体侧放，用力挤压腹部，挤出精液，在生殖孔前方用干燥洁净的容器（不锈钢小盆）承接。精液可存放在 0~2 ℃ 的保温箱内密封暂时保存，也可立即与卵混合完成受精。一尾雄亲鱼可重复采取精液，第二次采精液应在第一次采精 1~2 h 后进行。

（5）授精　取卵和采精液应同时进行，最好是立即将精液与卵混合，迅速加入洁净水完成授精。精液、卵、水的适宜比例为 1∶100∶200，先将精液与卵混合搅拌均匀，然后加入洁净水，不停搅拌 2.0~3.0 min 即完成授精。受精卵经过 2 次清水漂洗后，应立即进行脱黏处理。

（6）受精卵脱黏　配制 20%~30% 滑石粉悬浊液，将受精卵与滑石粉悬浊液混合，不停搅 20~30 min，再经漂洗后即可移至孵化器中孵化。受精卵与滑石粉（悬浊液沉淀后）的比例为 1∶（2~3），加入少量水搅拌。脱黏过程可采取人工手动搅拌，也可用脱黏器搅拌。见图 3-9-2。

（7）产后亲鱼处理　取卵完毕后，用专用缝合线对创口进行缝合。缝合完毕后，用碘酒对创口进行消毒。产后雌、雄亲鱼都要注射抗生素或磺胺类药物，防止鱼体感染。产后亲鱼放清水池中精心饲养，40~60 d 亲鱼可恢复正常。

图3-9-2 鲟的受精卵的脱黏

(四) 人工孵化

施氏鲟受精卵卵径约为2.0 mm，沉黏性卵，每千克4万粒左右。采用流水孵化，孵化水温为16～24 ℃，适宜水温为19～22 ℃。孵化水温为17 ℃时，大约105 h孵出仔鱼；水温为21.5 ℃时，约81 h孵出仔鱼。

1. 孵化器 用于鲟受精卵孵化的孵化器多种多样，主要有孵化桶、阿特金式孵化器、平列槽、淋水式孵化器、鲟鱼1号孵化器、锥瓶式孵化器和孵化网箱等。

(1) 淋水式孵化器 淋水式孵化器又称尤先科孵化器。孵化器包括支架、水槽、盛卵槽、供水喷头、排水导管、拨卵器和自动翻斗等。1个水槽中有3～4个独立的盛卵槽，一个长、宽、高为50 cm×50 cm×20 cm的盛卵槽，可放受精卵5万～10万粒。孵化器的底部与水槽之间有波浪形的桨叶拨卵器。见图3-9-3。

图3-9-3 淋水式孵化器及其工作示意

(2) 锥瓶式孵化器 这种孵化器与脱黏器结构相似。孵化器为圆锥体，有机玻璃材料。直径为25～30 cm，高75～80 cm，瓶底为圆锥形。注水管直径为 2~3 cm，直通瓶底，由阀门控制进水量和水流。这种锥瓶式孵化器可放卵 20 万~30 万粒。

2. 孵化管理

（1）水源水质和水量　孵化用水水质符合《渔业水质标准》(GB 11607—89)。进入孵化器的水要经过 0.25 mm 孔的筛绢网过滤，水质清澈，水温稳定。

（2）孵化管理　孵化期间要有专人值班，检查和洗刷孵化器网罩，保障孵化器的正常运转。观测水温和水质，观察受精卵发育情况，做好记录。防止水霉菌滋生，每隔 24 h 用 50 mL/L 福尔马林消毒 15 min。及时清除死卵。仔鱼孵出后，应及时将孵出仔鱼转移至培育池中。

（3）出苗　淋水式孵化器孵出的仔鱼用小捞网轻轻捞到小盆里，转移至苗种培育缸中暂养。锥瓶式孵化器孵出的仔鱼可直接通过管道进入苗种培育缸。苗种培育缸是特制玻璃钢圆槽，直径为 2.0 m，深度为 50~60 cm，缸底中央为排水管。排水管直径为 10~12 cm，用筛绢网隔开一定距离。

第十节　牙鲆的人工繁殖

（一）亲鱼来源、选择和培育

1. 亲鱼的来源　从原产地采捕的亲鱼，或从上述水域采集的苗种或幼鱼经专门培育成亲鱼。来源于国家确认的原种场或良种场的亲鱼，或幼鱼经专门培育成亲鱼。不宜使用近亲繁殖的后代留作亲鱼。

2. 亲鱼的选择　亲鱼的种质性状应符合《牙鲆》(GB/T 21441—2018) 的规定。雌鱼全长 40 cm 以上，体重 1.5 kg 以上，年龄为 4~7 龄。雄鱼全长 35 cm 以上，体重 1.2 kg 以上，年龄为 3~6 龄。

亲鱼的体形、体色正常，体表光滑有黏液，体质健壮，无疾病，无伤残和畸形。

3. 亲鱼的培育

（1）培育池　亲鱼培育池为长方形或圆形的水泥池，面积为 50~100 m²，水深 1.0~1.2 m。亲鱼培育池水源充足，海水盐度 26~33，水质应符合《无公害食品　海水养殖用水水质》(NY 5052—2001) 的规定，光照为 500~1 000 lx，避免阳光直射。培育池应设充气或供氧设备，注排水方便，池水日交换量 3~5 次。

（2）亲鱼放养　亲鱼放养密度以 1~2 尾/m² 为宜。产前培育雌、雄鱼应分池饲养，雌、雄亲鱼比例为 1∶1 或（2~3）∶1。体表受伤亲鱼入池时应用聚维酮碘或紫药水涂抹，还可在亲鱼入池后泼洒 1~2 mg/L 的土霉素或磺胺类等药物。

(3) 饲养管理　饲养亲鱼可投喂配合饲料，每日投喂 1~2 次，日投饵量为亲鱼体重的 2%~5%。产前亲鱼培育应投喂鲜活或冰鲜杂鱼、虾、贝类肉等，并适量添加维生素 C 和维生素 E。

亲鱼培育期水温为 10~20 ℃，越冬期水温≥5 ℃，夏季水温≤25 ℃。亲鱼培育期池水日交换 100%~200%，经常吸出池底残饵和粪便等污物。

(二) 产卵和授精

1. 成熟亲鱼的鉴选　性腺发育成熟雌亲鱼腹部膨大、柔软，生殖孔呈微红色，轻压腹部有卵粒流出；雄亲鱼腹部柔软，轻压腹部有精液流出。

2. 自行产卵

(1) 产卵池、集卵池和网箱　产卵池为长方形水泥池，面积为 50~100 m^2，水深 1.0~1.2 m。产卵池设溢流水口收卵，产卵池水从溢流水口流出进入集卵池。集卵池面积为 1~2 m^2，水深 1.0 m 左右。集卵池中设集卵尼龙网箱收卵，网箱网片网目为 60~80 目。

(2) 亲鱼密度　产卵池亲鱼放养密度以 1~2 尾/m^2 为宜，雌、雄亲鱼比例为 1∶1。

(3) 产卵管理　产卵池水温控制在 12~22 ℃，最适水温 14~15 ℃；盐度为 26~33，光照为 500~1 000 lx，避免阳光直射。产卵期间应保持环境安静，避免亲鱼受到惊扰。

产卵前冲水刺激亲鱼发情，产卵后注水溢出水和卵，及时在集卵网箱中收卵。

3. 人工授精

(1) 亲鱼暂养　选择性腺发育成熟的雌亲鱼和雄亲鱼，注射催产剂后放暂养池中暂养。

(2) 采卵　准备适宜大小的盆，用毛巾擦干。亲鱼排卵后，用鱼夹抓起亲鱼，擦干鱼体水分，用手轻轻挤压亲鱼腹部，将卵挤在盆中。

(3) 授精　抓起雄亲鱼，擦干鱼体水分，挤压亲鱼腹部，将精液挤到盛卵的盆中。用长羽毛迅速搅拌使精液与卵混合，再迅速加入洁净海水，搅拌 1~2 min 即可完成授精。

(三) 人工孵化

1. 孵化方式和孵化器　牙鲆受精卵可采用微流水孵化、微充气和定期换水的孵化方式。微流水孵化一般采用孵化桶；微充气和定期换水孵化一般采用玻璃钢水槽（1～2 m³）、水泥池（20～50 m²）或孵化网箱（60～80 目）。

2. 受精卵孵化密度 微流水孵化放卵密度为 100 万～200 万粒/m³。微充气和定期换水孵化放卵密度为 30 万～60 万粒/m²。

3. 孵化管理

（1）受精卵的浮选 收取的鱼卵放水桶中静置 10 min 左右，取上浮卵孵化，淘汰下沉卵。

（2）孵化环境控制 孵化用水应符合《无公害食品 海水养殖用水水质》（NY 5052—2001）的规定，水温控制在 14～16 ℃，光照为 500～1 000 lx，避免阳光直射，盐度为 28～33，pH 为 7.7～8.6，溶解氧为 6.0～9.0 mg/L。

其他管理：调整水流或充气量大小、洗涮网片、清除孵化池污物等。

第十一节 虹鳟苗种的人工繁育

一、虹鳟人工繁殖技术

（一）人工繁殖环境条件

苗种繁育场地应符合《无公害食品 淡水养殖产地环境条件》（NY 5361—2016）的要求。冷水资源充足，进排水通畅。亲鱼培育池为长方形，面积以 150～300 m² 为宜，水深 70～90 cm。水源水质符合《渔业水质标准》（GB 11607—89）的规定，池塘水质符合《无公害食品 淡水养殖用水水质》（NY 5051—2001）的规定。溶解氧应保持在 6 mg/L 以上。适宜水温为 4～16 ℃。产卵前 3 个月水温不超过 13 ℃，产卵期水温为 4～13 ℃。孵化用水除符合 NY 5051—2001 的规定外，水质应澄清，无杂质和悬浮物，溶解氧量高于 6.5 mg/L；孵化最适温度为 8～10 ℃；避光、防震。

（二）亲鱼来源、选择和培育

1. 亲鱼的来源 用于人工繁殖的亲鱼应来源于国家确认的原种场或良种场。不宜使用近亲繁殖的后代留作亲鱼。为避免种质退化，应每隔 5 年从日本、美国引进原种虹鳟发眼卵，培育成亲鱼。

2. 亲鱼的选择

（1）种质性状 虹鳟亲鱼的种质特征应符合《虹鳟》（SC 1036—2000）的标准。亲鱼的体形、体色正常，体表光滑有黏液，体质健壮，无疾病，无伤残和畸形。

(2) 年龄和体重　虹鳟雌鱼最小成熟年龄为 3 龄，雄鱼为 2 龄。用于人工繁殖的亲鱼的适宜年龄为：雌鱼 4～5 龄，雄鱼 3～4 龄，虹鳟 6 龄以后不宜用作繁殖亲鱼。在同一年龄组中，一般选择较大个体用作亲鱼。雌亲鱼体重应大于 0.75 kg，最好是 0.9 kg 以上；雄亲鱼体重应大于 0.4 kg，最好在 0.5 kg 以上。

3. 亲鱼培育

(1) 培育池　亲鱼培育在土池塘和水泥池塘均可，一般为长方形或圆形。培育池面积为 200～500 m²，水深 80～100 cm。

亲鱼培育期间水温为 4～13 ℃，产前 6 个月水温最好不超过 12 ℃。池水交换量以每小时交换 2 次为宜。水质符合《渔业水质标准》(GB 11607—89) 的规定，溶解氧应在 6.0 mg/L 以上。

(2) 亲鱼放养　初产亲鱼在产前 10 个月进入培育池培育，经产亲鱼在产后即进入亲鱼培育池培育。

亲鱼放养量以每立方米放养 5～10 kg 为适宜。雌、雄亲鱼按 3∶1 配比，可同池混养。在产前 1 个月雌、雄亲鱼应分池饲养。

(3) 饲养管理　饲养亲鱼应使用配合饲料，饲料应符合《虹鳟养殖技术规范　配合颗粒饲料》(SC/T 1030.7—1999) 的规定。粗蛋白质≥42%，粗脂肪≥5%，粗纤维≤5%，灰分≤14%，钙 0.5%～1.0%，有效磷 0.6%～0.8%，维生素 C 100 mg/kg，维生素 E 80 mg/kg。饲料颗粒粒径为 6～7 mm。

每日分上、下午投喂两次饲料。投喂量为亲鱼体重的 1% 左右。饱食有碍于亲鱼的成熟和卵质的提高，培育期间应视摄食情况适当控制投饵量。对初产亲鱼可适当加大投饲量。

每日早、中、晚巡池 3 次，注意观察其摄食情况，发现问题及时解决。溶解氧低于 6 mg/L 时，应及时加入新水或采取其他增氧措施。及时清除残饵和粪便，保持鱼池清洁，发现鱼病及时治疗或将有病亲鱼隔离治疗。

（三）成熟亲鱼的鉴选

1. 雌雄鉴别　雌亲鱼体形粗壮、腹部膨大，雄亲鱼体形狭长。吻部尖者为雄鱼，吻钝者为雌鱼。

2. 成熟度鉴别　在繁殖期，应每隔 7～8 d 检查一次亲鱼的成熟情况，以便及时采卵、采精和人工授精。

性腺成熟雄鱼轻压腹部，有精液流出。性腺成熟雌鱼腹部膨大柔软，生殖孔红肿外突。尾柄上提时，两侧卵巢下垂、轮廓明显，轻压腹部有卵粒流出。

采卵和采精液前，亲鱼要停止投喂饵料 2～3 d。

(四)采卵、采精液和授精

1. 采卵 使用盆底为多孔的采卵盆(孔径约 2.5 mm)接卵,目的是使从亲鱼体内挤出的水分和组织液及时漏出。要求盆的内壁光滑,不损伤鱼卵,使用之前需擦干。

将鱼体提起,用手堵住生殖孔,防止卵粒外流。把鱼体表面水分擦干,轻轻挤压雌鱼腹部,由前向后把卵挤落在多孔的采卵盆中;反复挤压亲鱼腹部,直至无卵粒流出为止。

如果亲鱼个体较大,为了防止其挣扎和顺利完成采卵,可用预先准备的 300 μL/L 的乙二醇苯醚水溶液麻醉 3~5 min,然后进行采卵操作。

2. 采精液 将雄亲鱼鱼体提起,用手堵住生殖孔,防止精液外流。把鱼体表面和使用器皿的水分擦干,轻轻挤压雄鱼腹部挤出精液。可以把精液直接挤于卵上;也可以把精液挤到烧杯中,在 1~4 ℃条件下暂时保存,使用时干净的吸管滴到卵上,每 6~7 尾雌鱼卵用 2~3 尾雄鱼精液。

3. 人工授精

(1)等渗液淋洗 等渗液配制:分析纯氯化钠 90.4 g、氯化钾 2.4 g、氯化钙 2.6 g、蒸馏水 10.0 L。

用上述等渗液淋洗多孔采卵盆中的卵,淋洗后的卵倒入不带孔的授精盆中。

(2)授精操作 每万粒卵加入 10 mL 精液,快速均匀搅拌,使精卵充分接触,迅速加入大量的清水,继续搅拌 1~2 min,换清水搅拌 2~3 次。确认精子已全部失去受精能力后,再把卵倒入特制的洗卵槽内,冲洗去除过量的精液和卵皮。

采出的卵不可遇水。每次从采卵至授精的时间应在 2 min 以内。已受精的卵在水中静置 30~60 min,待完全吸水膨胀后计数,然后移至孵化器中孵化。整个操作过程避免阳光直射。

(3)受精卵计数 虹鳟卵子的计数用容量法,以万粒/L 或粒/mL 表示。

(五)人工孵化

1. 孵化设施 虹鳟等大型鲑科鱼类的孵化器主要有塑料桶孵化器、阿特金孵化器、平列槽孵化器等。这里介绍塑料桶孵化器(图 3-11-1)和平列槽孵化器(图 3-11-2)。

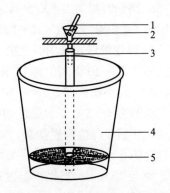

图 3-11-1 桶式孵化器结构示意
1. 注水管 2. 集水漏斗 3. 进水管
4. 盛卵区 5. 多孔隔板

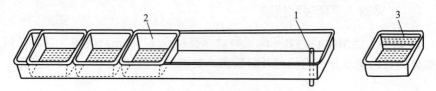

图 3-11-2 平列槽孵化器示意
1. 排水管　2. 孵化小槽　3. 过滤算子

采用市售的塑料水桶孵化鱼苗：桶高 27 cm，上口内径为 27.5 cm。中部竖放一个内径为 3.2 cm、高 29 cm 的塑料管，塑料管套于许多孔径为 3 mm 的塑料板中央。孔多的塑料板（直径 22 cm，厚 2 mm）固定在离桶底 3.5 cm 处。当采用其他规格的桶时，其中部进水管内径应为桶口内径的 1/9，多孔塑料板离桶底的固定距离为桶高的 1/8。孵化用水由集水漏斗注入塑料管，通过多孔塑料板进入盛卵区，再从桶口周边溢出。该孵化桶可装卵径为 5 mm 的受精卵 8 万粒左右。

采用玻璃钢材料的平列槽孵化器孵化和饲育鱼苗：槽口长 300 cm，宽 42 cm，槽底长 298 cm，宽 40 cm；槽高 17 cm。槽头上方注水，槽尾底部有一个直径为 5 cm 可上下活动调节水位的排水管，槽内可放置 6 个孵化小槽。孵化小槽上口为 42 cm×42 cm，小槽底为 40 cm×40 cm；小槽底部和后部小窗上有孔径为 2 mm 的多孔算子。水流由底部进入小槽，从后部小窗流水。

2. 孵化条件　孵化室为避光环境，孵化器应保持平稳（防震动）。孵化用水水质符合《渔业水质标准》(GB 11607—89) 的规定，要求水质清澈，无杂质和悬浮物，溶解氧应高于 6.5 mg/L。孵化水温为 7~13 ℃，最适水温为 9 ℃。

3. 孵化时间　当平均水温为 7.5 ℃ 时，从卵受精至仔鱼孵出大约需 45 d，即累积温（累积温＝天数×日平均水温）为 345 ℃，从受精至发眼期大约为 22 d。

4. 孵化管理　采用孵化桶（高 27 cm，上口直径为 27.5 cm）孵化时，每桶放卵 5 万~10 万粒；水流量为 3~5 L/min。采用孵化槽（40 cm×40 cm）孵化时，每小槽放卵 5 000~10 000 粒，孵化水溶解氧为 6.5 mg/L。

水温为 4~8 ℃，自受精卵吸水 40 h 至累积温度 220 ℃（发眼期前）为敏感期，胚胎应保持静置状态，防止震动；发眼期后可以运输。

为防止水霉菌的滋生，每隔 2~4 d 可将 50 mL/L 福尔马林从注水口注入，消毒 15 min。当累积温度达 220 ℃ 以后，可以用羽毛翻动卵和用竹镊子清除死卵。

孵化期间要有专人值班，测定温水，保证水流及其流量满足孵化的需要。

5. 受精率统计　当累积温度达 1 000 ℃ 时，取一定数量的卵放入鉴别液中，5 min 后，肉眼观察有白色线条状胚体的卵即为受精卵；亦可放解剖镜下观察，受精卵的细胞分裂均匀、规整，胚胎正常，卵黄界线分明。重复两次观测，根据两次数据的平均值，计算出受精率（受精卵数占观测总卵数的百分数）。鉴别液（透明液）：福尔马林 5 mL、甘油 6 mL、冰乙酸 4 mL、蒸馏水 85 mL。

（六）发眼卵的运输

1. 运输箱和包装

（1）层式运输箱　用发泡苯乙烯制成保温防震运输箱。运输箱长、宽、高为 46 cm×46 cm×62 cm，内叠装 3~7 层规格为 32 cm×32 cm×6 cm 的底有多孔（孔径 2~3 mm）的发泡苯乙烯盛卵盘。每盘盛卵 2 000~2 500 粒，用潮湿纱布包裹。最上和最低层的盘不宜装卵，可放潮湿的海绵、纱布或冰块。

（2）盒式运输箱　用发泡苯乙烯制成保温防震运输箱。长、宽、高为 30 cm×30 cm×30 cm，不分层；把卵分装于多孔（孔径 3 mm）塑料袋中，将无孔塑料冰袋置于箱的四角，袋间填装海绵碎块。这种运输箱可装卵 5 万粒。

上述运输箱妥善捆扎，即可长途运输。

2. 运输注意事项　启运前对发眼卵淋水一次，拣出死卵。运输途中防止剧烈颠簸和震动。

运输环境气温最好保持在 8 ℃左右，不得高于 10 ℃，可安全运输 5 个昼夜，成活率达 95% 以上。温度高和冰块融化时，应及时更换和补充冰块。

运输箱移入孵化池前应淋水一次，温差越小越好，温差应小于 4 ℃。

（七）初孵仔鱼的管理

用桶式孵化器孵化时，需将出膜前的卵移入平列槽内，在平列槽内继续孵化和孵出仔鱼。发眼期后的孵化管理主要是：每天清除死卵，调整水流和流量，保障胚胎发育对水温、水质的要求。

每个小槽放卵（苗）8 000 粒（尾）。平列槽注水量为 40 L/min。

将每 5 万粒发眼卵放入 10 L 0.5% 的聚乙烯吡咯烷酮碘水中（有效碘 5 mg/L）浸泡 30~50 min，杀死卵表面的传染性造血器官坏死病毒和传染性胰腺坏死病毒。

发眼卵在水温为 16~17 ℃时，大约经 6 d 就可孵出仔鱼。

胚胎破膜时，小槽内水表面会出现许多油膜和卵皮，应及时用小滤抄网去除油膜，同时清除卵皮和死卵。

每天早、晚各观察一次，轻轻摇动小槽，使挤压在下层的鱼苗能得到翻动，调整注水量，刷洗小槽的多孔箅子，保持小槽水流畅通，严防缺氧窒息。

及时清除死苗，定期清刷平列槽，保持槽的水环境卫生。

二、虹鳟的苗种培育技术

(一) 鱼苗培育

1. 环境条件 培育池为水泥池或水槽,要求内壁光滑,水流无死角;并联排列,注排水方便,排污彻底。一般长15 m、宽2 m,或长30 m、宽3 m;池水深度控制在20 cm左右。水源水质符合《渔业水质标准》(GB 11607—89)的规定,适宜水温为10~12 ℃,注水量以每10万尾鱼苗1 L/s为宜。

2. 鱼苗放养 鱼苗应在卵黄囊吸收2/3时开始上浮游泳,全长18~28 mm,体重70~250 mg。

上浮鱼苗在饲育槽内密度以10 000尾/m²为宜,在水泥池中密度以5 000尾/m²为宜。在饲育槽内饲养2周,再转入培育池中饲养。

3. 投饲与管理 采用全价配合饲料为开口饲料,配合饲料应符合《虹鳟养殖技术规范 配合颗粒饲料》(SC/T 1030.7—1999)的规定。饲料粒径为0.3~0.5 mm。当上浮鱼苗占槽内或池中总鱼苗的半数时,开始投饵。日投饵6次。精心投喂,应使鱼苗都能获得饲料。

排水口设防逃栅网,安装严密,防止逃鱼。勤刷排水口栅网,及时拣出死鱼,定期清污,保持水流畅通和良好水质。

(二) 鱼种培育

1. 环境条件 培育池面积为60~160 m²,池水深度控制在30~40 cm。水质应符合《渔业水质标准》(GB 11607—89)的规定,水温不得超过20 ℃。

2. 放养密度 放养密度与注水量见表3-11-1。

表3-11-1 虹鳟苗种放养密度与注水量

鱼种规格/ (g/尾)	鱼池面积/ m²	放养密度/ (尾/m²)	不同水温的注水量/(L/s)			
			5 ℃	10 ℃	15 ℃	20 ℃
1	60	1 600	1	2	3	6
2	80	1 200	2	3	6	14
5	100	1 000	3	7	14	23
10	125	800	7	15	26	44
15	160	625	9	22	39	65
20	170	588	12	29	52	87
25	200	500	15	35	62	108
30	205	488	17	37	70	115

饲养期间注水量随鱼种的成长和游泳能力的增强而加大,以鱼种不贴栅网、不遭到伤害为原则。

3. 投饲与管理 鱼种培育投喂配合饲料。配合饲料应符合 SC/T 1030.7 的规定,粒径应与鱼种口径相适应。投饲应定时、适量。日投饵率和投喂次数见表 3-11-2。

表 3-11-2 日投饵率和投喂次数

鱼种平均规格		日平均水温（℃）时的投饵率*/%							日投饵
体重/g	全长/cm	4	6	8	10	12	14	16	18	次数
<0.2	<2.5	2.0	2.2	2.6	3.0	3.5	4.1	4.7	5.4	6
0.2~0.5	2.5~3.5	1.8	2.1	2.5	2.9	3.4	3.9	4.5	5.1	6
0.5~2.5	3.5~6.0	1.8	1.9	2.1	2.8	3.0	3.5	4.1	4.6	4
2.5~12	6.0~10	1.3	1.5	1.7	2.0	2.2	2.6	3.0	3.5	3
12~32	10~14	1.0	1.1	1.3	1.5	1.7	2.0	2.2	2.6	2

* 指饵料干重占鱼种总体重的百分比,以%表示。

使用不同规格筛选器及时筛选鱼种,将不同规格的鱼种分池饲养。保持池水水质良好,供给充足的水量,以鱼不受伤害为宜。栅网网目大小和鱼种规格相适宜,随鱼体增大而增大。经常检查、洗刷和更换栅网。每日定时清污,保持环境清洁。每日清晨和每日投饵时详细观察鱼群活动情况,稍有异常或死鱼增多应及时采取措施。使用甲醛、敌百虫等防治小瓜虫和三代虫引起的疾病。

第十二节 实验部分

实验一 养殖鱼类性腺发育的解剖观察

(一) 实验目的

(1) 通过对性腺的大体解剖观察,学习解剖方法,了解养殖鱼类性腺发育和性周期过程,掌握用肉眼鉴别鱼类性腺发育分期方法。

(2) 借助光学显微镜和解剖镜观察卵细胞发育,学习和掌握成熟卵的鉴别方法。

(二) 实验材料和工具

1. 实验材料 鲢或鳙(1~2龄,第Ⅰ期性腺),鲤(2龄,第Ⅱ~Ⅲ期性腺），鲫（2龄，第Ⅲ～Ⅳ期或第Ⅴ期性腺），取上述鱼类若干尾，注明其来源。

2. 工具和药品 解剖盘、解剖剪、解剖刀、镊子、光学显微镜、解剖镜、载玻片、培养皿、挖卵器。配制透明液：95％酒精和冰醋酸按 5∶1 混合；或 95％酒精、冰醋酸和松节油透醇按 4∶1∶4 混合。

（三）实验内容和方法

1. 大体解剖

（1）从外观鉴别鱼的雌、雄。

（2）用解剖刀从生殖孔到胸鳍前缘处剪开体腔，找到性腺（位于鳔两侧）并清除内脏。

（3）观察内容：①性腺形状、大小。②性腺表面有无血管分布。③透过卵巢膜能否看到卵，卵粒大小。④将性腺完整取下并称重，再称去内脏的鱼体重，计算成熟系数。⑤用镊子撕去卵巢膜，观察卵巢内部结构。

2. 观察卵成熟情况

（1）用镊子取第Ⅳ～Ⅴ期卵巢中的卵粒若干（或用挖卵器从活体鱼生殖孔取卵），放于培养皿中，加入少量透明液；2～3 min 后将卵移到载玻片上，用解剖镜或光学显微镜观察。

（2）观察内容：①观察卵形状、饱满程度，测量卵径。②观察卵是否透明及其细胞质和卵黄。③观察细胞核形状、大小和位置。

（四）实验报告

（1）将观察情况、记录数据整理并汇总，通过比较得出鉴定结论。如鱼类、年龄、全长、体重、性腺形状和发育情况（观察内容或绘图）、结论（发育分期）。

（2）调查了解亲鱼培育情况，通过鉴定结论，理论联系实际对亲鱼培育进行综合评价。

实验二 养殖鱼类脑垂体的解剖观察

（一）实验目的

（1）学习鱼类脑垂体摘取、处理和保存方法。

（2）了解鱼类促性腺激素变化，掌握脑垂体应用和催产方法。

(二) 实验材料和工具

性成熟鲫或其他鱼若干尾。解剖盘、解剖剪、解剖刀、镊子、95%酒精或丙酮、棕色细口瓶、生理盐水、研锤、研钵、LHRH-A、CG、注射器和针头等。

(三) 实验内容和方法

1. 鱼类脑垂体摘取

（1）用解剖剪、解剖刀和镊子去掉头盖骨，用镊子把几部分脑翻开，可见脑垂体位于间脑腹面，镶嵌在副蝶骨前的小窝内。

（2）用镊子小心将脑垂体拖出，放在装有酒精或丙酮的细口瓶中（24 h 以上），脱脂和脱水。

（3）将脑垂体从瓶中取出，放在玻璃板上阴干、称重，然后装在棕色瓶中密封保存。

2. 应用脑垂体催产实验

（1）取出经处理的脑垂体若干（按催产鱼的体重确定剂量），放在研钵中研磨，研成粉末后加生理盐水配成悬浊液。将 LHRH-A 或 CG 配制成注射液（剂量按说明书确定）。

（2）选择性腺发育成熟鲤或其他鱼类，进行不同催产剂催产效果的对比实验。

(四) 实验报告

（1）比较不同鱼类脑垂体大小和催产效果。

（2）不同催产剂催产效果的分析和比较。

实验三　养殖鱼类精子活动能力的观察

(一) 实验目的

通过本实验，了解和掌握鱼类精子活力的观察方法，掌握观察和鉴别精子质量的方法。

(二) 实验材料和工具

1. 实验材料　性腺发育成熟养殖鱼类。

2. 实验工具　解剖盘、解剖剪、镊子、吸管、培养皿、载玻片、盖玻片、光学显微镜等。

（三）实验步骤和方法

1. 取精液　①挤压雄鱼腹部，挤出精液，用吸管吸取少量精液。②解剖出精巢，用吸管吸取少量精液。

2. 活力观察　取少量精液置于载玻片上，用盖玻片盖上；用吸管或解剖针滴上少许水；立即在高倍显微镜下观察精子的活动能力，并记录持续活动的时间。

实验四　养殖鱼类成熟卵的观察

（一）实验目的

通过本实验，学习和掌握挖卵鉴别亲鱼成熟状况，为人工催产奠定基础。

（二）实验材料和工具

1. 实验材料　养殖鱼类亲鱼。

2. 实验工具　挖卵器、培养皿、透明液、载玻片、光学显微镜等。

（三）实验内容和方法

1. 挖卵器的制作　取 10~15 cm 长的 8 号或 10 号铜丝，或鹅、鸭、鸡的飞羽（去除羽毛）。在一端留 2~3 mm，用刻刀刻出长为 12~18 mm、宽为 2~4 mm、深为 2 mm 左右的小槽。

2. 挖取卵方法　将挖卵器小槽一端从生殖孔轻轻插入鱼体（卵巢内）5~10 cm，转动挖卵器，然后慢慢取出，挖卵器小槽内有卵被带出。

3. 光学显微镜观察

（1）透明液配制　可使用下面任何一种：①85％酒精。②95％酒精 85 份、福尔马林（40％甲醛）10 份、冰醋酸 5 份。③松节油透醇（松节醇）25 份、75％酒精 50 份、冰醋酸 25 份。

（2）卵的处理　将挖出的卵放入培养皿中，加入少量透明液，2~3 min 后取出放在载玻片上，用光学显微镜观察。

（3）观察和鉴别方法　测量卵径、卵粒大小，观察是否均匀；观察卵的颜色和光泽。观察卵细胞核：成熟卵细胞核偏位，靠近卵膜；细胞核核膜不规则。

实验五　养殖鱼类胚胎发育（活体）的连续观察

（一）实验目的

学习鱼类胚胎活体观察方法，熟悉并掌握鱼类胚胎发育过程。

（二）实验材料和工具

鲢、鳙、草鱼受精卵（胚盘形成前）。解剖镜、培养皿、吸管、解剖针、吸水纸、绘图工具、显微照相机或手机等。

（三）实验方法

取受精卵若干放在培养皿中，加入少量水将卵粒淹没（水温、水质适宜）；将培养皿放在解剖镜载物台上，调节光线和焦距，观察胚胎特征。

（四）观察项目

（1）记录产卵时间、产卵时的水温。
（2）观察受精卵吸水膨胀速度，测量吸水后卵径。
（3）观察胚胎发育各期特征并绘图，记录各期时间和温度。
（4）统计受精率和孵化率（培养皿和孵化器中比较）。

（五）实验报告

（1）将记录和观察的各期特征进行整理并与绘图对应。
（2）分析卵的质量，总结人工催产和孵化过程。

（六）注意事项和问题

（1）培养皿中放卵不要太多，均匀分开，防止因缺氧而窒息死亡。
（2）调节好解剖镜光线和焦距，以便看清胚胎内部结构。
（3）若受精卵卵膜厚（如鲤、鲇、黄颡鱼、罗非鱼、虹鳟等受精卵），用上述方法难以观察其内部结构，需要将卵膜去掉。

第四章
养殖鱼类苗种培育技术

 **本章内容提要**

苗种培育是鱼类养殖生产的中间环节，它的任务是将鱼苗培育成适应各种水体放养需要的鱼种。生产追求的主要指标：一是提高成活率，培育出数量多和体质健壮的鱼种；二是提高生长率，培育出能满足商品鱼饲养需要的大规格鱼种。通过参加苗种培育生产实践，应获得以下知识和能力：

1. 养殖鱼类苗种的生物学特性

（1）掌握养殖鱼类个体发育阶段和专业术语：胚胎期、仔鱼期、稚鱼期、幼鱼期、成鱼期；鱼苗、鱼种、水花、乌仔头、夏花、秋片、春片、子口鱼种、老口鱼种等。

（2）掌握主要养殖鱼类苗种的摄食方式、食性转换规律、摄食量和摄食节律等。

（3）掌握养殖鱼类苗种生长特性和影响生长的主要因素。

（4）掌握养殖鱼类苗种栖息活动特点和对水温、水质的适应性。

2. 鱼苗的池塘常规培育方法和技术

（1）掌握鱼苗培育池的选择和清整方法。鱼苗培育池的选择：池塘形状、面积、蓄水深度、水源、水温、水质、水量、底质和淤泥、轮虫休眠卵数量。鱼苗池的清整：清塘药物、方法和用量，清塘效果的检查。

（2）掌握轮虫休眠卵的采集、定性和定量方法。

（3）掌握饵料生物培养方法。注水水源、时间和深度，施肥种类和数量，搅动淤泥面积和比例，用药种类和数量，投喂饵料种类和投喂量，水质调控等。

（4）熟练掌握水花鱼苗的装运和运输方法。装运时间、工具、温度控制、运输方法和装运密度等。

（5）熟悉池塘常规培育各种类鱼苗的放养原则、密度和下塘时机。

（6）掌握鱼苗放养密度和提高放养成活率的有效措施。

(7) 掌握鱼苗培育管理方法。巡塘、测定水温和水质（溶氧、pH、氨氮等），测定浮游生物、轮虫种类和生物量，注水和水质调控，观察鱼苗摄食、生长和活动情况，饵料选择、投喂方法和投喂量，防治鱼病等。

(8) 熟练掌握鱼苗池拉网锻炼方法和分塘方法，以及成活率、出苗率的统计。

3. 鱼种的池塘常规培育方法和技术

(1) 鱼种培育池的选择和清整。池塘规格、水源、水质、水量、注排水条件、清淤和清塘、放养前的准备。

(2) 掌握鱼种放养原则和方法。放养密度、规格、混养种类和比例、放养时间等。

(3) 掌握饲养管理方法。饲料的选择、驯食、投喂方法、投喂次数和投喂量，注水和水质调控手段和方法，渔药使用原则和方法，分级饲养原则和方法。

(4) 掌握池塘鱼种越冬方法和技术。越冬池的选择、面积、水深，水源、水质和水量，池塘注水和肥水，原塘越冬池水体水质处理方法，封冰的质量及处理方法、扫雪方法，越冬鱼类活动观察，冬季冰下池塘水质调控方法。

4. 养殖鱼类苗种集约化培育方法和技术

(1) 了解集约化育苗设施和条件。水源、水质和水量，育苗车间和水温、水质调控，育苗池面积、深度，注排水，育苗排水的处理。

(2) 熟悉鱼苗培育系列饵料。人工饲料性状、蛋白质含量，活饵料培养条件、培养方法和效果。

(3) 熟悉鱼苗放养密度和密度调整。鱼苗放养的原则、分级饲养的原则和方法。

(4) 掌握工厂化育苗中的饲养管理方法。投喂饵料、驯食、投喂量和投喂次数，换水和水质调控方法，鱼苗分筛操作，鱼病防治方法等。

第一节　养殖鱼类苗种的生物学特性

在第一章中介绍了养殖鱼类栖息与生活习性、摄食与生长特性、繁殖习性，以及代表物种的生物学特性。鱼类个体发育从仔鱼到成鱼，其生物学特性要发生一系列的变化。了解养殖鱼类个体发育不同阶段的生物学特性，对饲养和管理具有重要的指导意义。

一、鱼类个体发育阶段与术语

（一）鱼类个体发育阶段

鱼类个体发育可划分为4个时期：

1. 仔鱼期（larva） 当鱼苗从卵膜孵出，开始在卵膜外的生长和发育，就进入了仔鱼期，即从胚胎孵出至奇鳍鳍条形成时的鱼类早期发育。此时期鱼体具有卵黄囊、鳍褶等仔鱼器官；其生长发育是由内源营养转变为外源营养的时期，包括仔鱼前期和仔鱼后期。

仔鱼前期是从仔鱼孵出至卵黄基本吸收完毕时的时期，其生长发育是以卵黄为营养。

仔鱼后期是从卵黄基本吸收完、开始主动摄食至奇鳍鳍条基本形成的时期；奇鳍褶分化为背鳍、臀鳍和尾鳍，腹鳍出现。

2. 稚鱼期（juvenile） 稚鱼期是指奇鳍鳍褶消失、各鳍鳍条形成，具备游泳和运动功能；具有鳞片的鱼开始出现鳞片至全身被鳞；稚鱼的体形、体色与成鱼基本相似。

3. 幼鱼期（young） 具有与成鱼相同的形态特征，但性腺尚未发育成熟；全身被鳞，侧线明显，胸鳍鳍条末端分支，体色和斑纹与成鱼相似，处于性未成熟期。

4. 成鱼期（adult） 成鱼期是指从性腺初次发育成熟到性机能衰退的时期。

（二）苗种定义和术语

我国淡水养殖历史悠久，勤劳、智慧的劳动人民创造和积累了丰富的养鱼经验，形成了具有我国特色的养殖方式和技术。一些养鱼发达地区，鱼苗、鱼种分阶段饲养，人们也对各阶段苗种有一些习惯称谓。

1. 鱼苗（fry） 鱼苗是指从初孵仔鱼发育至卵黄囊基本消失，鳔充气、能水平游泳、口张开、能主动摄食的仔鱼。

2. 鱼种（fingerling） 鱼种是指鱼苗生长发育至体被鳞片、各鳍鳍条形成，形态特征与成鱼相似的幼鱼。

3. 水花（spray fry） 水花是指从初孵仔鱼发育至卵黄囊基本消失，鳔充气、能水平游泳、口张开、能主动摄食的仔鱼。

4. 乌仔头（centimeter fry） 乌仔头是指孵化后 7～10 d 的仔鱼；水花经过一定阶段（7～10 d）的饲养，生长发育至全长为 17～22 mm 的稚鱼。

5. 夏花（summer fingerling） 夏花是指水花或乌仔头经过一定阶段（10~20 d）的饲养，生长发育至全身被鳞、全长 30 mm 左右的幼鱼。其外观形态特征与成鱼基本相似。

6. 秋片（autumn fingerling） 秋片是指夏花经过几个月的饲养，生长发育到了秋天，基本符合商品鱼饲养需要的幼鱼。其形态特征与成鱼相似。

7. 春片（spring fingerling） 春片是指秋片经过越冬后的幼鱼，一般是供商品鱼饲养中放养的幼鱼。秋片和春片也称当年鱼种，一些地区称之为"子口鱼种"。

8. 二年鱼种（anniversary fingerling） 二年鱼种是指春片又经过一个生长季节的饲养和越冬，以供商品鱼饲养中放养的幼鱼。一般草鱼、青鱼等大型鱼类商品鱼饲养需要放养二年鱼种。一些地区称之为"老口鱼种"。

二、鱼苗鱼种的摄食习性

依据营养来源，鱼类个体发育可分为内源营养、混合营养和外源营养阶段。内源营养是指个体生长发育以卵黄为营养；混合营养是指仔鱼卵黄尚未完全消失就能摄食食物，即生长发育所需营养来源于卵黄和食物；外源营养是指个体生长发育所需营养完全依赖摄食外界食物。养殖鱼类胚胎期和初孵仔鱼为内源性营养，仔鱼期中有一短暂的混合营养时期，当卵黄完全被吸收后就转为外源营养。

仔鱼摄食后，随着生长发育，其摄食器官、消化器官及其功能日趋完善，在这个过程中，食性、摄食方式和食物组成也发生一系列变化。

（一）摄食方式和食性转换

1. 仔鱼期 养殖鱼类仔鱼的摄食方式均为吞食，口径的大小决定了食物颗粒大小。全长 7~10 mm 的鲤、鲢、鳙、草鱼等鱼类的仔鱼，口径为 220~290 μm，适口饵料为轮虫（100~350 μm）和桡足类无节幼体（250~400 μm）。全长 6~8 mm 的鳜仔鱼，口径为 350~450 μm，可吞食团头鲂等鱼类的仔鱼（全长 4 mm 左右）。

养殖仔鱼的视觉较差，只能摄食水层中悬浮和活动的饵料；又由于养殖鱼类仔鱼的游泳和主动摄食的能力都很差，水体中适口饵料密度对仔鱼的生长和成活率有重要影响。仔鱼的消化器官尚未发育健全，要求饵料营养全面，易消化和吸收。所以，鱼苗培育一般选择活体饵料，适宜饵料密度为 10 个/mL（1 万个/L）。

2. 稚鱼期　养殖鱼类发育到稚鱼阶段，其摄食器官发育日趋完善，摄食功能逐渐增强；不同种类的摄食方式和食性开始分化。全长 20 mm 左右的鲢、鳙，口径虽然增大，但鳃耙由短到长，数目由少到多，初步具备了滤食功能，摄食方式从吞食逐步向滤食方式过渡；全长 20 mm 左右的鲤、草鱼、青鱼等的摄食方式仍为吞食，但随口径增大，鳃耙、咽齿粗壮，摄食能力不断增强；鲤、青鱼开始由摄食浮游动物逐渐向摄食底栖动物（摇蚊幼虫、水丝蚓等）转换；草鱼开始摄食鲜嫩的水草。

3. 幼鱼期　养殖鱼类发育到幼鱼期，其摄食器官、消化器官发育日趋完善，摄食方式和食性也逐渐完成分化，表现出物种的摄食特点。

（二）摄食量和摄食节律

1. 摄食量　摄食量是指以日为单位摄食食物数量（或重量）的多少，又可分为绝对摄食量和相对摄食量。绝对摄食量是指个体摄食食物的绝对量；相对摄食量是指个体摄食食物重量占摄食个体体重的百分数。常用相对摄食量比较不同鱼类、个体间摄食情况。养殖鱼类摄食量与下列因素有关。

（1）**个体大小**　绝对摄食量随个体的增大而增大，相对摄食量随个体的增大而减小。不同体重鲢的绝对摄食量和相对摄食量见表 4-1-1。

表 4-1-1　不同体重鲢的绝对摄食量和相对摄食量

体重/mg	1.6~3.4	63	73 000
日绝对摄食量/mg	2.23~4.7	19.34	8 760
日相对摄食量/%	139.3	30.7	12

（2）**水温**　养殖鱼类分为热水性、温水性、亚冷水性和冷水性等，生长的最适水温分别为 28~30 ℃、25~30 ℃、17~20 ℃、17~18 ℃。在生长适温范围内，鱼类的摄食量较大，消化速度快，消化能力强。

（3）**食物种类和营养成分含量**　食物营养与个体生长发育需要越接近，摄食量越小；反之，摄食量增大。例如体长为 13~30 mm 的草鱼，摄食摇蚊幼虫、裸腹溞和水生昆虫的相对摄食量分别为 198.7%、93.3% 和 32.3%。又如，100 g 鲤摄食配合饲料，饲料蛋白质含量越高相对摄食量越低（表 4-1-2）。

表 4-1-2　鲤（体重 100 g）摄食不同蛋白质饲料的摄食量

蛋白质含量/%	60~65	48~52	40~43	37~34	30~32
相对摄食量/%	2.0	2.5	3.0	3.5	4.0

(4) 水质　影响鱼类摄食的水质指标主要有溶氧、氨氮、亚硝酸氮和COD等，其中鱼类摄食对溶氧变化最敏感（表 4-1-3）。

表 4-1-3　鲤（体重 100 g）在不同溶氧量下的相对摄食量

溶氧量/(mg/L)	0	1	2	3	4	5	6	7
相对摄食量/%	0	0	3.0	4.5	5.4	6.1	6.5	6.8

2. 摄食节律　摄食节律指鱼类摄食量的昼夜变化规律。几种鲤科鱼类摄食都具有明显昼夜变化，即 8:00～12:00 和 16:00～20:00 为摄食高峰，零时至凌晨不摄食。这种现象可以用养鱼池温度和溶氧的昼夜变化来解释。鲇形目鱼类，如大口鲇、怀头鲇、黄颡鱼等摄食高峰时间为黄昏时分，而且一次摄食量大。

摄食的食物在鱼消化道中停留的时间（消化速度）与鱼的种类、个体大小和所处水温有关，草食性鱼＞肉食性鱼，成体鱼＞幼鱼，水温高时＞水温低时。所以在确定投喂次数时，应以此为依据。在水温较高时，一般小鱼 1～2 h 投喂一次，较大鱼 3 h 左右投喂一次。

几种养殖鱼类的仔鱼耐饥饿的时间都很长，鲤鱼耐饥饿时间为 250～280 h，鳙为 230 h，草鱼为 211 h，鲢为 176～210 h。虽然仔鱼的耐饥饿能力较强，但饥饿对其生长和成活有重要影响，有的影响是不可逆的。

三、鱼苗鱼种的生长特性

养殖鱼类鱼苗养成大规格鱼种，绝对生长（日增长和日增重）随个体的增大而增快；相对生长（日增长率和日增重率）随个体的增大而减慢。鱼苗、鱼种的生长速度除了与种类及其发育阶段相关外，还与密度、食物和水温、水质有密切关系。

（一）放养密度与生长

养殖鱼类水花至乌仔头阶段，由于鱼体小，从重量来看亩放养量只有 200～400 g，所以，密度对生长的影响不大。采用乌仔头分塘饲养法，水花的适宜放养密度为 40 万～50 万尾/亩。

养殖鱼类在乌仔头以后，与水花相比个体增大成百乃至上千倍，其密度对生长的影响越来越大。采用夏花分塘饲养法，水花的适宜放养密度为 10 万～20 万尾/亩；乌仔头的适宜放养密度为 8 万～10 万尾/亩。

养殖鱼类鱼种阶段，绝对增长速度快，密度对生长的影响更大。所以，放养密度在某种程度上决定了养成鱼种的规格。各种养殖鱼类鱼种培育阶段的适宜放养密度见本章第三节。

(二) 饵料与生长

养殖鱼类仔鱼阶段的主动摄食能力较差，适口饵料的密度对生长、成活影响大；如果水花下塘 3 d 内饵料不足，其生长率和成活率都比较低。因此，满足仔鱼阶段的饵料供应是鱼苗培育阶段提高成活率和生长率的关键。

饥饿对养殖鱼类苗种生长影响比成鱼大得多，鲤、鳙、草鱼和鲢苗耐饥饿 50% 致死时间分别为 250~287 h、230 h、211 h 和 176~210 h。虽然几种鱼类鱼苗的耐饥饿能力很强，但超出其适应能力，即使恢复摄食，生长也难以实现（到达不可逆点时），也就是俗称的"小老鱼"现象。

养殖鱼类夏花以后主动摄食能力增强，一般天然饵料满足不了放养鱼类生长的需要。所以，鱼种培育阶段的人工饲料质量和数量对生长及预期规格都起到极其重要的作用。

(三) 水温、水质与生长

在适温范围内，鱼类摄食量较大，生长速度快。鲢、鳙、草鱼、青鱼、鲤、鲫等温水性鱼类生长的最适水温为 28~32 ℃，低于 23 ℃ 生长减慢，高于 36 ℃ 生长受抑制。另外，昼夜温差也对鱼类生长产生影响，在一定温度范围内（25 ℃±5 ℃），昼夜温差越大，鲤的生长越快。

影响鱼苗、鱼种生长的水质指标主要包括：溶氧量、pH、盐度、氨氮和亚硝酸氮等。某种环境因子（光照、温度和饥饿等）的刺激，可能导致鱼类生长停滞；但当刺激消除后，可能出现生长加速的现象，这种现象称为补偿生长。

四、鱼苗鱼种的栖息与生活习性

(一) 鱼苗的栖息活动

1. 仔鱼游泳方式 鲢、鳙、草鱼、青鱼、鲤、鲫、团头鲂等初孵仔鱼只能靠肌肉收缩在水层中做间歇运动；鲇、怀头鲇、黄颡鱼等在水底活动，当鳔形成并充气后，仔鱼就可以自由游泳了。

开口仔鱼的游泳可分为突发性和巡游性，一般突发性游泳常见于避敌和捕食瞬间，而巡游性游泳则是维持正常生命活动的基本运动。

2. 鱼苗栖息活动 刚放入池塘的鲢、鳙、草鱼、青鱼、鲤、鲫、团头鲂等水花鱼苗，通常在池边浅水水底处分散活动；下塘 4～5 d 后，鱼苗仍在离池边不远的水层中觅食和游泳；下塘 7～10 d、全长达 10 mm 以上，鱼苗开始游离池边在水层中集群活动。晴天无风的 8：00～10：00 常可见鱼苗在水体表层集群游泳。

刚放入池塘的鲇、怀头鲇和黄颡鱼等水花鱼苗，白天通常在池暗处集群隐蔽，傍晚以后分散在水层中觅食。所以，水花下塘的同时应投放草把等隐蔽物，以便疏散鱼苗，防止因鱼苗过分密集引起的缺氧和被敌害侵袭。下塘 4～5 d 后，鱼苗全长 10 mm 以上时，游泳能力增强，即将草把撤除。

（二）对水温、水质的适应性

1. 水温 尼罗罗非鱼、短盖巨脂鲤、苏氏圆腹䰾、革胡子鲇等热水性鱼类的鱼苗、鱼种生存水温为 10～42 ℃，最适生长水温为 30～34 ℃，水温低于 25 ℃和高于 36 ℃生长受到抑制。

鲢、鳙、草鱼、青鱼、鲤、鲫等温水性鱼类的鱼苗、鱼种生存水温范围为 0.5～38 ℃，28～32 ℃时生长速度最快，水温低于 23 ℃和高于 36 ℃生长受到抑制。上述鱼类对水温变化的适应能力较强。

虹鳟、银鲑、高白鲑等冷水性鱼类鱼苗、鱼种的生存水温为 1～25 ℃，生长最适水温为 16～19 ℃，低于 15 ℃或高于 20 ℃生长都受到抑制。

2. 溶氧量 鱼苗、鱼种生长旺盛，代谢强度高，耗氧率也高。鱼苗的耗氧率为 2 龄鱼的 10～15 倍。因此，培育鱼苗、鱼种的水体应保持充足的溶氧量（不低于 3 mg/L），以保证迅速生长发育的需要。表 4-1-4 为不同种类和不同体重养殖鱼类耗氧率情况。

表 4-1-4 不同种类和不同体重养殖鱼类的耗氧率

鱼　　类	体重/g	水温/℃	耗氧率/[mg O_2/(g·h)]
鲢	0.67～1.70	28.5～30.3	0.237～0.338
	118～130.7	27.3～28.7	0.134～0.147
鳙	0.40～0.80	28.5～30.3	0.288～0.417
	74.0～172.3	28.5～30.0	0.113～0.134
草鱼	0.93～1.38	22.5～31.7	0.228～0.383
	30.0～62.2	22.0～23.5	0.120～0.167
泥鳅	3.90	22.0	0.176
	25.0	22.0	0.120
大口鲇	1.0～2.67	24～27	0.401～0.436
	57.0～196.7	24～27	0.091～0.127

3. pH　大多数鱼苗、鱼种的生存 pH 范围为 6～10，适宜 pH 为 7.0～8.5。如果 pH 长期处于 7 以下或 9 以上，鱼苗、鱼种的生长和发育都会受到不同程度的影响。

4. 氨氮和亚硝酸盐　饲养鱼苗水体中允许氨（NH_3）的最大浓度为 1.0 mg/L，亚硝酸盐（NO_2^-）的最大允许浓度为 0.1 mg/L，高于上述值，对生长发育都会产生影响，甚至造成死亡（表 4-1-5）。

表 4-1-5　非离子氨（NH_3）对几种养殖鱼类的半致死浓度

鱼类	规格	半致死浓度/(mg/L)		
		24 h	48 h	96 h
鲢	鱼苗	0.91	—	
鳙	鱼苗	0.46	—	
草鱼	2.62 cm	1.848	—	
鲤	鱼苗	—	1.76	1.74
鳜	10～15 cm	0.94	0.85	0.60
虹鳟	鱼苗	0.47～0.50		

第二节　鱼苗的池塘常规培育技术

我国幅员辽阔，南、北方自然条件差异很大。在长期的养鱼实践中，各地逐渐形成了适合本地区的鱼苗培育方式，如江苏、浙江等地的"豆浆法"和广东、广西等地的"草浆法"等。"豆浆法"和"草浆法"的实质是解决鱼苗培育中的饲料问题。

多数养殖鱼类，仔鱼和稚鱼阶段的适口饵料生物为轮虫、桡足类无节幼体、小型枝角类等。如能以动物性活饵料培养鱼苗，将大大提高鱼苗的生长率和成活率。通过多年的研究和实践，形成了一整套较为完善的饵料生物培养和鱼苗培育方法。

一、鱼苗培育池的选择

良好的鱼苗培育池应具备以下条件：
(1) 池塘为长方形，池形规整，面积为 1～6 亩，水深 1.2～1.5 m。
(2) 靠近水源，水质良好，水量充足，注排水方便；水质符合《渔业水质标准》（GB 11607—89）的规定。

(3) 池底平坦，淤泥适量（20 cm 左右），不渗漏，无杂草。

(4) 池塘淤泥中有一定量的轮虫休眠卵，其数量一般应超过 100 万个/m^2。

(5) 池塘周围不应有高大的树木和建筑物，避风向阳，光照充足。

二、鱼苗池清整

鱼苗身体纤细嫩弱，摄食能力、避敌能力、对环境条件的适应能力都很差，而且生长迅速，代谢水平高，因此，应为鱼苗的生活、生长提供良好的环境条件。鱼苗池清整是提高鱼苗成活率和生长率的重要措施之一。鱼苗池清整包括池塘修整和药物清塘。

1. 鱼苗池修整 池塘修整包括清除过多的淤泥和杂草，修整进排水口和池堤等。

池塘淤泥中含有大量的腐殖质和生物；淤泥中含有铵盐、硝酸盐、亚硝酸盐、硅酸盐和磷酸盐等无机盐类；淤泥中还含有以氢氧化物为主的黏土颗粒。养殖池淤泥具有保水、保肥、供肥和调节水质的作用；但淤泥过多，易恶化水质和发生鱼病。因此，若鱼苗池淤泥过多，应适当清除（用推土机或泥浆泵等）。一般在养鱼的空闲季节，将池水排干，使池底经风吹、日晒和冰冻，可加速有机物的分解，也能起到改良底质的作用。

2. 药物清塘 药物清塘是指用药物杀灭池塘中的各种敌害生物、病原体和野杂鱼的过程。清塘是鱼苗培育和提高成活率的一项重要措施，其目的是为鱼苗创造一个良好和安全的环境条件。下面介绍几种常用的清塘药物及其使用方法。

（1）生石灰（CaO）清塘　清塘原理如下：

$$CaO + H_2O \longrightarrow Ca(OH)_2$$
$$Ca(OH)_2 \rightleftharpoons Ca^{2+} + 2OH^-$$

生石灰遇水分解成钙离子和氢氧根离子；氢氧根离子的升高可使水的 pH 升高达 11 以上，具有强烈的杀灭敌害生物、病原体和野杂鱼的作用。

清塘方法和用量：干法清塘生石灰用量为 75 kg/亩；带水清塘（水深 1.0 m）用量为 120～150 kg/亩。将生石灰在池塘中溶解，全池泼洒。

生石灰质量的鉴别：从形状、颜色、密度、撞击声响等几方面进行鉴别。

（2）漂白粉 [$Ca(ClO)_2$] 清塘　清塘原理如下：

$$Ca(ClO)_2 + 2H_2O \rightleftharpoons Ca(OH)_2 + 2HClO$$
$$HClO \rightleftharpoons HCl + [O]$$

[O] 称为新生态氧，有强烈的杀菌和杀灭野杂鱼的作用。

清塘方法和用量：干法清塘每亩用 5～10 kg。带水清塘（水深 1.0 m）每亩用量为 13.5～15 kg，浓度达 20 mg/L 以上。将漂白粉溶解后，全池泼洒。

注意事项：漂白粉具有强烈的腐蚀性，操作人员应戴口罩、手套；易吸湿分解，应密封储藏；有效氯成分应达到 30% 以上。

（3）茶饼（粕）清塘　清塘原理：茶饼（粕）为山茶科植物果实榨油后所剩余的渣滓。茶粕含有皂角苷，它是一种溶血性毒素，可使动物血红素分解。用于清塘能杀死野杂鱼、蛙卵和蝌蚪、螺蛳和部分水生昆虫等，没有杀灭细菌的作用。

清塘方法和用量：带水清塘（1.0 m）的用量为 40～50 kg/亩。方法是将茶粕粉碎、浸泡 4～5 h 后，全池泼洒。

（4）鱼藤精（酮）清塘　清塘原理：鱼藤精是豆科植物鱼藤（或毛鱼藤）根部的提取物，为黄色结晶体，能溶解于有机溶剂，对鱼类和水生昆虫有杀灭作用。

清塘方法和用量：用鱼藤精清塘的浓度为 2.0～2.5 mg/L。方法是先稀释鱼藤精，再向池塘中均匀泼洒。

三、饵料生物培养及鱼苗放养

（一）池塘清塘后浮游生物发生发展规律

养鱼池底蕴藏着一定数量的藻类休眠孢子和浮游动物休眠卵，清塘注水后，作为一个独立的生态系统开始了它的生物发生、发展和群落演替过程。首先，鱼池中出现的是个体小、繁殖快的藻类和细菌。随后，以小型藻类和细菌为食的原生动物和轮虫繁殖起来。几天后，一些滤食藻类和细菌能力较强的枝角类占据优势地位。再过几天，具有捕食轮虫和小型枝角类能力的桡足类（剑水蚤）出现。此后，一个由各类浮游生物组成的生物群落形成，并长期处于较稳定状态。水温为 20～23 ℃，完成上述过程大约需要 20 d。

（二）适口饵料生物培养

鱼苗培育阶段饵料的好坏，应从其营养价值、适口性、可得性、对水质的影响以及饲养效果等方面衡量和评价。在鱼苗的池塘培育生产中，常用的饵料主要有大豆浆、微颗粒饲料、卤虫幼虫和轮虫等。

刚下塘的水花全长只有 6～7 mm，口径为 220～290 μm，只能吞食 150～220 μm 的饵料。轮虫与其他鱼苗开口饵料相比，其粗蛋白质、粗脂肪含量均属上等（表 4-2-1），大多数种类体长 166～300 μm，游泳速度慢，种群数量大，分布均匀。所以，轮虫是仔鱼培育较为理想的开口饵料。下面简要介绍轮虫的池塘培养方法和技术。

表4-2-1　几种饵料的营养成分（占干物质的百分比，%）

营养成分	大　豆	微颗粒饲料	卤虫幼虫	轮　虫
粗蛋白质	37.0	47.14	57.38	58.2
粗脂肪	16.2	3.7	7.38	14.2
灰分	4.6	11.98	21.15	14.9

1. 轮虫休眠卵萌发条件　轮虫休眠卵有圆球形、椭圆形和肾形等，直径为70～200 μm，其密度略大于淡水，通常被泥沙掩埋，在池塘表层淤泥（5 cm）中最多，大约占总量的90%。轮虫休眠卵休眠期少则几周，多则几年，当休眠卵内出现"气室"、悬浮于水层或暴露于淤泥表面时才能萌发。多数淡水种类休眠卵萌发的最低温度为10℃，在10～40℃范围内，萌发时间随着温度的升高而缩短。轮虫休眠卵萌发的最低溶氧为0.5 mg/L，适宜pH为6～10，盐度在8以下。另外，干燥和冷冻也是促进轮虫休眠卵萌发的手段。

2. 池塘培养和延长轮虫高峰期的方法及技术措施

（1）选择具有足够数量休眠卵的池塘　轮虫休眠卵埋在淤泥中，取一定深度（≥5 cm）和面积的淤泥，经过分离处理后，用显微镜观察计数。鱼苗培育池塘轮虫休眠卵数量应超过100万个/m²。养鱼池轮虫休眠卵数量与养殖时间和种类有一定关系，一般养鱼时间较长，休眠卵数量也较多；养殖鲤、鲫、草鱼等吞食鱼类的池塘休眠卵较多，养殖鲢、鳙的池塘休眠卵较少。

轮虫休眠卵的数量与轮虫培养达到高峰期的时间有密切关系，休眠卵越多，培养出的轮虫也越多，达到高峰期需要的时间越短（表4-2-2）。

表4-2-2　池塘淤泥中轮虫休眠卵数量与培养达到高峰期的时间

淤泥中休眠卵数量/(万个/m²)	≤100	100～200	200～400	≥500
培养轮虫达到高峰期时间（水温20℃）/d	≥10	8～10	5～7	3～5

（2）排干池水和用生石灰彻底清塘　在养鱼的空闲季节，要把池水排干，使池底淤泥经过风吹、日晒和冰冻，有利于轮虫休眠卵的萌发和有机物的分解。在放养鱼苗前，也要排干池水并用生石灰彻底清塘。生石灰遇水放出热量，也是促使休眠卵萌发的重要手段。

（3）适时注水和搅动淤泥　根据水温、轮虫休眠卵数量与轮虫达到高峰期时间的关系，确定注水和搅动淤泥的时间，以保证鱼苗在轮虫高峰期时下塘。

鱼苗培育池初次注水深度以 30~40 cm 为宜，浅水有利于水温的升高。注入的河水和池塘水要经过过滤，防止敌害和野杂鱼进入。注水后，可用大拉网、铁链、铁耙等工具搅动淤泥，促使轮虫休眠卵上浮到水层中萌发。

（4）适当施肥和加注新水　轮虫的主要食物是细菌、腐屑和藻类等，施粪肥可带入大量细菌、腐屑和培养藻类。所以，鱼苗培育池清塘后应施粪肥（鸡粪）100~200 kg/亩，为轮虫的大量繁殖和生长奠定饵料基础。

当轮虫大量繁殖后，藻类被滤食，池水变清；同时，代谢产物积累，水质恶化。所以，还应根据池塘水色和藻类情况适当追肥和加注新水，以保证轮虫繁殖和生长所需饵料和水质条件。

（5）控制敌害和竞争生物　池塘淤泥中不仅有轮虫休眠卵，而且还有枝角类、桡足类等浮游动物休眠卵存在，它们也会在清塘注水后萌发、繁殖；如果加注河水和池塘水，还会带入上述浮游动物的成体、幼体或休眠卵。桡足类摄食轮虫，是轮虫的天敌。枝角类虽然不摄食轮虫，但它们与轮虫生态位相同，与轮虫争夺空间和饵料。所以，培养和延长轮虫高峰期，必须控制枝角类和桡足类的数量。实践证明，用晶体敌百虫可有效控制池塘中枝角类和桡足类数量。表 4-2-3 是晶体敌百虫杀死几种枝角类和桡足类的用量。

表 4-2-3　晶体敌百虫杀死几种枝角类、桡足类和轮虫的用量

浮游动物种类	大型枝角类 （隆线溞、大型溞等）	小型枝角类 （裸腹溞等）	桡足类 （剑水蚤）	轮虫 （萼花臂尾轮虫）
敌百虫浓度/（mg/L）	0.05	0.3~0.5	0.5~0.7	1.0~1.2

必须指出，随着水花鱼苗的生长和口径增大，枝角类和桡足类也将成为重要的饵料。所以，杀死枝角类和桡足类应视其危害程度和时机。

（6）控制轮虫种群数量　当池塘中轮虫数量达 1 万~2 万个/L（20~40 mg/L）时就是高峰期了；这时如不采取措施，就会因种群密度过大、饵料匮乏和水质恶化等原因造成轮虫数量急剧下降。所以，应控制轮虫种群数量在适宜范围，以维持和延长轮虫高峰期。池塘中轮虫种群密度可采取用药物在局部泼洒和用水泵、筛绢网抽滤等方法控制。

（三）鱼苗放养

1. 适时下塘　所谓适时下塘，一是指仔鱼的发育阶段，即发育到鳔充气、口张开，卵黄囊基本消失；二是指池塘水温、水质适宜，适口饵料丰富，即轮虫数量达 1 万个/L 以上（生物量达 20 mg/L 以上）。把握水花鱼苗下塘时机是提高成活率和生长率的重要措施之一，应根据养殖鱼类人工催产和孵化时间，

确定鱼苗培育池清塘和注水时间，合理采取饵料生物培育、水温和水质调控措施，保证水花鱼苗的适时下塘。

2. 放养密度 我国劳动人民在长期实践中，逐渐形成了许多具有地区特色的鱼苗培育方法，如"豆浆法"和"草浆法"等；在培育方式上，也形成了从水花、夏花到秋片的二级培育法和从水花、乌仔头、夏花再到秋片的三级培育法。不论采取何种方式和方法，鱼苗的放养密度都与其成活率和生长率密切相关，即放养密度过大，成活率和生长率都下降。表4-2-4是辽宁中部地区几种养殖鱼类水花至夏花培育阶段的放养密度，仅供参考。

表4-2-4　几种养殖鱼类水花至夏花培育阶段的放养密度

鱼　类	鲤	鲢、鳙	草鱼	黄颡鱼	鲇
水花放养密度/(万尾/亩)	10	15～20	10～15	10	5～8
饲养时间/d	20	15	15	15	10～15

注：上述鱼类水花至夏花采用中期乌仔头分塘方法培育，水花放养密度可适当增大。

3. 鱼苗放养注意事项

（1）敌害生物和野杂鱼　如果清塘不彻底，池中尚存有野杂鱼，不能放养鱼苗。检查方法是用密眼网拉1～2遍，以清除蛙卵、蝌蚪和有害昆虫等。

（2）清塘药物毒性　可用"试水鱼"方法检查，即取池塘水放入水花鱼苗，待5～6 h后检查成活情况。

（3）天气状况　水花放养应选择在晴天无风的上午，一般在池塘上风处放入。池塘风浪大，一般不能放养水花鱼苗。

（4）水温和水质　水花鱼苗放养时，如运鱼水体与池水的水温、溶氧、氨氮、pH等差异很大，需要经过"缓鱼"才能放养。

（5）发育阶段　水花鱼苗放养的最佳时间是"腰点"出现10～12 h。一般一口池塘只放同一批鱼苗；放养数量也要准确。

另外，放养鲇和黄颡鱼水花的池塘，应投放草把、草帘等隐蔽物，以防止鱼苗过分密集造成局部缺氧或被敌害侵袭。

四、鱼苗的饲养管理

鱼苗培育中饲养管理工作的内容主要包括巡塘、定期注水、适当投喂和鱼病防治等。

1. 巡塘　巡塘是指在特定时间到池塘巡视，以便及时发现问题和解决问题。鱼苗培育中的巡塘一般选择在凌晨和傍晚，此时池塘的水温和溶氧为一天的极值，也容易观察到鱼苗和其他生物对池塘水温、水质变化的适应活动。巡塘除了观察水色、水位及其变化，浮游生物和鱼苗活动情况，测定水温、溶氧、pH、氨氮等水质指标外，还应随时检查和维修注排水口（或管道）、清除蛙卵和杂草等。

2. 定期注水 鱼苗培育池加注新水的目的是扩大水体空间，冲淡代谢产物，改善水质，促进鱼苗和饵料生物的生长、繁殖。一般每 2～3 d 加水一次，每次使池水深度增加 10 cm 左右。鱼苗池加水应在晴天上午进行，注水水流适宜（不能过大或过小）。加注河水或池塘水时，应用筛绢网过滤，切勿带入野杂鱼及其鱼卵。

3. 适当投喂 鱼苗培育采用彻底清塘、培养饵料生物和适时下塘方法，池塘中饵料生物发生、发展与鱼苗适口饵料及食性转化相一致，天然饵料一般可以满足鱼苗生长的需要，不必投饵。如果池塘中天然饵料不足，特别是当鱼苗全长 15 mm 以上，生物量满足不了鱼苗生长需要时，应适当投饵。鱼苗培育中投喂饲料及其方法如下：

（1）生物饵料 专池培养生物饵料（轮虫培养方法同上），采取水泵和筛绢网抽滤方法获得轮虫、枝角类和桡足类等生物饵料，然后按一定密度投喂。

（2）人工饲料 鱼苗培育中投喂的人工饲料主要有大豆浆、草浆、鱼糜浆或配合饲料面团等。一般仔鱼和早期稚鱼阶段投喂大豆浆、草浆或鱼糜浆等。如大豆浆，每天每亩用大豆 3～5 kg，按 1：（7～8）加水浸泡 4～5 h，用磨磨浆、80～100 目筛绢网过滤，去除残渣；现用现磨，每天在 9:00、15:00 和 18:00 分 3 次追鱼（距池边 1～2 m 处）泼洒投喂。

鱼苗全长 15 mm 左右，可投喂鱼糜或配合饲料面团。一般将上述饲料揉成小面团，在池边水中每隔 2～3 m 投放 1 团；或将鱼糜冷冻呈鱼丸子或饼状，在适宜时间（鲇形目鱼类在傍晚）投放到饵料台附近。

4. 鱼病防治 鱼病防治应以防为主，积极治疗。用生石灰彻底清塘，加注洁净水；鱼苗下塘时做鱼体消毒处理，如寄生虫（纤毛虫）病使用硫酸铜和硫酸亚铁防治，细菌病使用氯制剂、碘制剂、抗生素等防治。

五、拉网锻炼和及时分塘（出塘）

1. 拉网锻炼 鱼苗是在饵料丰富、水质良好、环境舒适、人们的精心照料下长大的，就如同温室中的花朵，还经不住像拉网、过数、运输这样的操作。所以，当鱼苗全长达 20 mm（乌仔头）或 30 mm（夏花）左右时，应进行拉网锻炼，增强体质，准备出塘。

拉网锻炼的目的是使鱼苗受惊，剧烈游动排出粪便，分泌黏液，降低身体组织含水量，使肌肉更加结实，能经得起拉网出塘操作和运输中的颠簸。另外，拉网时鱼群密集以使鱼苗适应缺氧环境，并可清除一些敌害生物，如松藻虫、华蜉、蜻蜓幼虫等。拉网锻炼的方法是用鱼苗网从池塘一端下网，另一端出网。将鱼苗集中在网内（或将鱼苗放入网箱中），然后再放回池塘。鱼苗池拉网的注意事项如下：

（1）天气状况　选择晴天、无风的上午拉网，阴雨天和大风天一般不拉网。

（2）鱼苗体质　鱼苗体质不好，拉网速度要慢，防止鱼苗贴网。

（3）池塘淤泥　防止拉起淤泥，以免造成鱼苗窒息死亡。

2. 及时分塘（出塘）　一般进行1～2次拉网锻炼，乌仔头或夏花就可以分塘（出塘）。出塘拉网操作与锻炼时的操作基本一致。拉起的乌仔头或夏花进入网箱，可采用容量法或重量法确定数量和成活率。水花培育乌仔头，出塘成活率一般为60%以上；水花培育夏花，出塘成活率一般为50%以上。

乌仔头和夏花质量的鉴别如下：

（1）在池中整体观察　看鱼苗在池塘中的活动情况，成群游泳，游泳速度快的体质好。对惊吓反应敏感的体质好。

（2）抽样观察　将鱼苗放在盆中，观察整齐度、体色、肥满度及逆水游泳能力、是否拖泥（身体和鳍上有泥，表明没有黏液，鱼苗体质不好）、离水的挣扎能力等。

第三节　鱼种的池塘常规培育技术

水花养成夏花，体重增大了数百倍，如果仍在原塘饲养，就会因密度太大而影响生长，因此要进行分塘和减小密度饲养。养殖鱼类在夏花以后，其食性、摄食方式和栖息习性发生了很大变化，表现出物种的基本特性。所以，鱼种培育和鱼苗培育有许多不同之处：①个体增大，需要有更大的空间。所以，鱼种培育池的面积要大些，水要深些，放养密度要相对稀些。②养殖鱼类夏花以后，其食性、摄食方式、栖息习性发生变化，为了充分利用水体空间、天然饵料和人工饲料，鱼种培育一般采用混养方式。③鱼种培育是养鱼生产的中间环节，为食用鱼饲养提供鱼种。所以，鱼种培育要达到一定规格，以满足商品鱼饲养的需要。在保证规格的前提下，数量也是追求的目标之一。④夏花养到秋片需要几个月的时间，天然饵料一般满足不了需要。所以，投喂人工饲料是鱼种培育的重要措施之一。

一、鱼种培育池的选择与放养前准备

1. 鱼种培育池的选择　良好的鱼种培育池应具备以下条件。

（1）池形规整，面积、水深适宜　池塘为长方形，长宽比为（3~4）∶1；面积为 5~15 亩，水深 1.5~3.5 m；池塘土质为壤土或砂壤土，池底平坦，淤泥适量（≤20 cm）；池堤坚固，不渗漏，无杂草。

（2）靠近水源，水源水质良好，水量充足，注排水方便　水源以河水为主，地下水为辅，水质符合《渔业水质标准》（GB 11607—89）的要求；水源充足，具有动力注水和排水设施、设备（水泵、动力电源及其线路等）并配备增氧机；注水渠（或管道）和排水沟分开，可实现单排单灌。

2. 放养前的准备

（1）池塘修整　多年养鱼池塘池底淤泥较厚，应采用推土机或泥浆泵清除过多的淤泥，加高加固池堤和主排水口（或管道）。在养鱼的空闲季节，可将池水排干，使池底经风吹、日晒和冰冻，加速有机物的分解，同时起到改良底质的作用。

（2）药物清塘　清塘药物和方法与鱼苗培育相同。

（3）适量注水和施肥　主养鲢、鳙的池塘，在夏花放养前 7 d 左右，应适当注水和施肥培养天然饵料生物。一般注水 1.0~1.2 m 深，施鸡粪 300~400 kg/亩。主养鲤、鲫、草鱼、团头鲂的池塘，一般不施粪肥。

二、夏花放养

（一）放养种类和比例

养殖鱼类在夏花以后，其食性、摄食方式和栖息水层已有了明显的分化，将不同食性、不同摄食方式、不同栖息水层的夏花放养到一口池塘中混养，可充分利用水体空间和饵料资源，发挥各种鱼类间的互利作用，加大放养密度并提高鱼产量。但鱼种培育与商品鱼饲养不同，前者要求规格大且整齐，后者追求产量和效益目标。所以，鱼种培育混养种类不多，一般主养 1 种，搭养 2~3 种。

鲢、鳙是淡水主要养殖鱼类，在不投喂人工饲料和放养密度较稀的情况下，鲢、鳙是主养鱼，放养数量通常占 50% 以上，二者的适宜比例为

(2~3):1。主养鳙的池塘,一般不搭养鲢或推迟鲢的放养时间。

以鲤、鲫、草鱼等"吃食性"鱼类为主,投喂人工饲料饲养时,搭养鲢、鳙20%左右,二者适宜比例为(4~5):1。

鲤和草鱼活动水层大致相同,在天然水域中它们食性没有矛盾;但在人工养殖水体、放养密度较高和投喂人工饲料情况下,因草鱼抢食能力强,故以鲤为主养的池塘一般不搭养草鱼;以草鱼为主的池塘,可少量搭养鲤。

鲇、黄颡鱼适合池塘主养,可少量搭养鲢的夏花。

(二)放养密度和模式

在相同饲养条件下,在一定范围内,养殖鱼类夏花的放养密度与鱼种出塘产量(数量)成正比,与出塘规格成反比。为了满足不同养殖方式的需要,要将夏花培育成较大规格的鱼种,其放养密度应依据池塘条件、饲养的技术水平和计划养成规格来确定。

不同的养殖方式,需要的鱼种规格也不尽相同。如水库放养鲢、鳙的数量大,为了方便运输和降低成本,一般选用规格较小的鱼种。所以在夏花放养时,密度应适当加大,以培育出数量多、符合水库放养需要的鱼种。又如池塘轮养,放养鱼种要在一定时间内达到商品规格,要求鱼种规格大且整齐。

我国各地自然条件不同,养鱼传统和模式也不尽相同。表4-3-1为我国北方地区池塘培育鱼种的放养模式,仅供参考。

表4-3-1 我国北方地区几种养殖鱼类夏花放养密度与出塘规格

种类	主养鱼			搭养鱼		备注
	放养密度/(尾/亩)	出塘规格/(g/尾)	单产/(kg/亩)	种类和密度/(尾/亩)		
鲤	8 000~9 000	100	850	鲢2 000,鳙1 000		
	4 000~5 000	150	700	鲢2 500,鳙1 000		
草鱼	7 000~8 000	100	750	鲢2 000,鳙1 000		
	3 000~4 000	150	500	鲢2 500,鳙1 000		
鲫	8 000~10 000	50	450	鲢2 500,鳙1 000		
团头鲂	6 000~7 000	75	450	鲢2 500,鳙1 000		
黄颡鱼	40 000	10	400	鲢2 000		
	20 000	15	300	鲢2 000		
鳙	3 000~4 000	100	300	鲢1 000,鲤200		投喂为主
鲢	3 000~4 000	100	300	鳙1 000,鲤200		施肥为主

三、鱼种的饲养管理

鱼种培育的饲养管理方法依放养种类、放养密度和预期出塘规格、预期出塘产量的不同而不同。一般主养"吃食鱼"的高产池塘，以投饵为主；主养"肥水鱼"的池塘，以施肥为主。下面以主养"吃食鱼"的高产池塘为例，介绍其饲养管理方法。

（一）饵料选择

养殖鱼类不同发育阶段对营养需求不同，一般来说，幼小阶段对营养要求高而苛刻。所以，应依据饲养种类和阶段的不同，进行科学选料与搭配，制成适合不同阶段幼鱼摄食的配合饲料。

1. 饲料性状 目前，池塘养鱼使用的商品饲料主要有硬颗粒饲料、膨化颗粒饲料、软颗粒饲料、微（胶囊）颗粒饲料和粉状饲料等。鲢、鳙为滤食性鱼类，摄食浮游生物，人工饲养可投喂粉状或微颗粒饲料。软颗粒饲料含水分50%以上，适于凶猛肉食性鱼类摄食。硬颗粒饲料密度较大，适于大多数吞食性鱼类；但其相对密度较大，在水中沉降快、易散失，对水体污染较大。膨化颗粒饲料适用于多种鱼类，它容易被消化和吸收，在水中不易散失，对水体污染小，深受养殖者欢迎，是养鱼饲料发展的方向。

2. 颗粒大小 饲料颗粒大小应与养殖鱼类口径大小及其吞食能力相适应。表 4-3-2 是不同饲料颗粒与适应鲤的体长和体重。

表 4-3-2 不同饲料颗粒与适应鲤的体长和体重

颗粒直径/mm	体重/g	体长/cm
0.5～0.8	≤1.0	≤3.0
0.8～1.5	3.0～7.0	5.8～7.4
1.5～2.0	7.1～12.0	7.5～8.4
2.0～2.5	12～50	9.5～15.0
2.5～3.5	51～100	16～18
3.5～4.5	100～300	19～23
6.0	≥300	≥23

（二）投喂方法

1. 投饵量的确定 投饵量又称投饵率，通常用日投饵重量占鱼体重的百分数表示。投饵量过小，养殖鱼类处于饥饿状态，生长发育缓慢；投饵量过大，不但饲料利用率低、浪费饲料，而且败坏水质，易诱发鱼病。确定最适投饵量是提高饲料利用率、转化率和降低成本的关键。所谓最适投饵量就是饲料转化效率最高、养殖鱼类生长速度较快时的投饵量。最适投饵量与养殖种类、规格大小有关，与饲料营养成分有关，还与养殖水体的水温、水质有关。确定养殖鱼类日投饵量的方法主要有试验确定投饵率列表法和根据饲料系数确定的额定投饵量法。

（1）投饵率表　在不同水温下进行试验观察，测定不同投饵率时不同规格养殖鱼类的生长速度，以生长速度较快下的投饵率为最适投饵率。表4-3-3是不同水温、不同规格鲤的最适投饵率，其他养殖鱼类可参照执行。

表4-3-3　不同水温、不同规格鲤的投饵率（%）

水温	体重/(g/尾)										
	2.0~5.0	5.0~10.0	10~20	20~30	30~40	40~50	50~100	100~200	200~300	300~700	700~800	800~900
15℃	4.9	4.1	3.3	3.1	2.7	2.2	2.4	1.9	1.6	1.3	1.1	0.8
16℃	5.2	4.4	3.5	3.3	2.9	2.3	2.6	2.0	1.7	1.4	1.1	0.8
17℃	5.5	4.7	3.7	3.6	3.1	2.5	2.8	2.2	1.8	1.5	1.2	0.9
18℃	5.8	5.0	4.0	3.9	3.4	2.7	3.0	2.3	1.9	1.7	1.3	1.0
19℃	6.3	5.4	4.4	4.2	3.7	2.9	3.2	2.5	2.0	1.8	1.4	1.0
20℃	6.9	5.9	4.9	4.6	4.0	3.2	3.4	2.7	2.2	1.9	1.5	1.1
21℃	7.5	6.4	5.2	4.9	4.3	3.4	3.6	2.9	2.3	2.0	1.6	1.2
22℃	8.1	6.9	5.6	5.3	4.5	3.6	3.9	3.1	2.5	2.2	1.7	1.3
23℃	8.7	7.4	6.0	5.6	4.9	3.9	4.2	3.3	2.7	2.3	1.8	1.4
24℃	9.2	7.9	6.4	6.0	5.1	4.1	4.5	3.5	2.9	2.5	2.0	1.5
25℃	9.8	8.2	6.7	6.2	5.4	4.4	4.8	3.8	3.1	2.7	2.1	1.6
26℃	10.4	8.8	7.0	6.6	5.8	4.6	5.2	4.1	3.3	2.9	2.3	1.7
27℃	11.0	9.4	7.5	7.2	6.2	5.0	5.5	4.4	3.5	3.1	2.4	1.8
28℃	11.5	10.0	8.1	7.8	6.8	5.4	5.9	4.7	3.8	3.3	2.6	1.9
29℃	12.6	10.8	8.9	8.4	7.4	5.8	6.3	5.0	4.1	3.5	2.8	2.1
30℃	13.3	11.8	9.8	9.2	8.0	6.1	6.8	5.4	4.4	3.8	3.0	2.2

（2）额定投饵量法　首先预计养殖对象的生长率和饲料系数，再按养殖鱼类的增重倍数和预计的净产量，根据养殖期内的水温和鱼的生长特点，逐月、逐旬、逐日分配饲料用量（表4-3-4）。

表 4-3-4　北方地区池塘养鱼使用饵料的各月的分配情况

4月	5月	6月	7月	8月	9月	10月
2%～3%	7%～8%	10%～15%	15%～20%	20%	15%～20%	5%～10%

生产上按投饵率表和额定投饵量法确定投饵量比较简单，但表中养殖鱼类体重分组间距较大，实际水温、水质也不可能恒定不变。因此，完全按上述方法确定日投饵率是不行的，必须加以修正。修正方法有二：一是根据饲料营养有效成分含量和养殖鱼类对营养成分的需要量调整；二是根据饲料制作质量、天气、水温、水质情况灵活调整。例如，饲料营养成分有效含量与鱼类需要量差距较大时，可适当增加投饵量；颗粒饲料成型不好，粉末超过40%，在投喂时要适当增加10%的投喂量；颗粒饲料在水中的稳定性较好，入水可维持30 min不散，这时可酌情减少10%的投喂量；如果养殖水域溶氧较低，为1～3 mg/L，要适当减少50%～60%的投喂量。

2. 投喂时间、次数和方法　鱼类摄食行为是发现、获得并摄取食物的过程。摄食行为的引发受多种因素的影响，如食物的物理特性（形状、颜色、大小、硬度等）及食物的化学性质（味道、光亮和辐射性等）。上述物理和化学特性被鱼类的感觉器官（视觉、嗅觉、触觉等）所发现，由神经传导至中枢神经系统，根据体内是否需要下达指令。鱼类是否摄食还取决于体内生理状况，如血糖浓度、饥饿状况和生物节律等。

投饵时间和次数应根据鱼类的摄食节律确定。鲤科鱼类往往在有光照时不停地觅食，没有明显的节律，而且摄食速度较慢，摄食量与水温、溶氧等因素有关。所以，鲤科鱼类的投饵一般应在白天，日投喂次数以2～6次为宜，每次投喂时间不少于30 min。鲇形目鱼类在傍晚或夜间觅食，摄食有明显的节律。所以，大口鲇、怀头鲇、黄颡鱼等的投喂时间应在傍晚和夜间，每日投喂1～2次为宜。

池塘养鱼投喂颗粒饲料一般采用自动投饵机或人工手撒方法。设投饵台（点），驯化池鱼形成条件反射，使其集中、上浮抢食。饲料颗粒大小与鱼的口径相适应，使池鱼尽快吃饱，尽量缩短一次投喂时间。在日投饵量确定后，合理分配每次投喂量。根据不同鱼类的摄食习性，合理掌握投饵速度和时间。如大口黑鲈摄食速度较快，投饵速度也要快，投饵时间要短；黄颡鱼摄食速度慢，投饵速度也要慢，投饵时间要延长。

（三）水质调控

池塘养鱼过程中，水质调控的措施和办法主要如下：

（1）加注新水和排出老水　鱼种培育池要每隔5～10 d加水一次；注水量为增加10 cm深。如果水质恶化，排出部分老水后，再加注新水。

（2）适当施肥，保持浮游植物数量和良好的生理状态　根据池塘缺肥情况合理施肥。以"吃食鱼"为主的高产池塘，一般不施有机肥；以鲢、鳙为主的池塘，一般以施有机肥为主，施化肥为辅。

（3）合理使用增氧机　高产池塘一般每3～5亩池塘设一台增氧机。坚持晴天中午开增氧机，凌晨缺氧时开增氧机。

（4）经常搅动底泥和使用水质改良剂　搅动底泥能起到施肥的作用；另外，搅动底泥也能减少底层氧债。目前，用于池塘养鱼水质调控的化学药物主要有：增氧剂、底质改良剂和水质改良剂，如EM菌等微生态制剂。

四、秋片出塘

秋末冬初，水温降至10 ℃以下时池鱼已不大摄食，可考虑拉网将鱼种出池或并塘越冬。鱼种出池是放养到食用鱼池塘或湖泊、水库中继续饲养。我国北方地区冬季气候寒冷，室外池水结冰，为了方便冬季管理，一般将鱼种并塘越冬。越冬管理将在其他章节中介绍。

第四节　鱼苗鱼种的工厂化培育

目前，只有部分养殖鱼类的苗种是利用土池塘培育，而另一些养殖鱼类的苗种通常利用工厂化车间培育，如大黄鱼、牙鲆、大菱鲆、罗非鱼、鳜、鲑鳟类、鲟类等。工厂化车间培育鱼苗鱼种与土池塘培育鱼苗鱼种的方法有许多共同之处，但也有其特点：第一，鱼苗生长发育所需营养完全依赖于人工投饵，应提供苗种的系列饵料，包括轮虫等动物性饵料和饵料鱼等。第二，可利用配套设施，对水温、水质、光照等进行有效的控制，鱼苗放养密度大，育苗生产效率高。

（一）饵料生物培养

目前，轮虫培养有两种方式，一是利用室外土池塘培养，二是利用水泥池（室内或室外）培养。室外土池塘培养已在前面做了介绍，这里概要介绍水泥池培养轮虫的方法。

1. 培养条件　培养池面积小的只有几平方米，大的有几千平方米，深度一般为 1~1.5 m。高密度集约化培养需要有加温、保温、充气和搅拌设施，还应具有一定光照条件（＞1 000 lx），培养用水一般要用次氯酸钠等消毒处理。

2. 系列饵料 室内培育鱼苗的开口饵料主要有多种轮虫、桡足类无节幼体、卤虫幼虫、活饵料鱼（团头鲂水花可作为鳜的饵料鱼）、鱼糜、微颗粒饲料等。

3. 轮虫的培养方法

以室内培养褶皱臂尾轮虫为例。

（1）接种 一般可先在培养池中培养小球藻，作为轮虫的饵料，然后再接种轮虫。接种密度一般为不少于 10 个/mL。

（2）培养和管理 主要有鲜活藻类、藻粉、面包酵母、脂肪酵母等，采用少量多次投喂法，不间断充气，经常搅动池底，防止底层水质恶化。

（3）采收 当轮虫密度达到 200 个/L 以上时，用 200 目筛绢网过滤采收。

（二）苗种培育中的饲养管理

1. 放养密度及其调整 采用连续充气、定期换水或微流水方法培育，鱼苗全长 4~7 mm，适宜放养密度为 3 万~5 万尾/m^2；全长 7~10 mm，适宜密度为 1 万~2 万尾/m^2；全长 10~15 mm，适宜密度为 3 000~5 000 尾/m^2；全长≥15 mm，适宜密度为 1 000~2 000 尾/m^2。应根据水温、水质和鱼苗生长情况及时调整鱼苗密度，不同规格鱼苗分级饲养。

2. 充气、换水和清污 鱼苗培育用水一般采用砂石过滤，饲养期间保持水质清新，水温适宜，溶氧≥5.0 mg/L，pH 为 7.0~8.5，氨氮含量≤0.5 mg/L。

采用在池底连续充气方法，充气石分布要均匀，一般每平方米设一个充气头，充气量以使水体轻微翻转和不缺氧为原则。

鱼苗全长≤6.0 mm，可采用静水培育，每天应清污和换水 1~2 次，日换水量达 1/3~1/2；鱼苗全长≥7.0 mm，每天除清污外，日交换量增加 50%~100%；鱼苗全长≥10 mm，可采取清污和微流水饲养。换水时，应保持水温的相对稳定，温差≤2 ℃。

在培育期间，每天采用虹吸法清除池底沉积物（残饵、粪便等），以保持水体清洁。

3. 选择饵料及投喂 鱼苗池应避免阳光直射，室内适宜照度为 1 000~3 000 lx。

鱼苗全长≤5.0 mm，投喂小型轮虫；全长 5~10 mm，投喂大型轮虫；全长 8~15 mm，可投喂桡足类、卤虫无节幼体、水丝蚓等；全长 10 mm 以后，可以投喂微颗粒饲料。上述饵料交叉投喂，轮虫、无节幼体的饵料量保持在 15 个/mL 左右，微颗粒饲料的日投饵量占鱼苗体重的 25%～50%。

4. 预防鱼病　鱼苗饲养期间，除保持水质清洁外，还应适当泼洒药物预防鱼病发生。

第五节　实验部分

实验一　仔鱼与稚鱼摄食器官的解剖观察

（一）实验目的

通过对几种鱼类仔鱼、稚鱼摄食器官的比较解剖，学习显微解剖技术和方法，了解主要养殖鱼类摄食器官发育和食性转化过程。

（二）实验材料和工具

1. 实验材料　选择鲤、鲢、鳙、草鱼、团头鲂等养殖鱼类的仔鱼（水花）、乌仔头（稚鱼）和幼鱼（夏花）为解剖材料。

2. 实验工具　尖头镊子（磨尖）、磨石、解剖镜、光学显微镜、培养皿、载玻片等。

（三）实验内容和方法

用光学显微镜游标尺测量鱼苗全长或体长后，将其放在培养皿中，加少量水，在解剖镜下用尖头镊子解剖。

1. 鳃耙　去掉鳃盖骨和头盖骨，取出第一鳃弓，放在载玻片上，在光学显微镜下观察鳃耙的形状、数目、鳃耙间距等。

2. 咽齿与角质垫　依次去掉第一、二、三、四鳃弓骨，取出第五对鳃弓，即咽齿；用镊子小心去掉肌肉和结缔组织，可见到咽齿。

3. 肠管　将肠管完整解剖下，观察肠襻数（肠管的弯曲），测量肠管的长度。

（四）实验报告

1. 绘制第一鳃弓、咽齿、肠管。
2. 应用解剖不同种类、不同规格鱼苗数据，分析和讨论鱼类摄食器官和食性转化过程。

实验二 轮虫休眠卵的采集与定量测定

(一) 实验目的

通过本实验，学习轮虫休眠卵的采集和定量方法，熟悉各种轮虫休眠卵形态特征；了解轮虫休眠卵及其萌发规律，掌握轮虫培养方法。

(二) 实验材料和工具

采泥器（桶式采泥器）、电子秤或天平、蔗糖、饱和食盐水、大烧杯、30～60 mL 锥形瓶、吸管、光学显微镜、载玻片、计数框、盖玻片等。

(三) 实验内容和方法

1. 池塘轮虫休眠卵采集和定量

（1）休眠卵采集 在池塘选择 4～6 个采样点，用直径 5～15 cm 圆筒采泥器（自制）垂直插入底泥（深度≥10 cm），抽取一定面积的池塘底泥；每个采样点切取表层 5 cm 厚淤泥，放入样品袋中混合均匀。

（2）抽样 可采取重量法或体积法抽样。重量法是将所采集的淤泥称重，充分混合均匀后取一定重量用于休眠卵分离和定量；体积法是将采集的淤泥加水稀释到一定体积，混合均匀后抽取部分底泥样用于休眠卵分离和定量。

（3）休眠卵分离 采用比重法分离，即休眠卵在高渗液中上浮于表面，与泥水分离。高渗液为饱和食盐水，再加入 20％蔗糖。取 10～15 mL（或 10～20 g）稀释泥水放入 50～100 mL 锥形瓶中，加入高渗液充分搅动；再慢慢加入高渗液至瓶口，然后静置 2～3 h。

（4）镜检鉴别种类和定量 用载玻片或浮游生物计数框在锥形瓶的瓶口沾取休眠卵，在光学显微镜下鉴别种类和计数；多次沾取（一般 4～5 片），直至沾取液体中无休眠卵为止。

（5）统计休眠卵数量（万个/m²） 上述操作完成后，池塘淤泥中轮虫休眠卵数量可按下式计算：

$$N=\frac{V \times P_n}{U \times S}$$

式中：N 为休眠卵数量，个/cm² 或万个/m²；V 为稀释后泥水体积，mL；U 为抽样体积，mL；P_n 为观察休眠卵数，个；S 为采集塘泥面积，cm²。

2. 不同池塘轮虫培养的比较观察 采集不同池塘样本进行比较。

(四) 实验报告

绘制不同轮虫休眠卵的形态，并统计不同池塘轮虫休眠卵的种类和数量。

实验三　池塘浮游生物种类鉴定与定量测定

(一) 实验目的

通过本实验，学习和掌握浮游生物种类鉴定和生物量测定，熟悉和巩固浮游生物采样、水样处理、种类鉴定和定量等方法和技能。

根据观测结果有目的地采取各种措施进行浮游生物培养，学习和掌握养鱼池水质调控和管理方法。

(二) 实验材料和工具

1. 实验材料　在养殖池塘采集的浮游植物和浮游动物样本。

2. 实验工具　采水器或采水桶、浮游生物网（200目，0.064 mm孔径）、水样瓶（1～2 L）、样本瓶（50～100 mL）、乳胶虹吸导管（直径为5～8 mm）、量筒、鲁哥氏液（碘液）、甲醛、刻度吸管（或100～200 μL移液管）、浮游植物计数框（0.1 mL）、浮游动物计数框（0.2 mL）、盖玻片、光学显微镜。

鲁哥氏液（碘液）的配制：称取6 g碘化钾溶解至20 mL纯水中，待其完全溶解后，再加入4 g碘充分摇匀，待碘完全溶解后定容至100 mL，并移至棕色瓶中保存备用。

(三) 实验内容和方法

1. 浮游植物采集和定量测定

（1）水样采集和固定　在距离池塘岸边1～2 m处，均匀选择4～6个点分别采水样1 L，在水桶中混合，然后用水样瓶取1 L，并立即加入1%的鲁哥氏液固定，盖上瓶盖，带回静置24～48 h。一般一口池塘采2个水样。

（2）取浓缩水样　水样静置24～48 h后，用乳胶管虹吸法将上清液吸出，将保留的沉淀水样（体积30～80 mL）移至样本瓶中，盖上瓶盖贴上标签，待用光学显微镜观察。

（3）浮游植物定性、定量分析　将浓缩沉淀的水样充分摇匀，用刻度吸管或移液管取浓缩水样0.1 mL移至浮游植物计数框内，盖上盖玻片。在光学显微镜（400～600倍）下进行定性观察和定量测定。

① 浮游植物定性观察（种类鉴定）。参照水生生物学实验指导及图谱。

② 浮游植物定量测定。采用行格法或镜头视野法，确定计数行格和镜头视野内浮游植物种类和数量。行格法一般每片计数第3、5、8行/列中的浮游植物；镜头视野法必须确定观察镜头（视野光圈）的直径/面积，通过随机移动镜头视野，计数所有镜头视野内浮游植物。一般要观察超过50~100个视野。

③ 计算。浮游植物数量（个/L）：1 L水样中浮游植物的数量N（细胞数量）可以用下列公式计算：

$$N=[C_s/(F_s \times F_n)] \times (V/V_0) \times P_n$$

式中：C_s为计数框面积，mm^2；F_s为一个视野面积，mm^2；F_n为计数过的视野数；V为1 L水样经浓缩后的体积，mL；P_n为计数的浮游植物个数；V_0为计数框的体积，mL。

浮游植物生物量（mg/L）：一般按体积换算（按细胞相对密度为1计算），可用形态相似的几何体积公式计算细胞体积。细胞体积（毫升）相当于细胞重量（克）。这样体积值（μm^3）可直接换算为重量值（10^9 μm^3合1 mg鲜藻重）。也可以查阅浮游植物细胞鲜重值换算。

2. 浮游动物采集和定量测定

（1）水样的采集和固定 采水样地点布设与采集浮游植物相同。枝角类、桡足类等大中型浮游动物可采用25号浮游生物网（200目）采集，每个点采集5~10 L水样过滤、浓缩至30~50 mL，立即加入鲁哥氏液固定，长期保存需加甲醛溶液。原生动物、轮虫等中小型浮游动物采样方法与浮游植物采集相同。静置12 h以上，用光学显微镜观察。

（2）浮游动物定性、定量分析 将浓缩沉淀的水样充分摇匀，用刻度吸管或移液管取浓缩水样0.2 mL移至浮游动物计数框内，盖上盖玻片。在光学显微镜下进行定性观察和定量测定。浮游动物定性观察（种类鉴定）可参照水生生物学实验指导及图谱进行。定量测定一般要看全片，记录各种浮游动物的种类和数量。

（3）计算 浮游动物数量（个/L）计算公式如下：

$$N=(N_0 \times V_1)/(V_2 \times V_3)$$

式中：N为1 L水样中浮游动物的数量，个/L；N_0为取样计数所得的个体数，个；V_1为水样浓缩后的体积，mL；V_2为取样计数的体积，mL；V_3为过滤的水量，L。

浮游动物生物量（mg/L）计算公式如下：

$$B=S/V$$

式中：B 为湿重生物量，mg/L；S 为样品湿重，mg；V 为过滤水样体积，L。

(四) 实验报告

记录并统计池塘浮游生物观测结果，分析并讨论池塘生物群落。

第五章
商品鱼养殖方式与技术

本章内容提要

目前，鱼类养殖方式主要有池塘养鱼、流水养鱼和工厂化养鱼、稻田养鱼、综合养鱼、湖泊水库粗放粗养、网箱养鱼和围栏养鱼等。通过参加生产实践，应获得并掌握以下知识和技能。

1. 池塘养鱼

（1）了解池塘养鱼基本条件和设施配备。水源水质和水量，养殖池塘结构和进排水设置，池塘养鱼电力配备，常用机械和设备等。

（2）掌握池塘养鱼中鱼种放养方法和技术。放养种类的选择和主体鱼的确定，鱼种放养规格和密度，混养原则和比例，轮养和多级轮养方法，生产计划和预期效果等。

（3）掌握池塘养鱼饲养管理方法和技术。饲料的选择，投饵方法和技术，水质调控方法和技术，鱼病防治方法和技术，池塘捕捞方法和技术。

（4）掌握池塘养鱼中生产管理。①投入品的管理：包括苗种、饲料和渔药等的管理，做好来源、投入和使用记录。②生产管理：包括池塘清整、鱼种放养、投饵、水质调控、鱼病防治、越冬、捕捞等，做好生产管理记录。③人员和技术管理：包括人员的技术培训、生产计划和技术操作规程、资料和生产档案管理等。④场区和设施管理：包括场区环境、机械和设备维护、水处理系统和设施维护、水质测定和仪器管理等。⑤质量与销售管理：包括质量管理和产品追溯制度，捕捞、运输和销售记录存档等。

2. 流水养鱼和工厂化养鱼

（1）了解开放式流水养鱼的类型。水源水温、水质和水量；养殖池形状、规格和数量；养殖池排列和进排水；养殖种类、养殖周期、产量和效益。

（2）掌握开放式流水养鱼方法和技术。鱼种放养规格、数量和密度；注水、排水、水流和水体交换次数；养殖池水温和水质；饲料及其投喂；鱼病防治方法和技术。

(3) 了解温控流水养鱼类型。水源水温、水质和水量；养殖池形状、规格和数量；养殖池排列和进排水设计；养殖种类、养殖周期、产量和效益。

(4) 了解工厂化（封闭式循环水）养殖系统结构。养殖车间、养殖池、温度控制、水质调节和水处理系统。

(5) 熟悉封闭式循环水养殖方法和技术。养殖种类、养殖周期、产量和效益；鱼种放养规格、数量和密度；饵料及其投喂；鱼病防治方法和技术。

(6) 熟悉封闭式循环水养鱼中水处理方法和技术。微滤机结构和原理、生物过滤器结构和原理、泡沫分离和活性炭吸附方法、紫外线和臭氧消毒、增氧措施和方法。

3. 稻田养鱼和综合养鱼

(1) 熟悉养鱼稻田的基本条件。水源水温、水质和水量；稻田地形和土质；开挖鱼沟和鱼凼、稻田田埂等。

(2) 掌握稻田养鱼方法和技术。放养种类和时间、放养规格和数量（密度）；饵料及投喂技术；水质调控技术；水稻耕作和稻田施肥、用药等方法和技术。

(3) 熟悉综合养鱼模式和原理。

4. 湖泊水库粗放粗养

(1) 了解放养水体条件。水域鱼产力和饵料基础、进出水口情况、凶猛鱼类的危害、交通等条件。

(2) 掌握鱼种放养方法和技术。放养种类、放养规格、放养量的确定；鱼种运输和放养时间、地点和放养方法的确定。

(3) 掌握养鱼周期和生产管理。放养鱼类养殖周期的确定；捕捞规格和捕捞量的确定。

5. 网箱和围栏养鱼

(1) 熟悉网箱的结构、材料、规格和装配方法。

(2) 了解网箱设置水域条件。水域性状（面积、水深、集水区情况）、盐度、水温、水质、水流和流速、风浪、浮游生物状况、凶猛鱼类等。

(3) 掌握网箱养鱼方法和技术。网箱设置、固定和排列；放养种类、鱼种来源、放养规格和数量；饵料及投饵技术；鱼种规格和网衣网目、网衣附着物清洗、网衣处理与更换；防洪、防风浪；网箱越冬。

(4) 了解网围养殖水域条件。水域性状（面积、水深、集水区情况）、盐度、水温、水质、水流和流速、风浪、浮游生物状况、凶猛鱼类等。

(5) 熟悉网围的结构、材料、设置水域及装配。围栏固定装置、网衣（包括水下）固定方法等。

第一节　池塘养鱼

池塘养鱼通常是指在人工修建的小型静水水体中开展的养鱼生产。我国淡水池塘养鱼历史悠久、经验丰富、技术精湛，是我国淡水养殖主要的生产方式。这里介绍静水土池塘养殖技术，主要包括池塘养鱼条件和设备，饲养种类的选择，放养规格、密度和混养比例，轮捕轮放方式，日常管理和综合经营等。

一、鱼种放养

根据养殖鱼类的生物学特性和养殖生物学原理，合理放养鱼种，以实现商品鱼饲养的高产和高效益的目标。放养计划和方案主要包括放养种类的选择；放养规格、密度和养鱼周期的确定；实施合理混养和轮养方案等。

（一）养殖种类和苗种来源

1. 养殖种类的选择　确定养殖对象时，应全面考虑养殖对象的渔业品质、饲养条件和能力、商品鱼市场需求和价格等。目前，我国淡水池塘养殖主要对象是草鱼、鲢、鳙、鲤、鲫、团头鲂和青鱼（大宗淡水鱼），其次是罗非鱼、大口黑鲈、条纹鲈、河鲈、乌鳢、鲇、大口鲇、翘嘴鳜、斑点叉尾鮰、黄颡鱼、瓦氏黄颡鱼、泥鳅等。

2. 苗种来源　养殖对象苗种的大规模人工繁育是商品鱼饲养的基础。目前，养殖鱼类苗种已实现大规模的人工繁育。商品鱼饲养的苗种应来源于良种场或原种场，有条件的可自行培育苗种。

（二）鱼种放养规格、密度和养鱼周期

放养鱼种时，应考虑以下三个问题：第一，商品鱼规格由消费者习惯和价格决定，生产者应满足消费者的需要，并取得最大的经济效益；第二，放养的鱼种应在一个生长期内达到商品规格，以保证商品鱼生产的完整性和经济效益；第三，放养鱼种的规格和密度关系到能否达到商品规格和产量的高低，也关系到养鱼周期的长短。所以，确定鱼种的放养规格和密度应综合考虑商品鱼生产的阶段性、完整性以及经济效益等。

1. 放养规格、密度与出塘规格和产量的关系　在一定范围内，鱼种放养

规格与出塘规格呈正相关,与产量呈负相关;放养密度与出塘规格呈负相关,与产量呈正相关。即放养规格大,出塘规格也大,但产量较低(增重倍数低);放养密度大,出塘规格小,但产量较高(群体增重多)。

2. 养殖周期和放养规格的确定　养殖周期是指从鱼苗养成商品鱼所用的时间。缩短养鱼周期是提高池塘养鱼经济效益的重要途径之一。根据目前池塘养鱼的水平和市场对商品鱼的要求,大多数鱼类的养殖周期确定为2年,少数为3年(如草鱼、青鱼等)。辽宁地区池塘养殖的几种鱼类商品鱼规格、鱼种规格和养殖周期见表5-1-1。

表5-1-1　辽宁地区几种养殖鱼类放养鱼种规格、商品鱼规格和养殖周期

放养种类	商品鱼规格/(g/尾)	鱼种规格/(g/尾)	养殖周期/月
草鱼、青鱼	1 000~2 000	300~400	20~29
鲤、鲢、鳙	700~1 000	100	15~17
团头鲂	600	60	15~17
鲫	400	50	15~17
黄颡鱼	50~150	10~15	12~15
鲇	350~600	15~20	4~8

3. 鱼种放养密度　在达到商品鱼规格前提下,加大鱼种放养密度是提高产量的重要手段。辽宁地区池塘养殖几种鱼类放养规格、密度与出塘规格和产量情况见表5-1-2。

表5-1-2　辽宁地区几种鱼类放养规格、密度与出塘规格和产量

放养种类	鱼种规格/(g/尾)	放养密度/(尾/亩)	商品鱼规格/(g/尾)	产量/(kg/亩)	备注
草鱼	300~400	500~600	1 500~2 000	850~1 000	主养
鲤	150~200	1 000~1 500	750~1 000	1 000~1 500	主养
鲢	100	300	1 000	300	搭养
鳙	100	100	1 000	100	搭养
鲫	50	2 000~2 500	500	1 000	主养
团头鲂	60	1 000~1 500	600	700~800	主养
黄颡鱼	10	20 000~25 000	50~100	1 000~1 200	主养
鲇	15~20	8 000	400~500	3 000~3 200	主养

（三）合理混养

1. 混养的生物学原理和意义 将不同食性、不同栖息习性的鱼类放养到同一池塘中，以充分利用水体空间和饵料资源，发挥各种鱼类间的互利作用和池塘的生产潜力。

2. 实现混养的条件

（1）水体各部分生态条件的分化 池塘面积大、池水深为混养提供了可能性。

（2）养殖鱼类必须在食性和栖息水层上有分化 鲢、鳙在水体中上层活动，摄食浮游生物；鲤、鲫等在水体中下层活动，摄食人工饲料。

3. 池塘混养主要类型和种类

（1）池塘混养主要类型 所谓主养鱼是指在放养和产量中占的比例较大的鱼类，为饲养管理的主要对象。搭养鱼是指在放养和产量中所占比例较小，在饲养管理中处于次要地位的鱼类。混养的主要类型有：①同龄异种混养，如以鲤为主的池塘，搭养同龄的鲢、鳙；②同种异龄混养（套养），如以青鱼为主的商品鱼饲养池，可套养其鱼种；③异种异龄混养，如以草鱼为主的商品鱼池塘，可搭养鲢、鳙、鲤的鱼种。

（2）池塘混养鱼类 鲤、草鱼、青鱼、鲇和怀头鲇等为大型鱼类，人工饲养可投喂饲料，人们习惯称之为"吃食鱼"；鲢、鳙摄食浮游生物，人工饲养一般不投饵，习惯称之为"肥水鱼"。"吃食鱼"的残饵和粪便形成腐屑食物链和牧食链，为"肥水鱼"提供饵料基础；同时，"肥水鱼"滤食浮游生物，也为"吃食鱼"创造良好的生活条件。以"吃食鱼"为主的高产池塘，主养鱼的比例通常占70%～90%，而搭养鱼只占10%～30%。

黄颡鱼为小型鱼类，生性胆小，池塘饲养多为主养，一般放养比例为80%～90%，搭养鲢夏花200尾/亩左右。以黄颡鱼为主养鱼的池塘不宜搭养大型鱼类。

4. 典型的混养方式

（1）以草鱼和鲢为主的混养类型 这是我国池塘养鱼最普遍的混养形式，尤其在我国南方地区这种类型更为普遍。在这种混养类型中，草鱼占的比例较大，一般为40%～50%，鲢、鳙占30%～40%。饲养草鱼，可投喂各种旱草和水草，成本较低。投喂草的同时，培养了浮游生物，为鲢、鳙提供了饵料。放养鲢、鳙，可控制池水的肥度，也就为草鱼净化了水质。这种混养形式的产量较高，一般亩产在800 kg以上。混养的比例为：草鱼40%～50%，鲢、鳙30%～40%，团头鲂、鲤、鲫为20%左右。

(2) 以鲤为主的混养类型　这是我国北方地区，特别是东北和华北地区池塘养鱼的主要混养类型。这种混养类型使用配合饲料，产量较高，一般亩产可达 1 000 kg，甚至更高。各种鱼混养的比例为：鲤 60%～70%，鲢、鳙 15%～25%，鲫、团头鲂、罗非鱼 10%～15%。

(3) 以鲢、鳙为主的混养类型　由于靠施肥就能养好鲢、鳙，成本较低，所以各地池塘都有以鲢、鳙为主养鱼的放养类型。投喂人工饲料，亩产可达 500 kg 以上。作为节粮型的饲养方式，在池塘养鱼中也有它的一席之地。混养的比例为：鲢 40%～50%，鳙 10%～15%，草鱼（或鲤）10%～15%，鲫、团头鲂等为 5%～10%。

(4) 以草鱼和青鱼并重的混养类型　这是我国江苏太湖地区池塘养鱼普遍的一种饲养类型，产量和效益比较高。太湖有各种水草和螺蛳，是草鱼和青鱼得天独厚的饵料基地。混养比例一般为：草鱼 25%～30%，青鱼 25%～30%，鲢 20%，鳙 5%～10%，鲤 5%，团头鲂 5%，鲫 5%。

（四）轮养和多级轮养

所谓轮养是指根据水体的生产能力和鱼的贮存量与鱼产量的关系，合理调整养殖鱼类的贮存量，实行分期或分级饲养的方法。

1. 轮养增产的生物学原理和意义　池塘养鱼春放秋捕的方式称为单季饲养。这种方式有它固有的缺陷。放养初期（4月、5月），池塘鱼的贮存量低，基数小，产量增加缓慢。饲养中期（6月、7月），池塘鱼的贮存量适宜，产量增长迅速。饲养后期（8月、9月），池塘鱼的贮存量过大，产量增长速度较慢。

轮养增产的生物学原理和意义如下：

(1) 通过加大放养量和及时调整池塘鱼的贮存量，使池塘鱼的贮存量与鱼产量相适应，最大限度地发挥池塘的生产潜力，实现高产。

(2) 增加混养种类和规格（提高混养层次），培育大规格鱼种，提高对水体空间和饵料资源的利用率。

(3) 有利于商品鱼的均衡上市，加速资金的周转。

2. 实现轮养的条件

(1) 池塘条件　池塘规整，面积适中，池底平坦，捕捞方便。

(2) 鱼种条件　种类、数量充足，规格齐全。一般要有配套的鱼种池。

(3) 生长期　生长期的长短也是决定是否可以实行轮养的条件，轮养要求养殖鱼类的生长期应长一些，否则意义不大。

(4) 销售条件　分批捕鱼，活鱼销售，市场和消费者是否接受，也是轮养能否实行的一个条件。

(5) 饲养及捕捞技术　夏季捕热水鱼，温度高，鱼的代谢强度高，活动量也大，易受伤，池水也易缺氧。要求饲养水平高、捕捞技术娴熟。

3. 轮养的主要形式和方法

(1) 一次放足，捕大留小，分期捕捞。

(2) 分期放养，分批捕捞，捕大补小。

(3) 多级轮养。将养鱼池按放养密度划分为几类（一般1～6级），从鱼苗到食用鱼分别在不同级的池塘中饲养。饲养鱼类升级（进入下一级池塘饲养）的同时，密度降低，保持池塘鱼的贮存量相对合理，能充分利于水体空间和饵料资源，充分发挥鱼类的生长潜力。典型的多级轮养见表5-1-3。

表5-1-3　广东省佛山、中山、顺德等地鳙的放养模式

池塘级别	1	2	3	4	5	6
放养密度/(尾/亩)	10万～15万	4 500	900	200～250	70～90	27～32

上述多级轮养中，第1级池塘为鱼苗培育池，单养；第2～4级为鱼种培育池，混养；第5、6级池塘为商品鱼饲养池，混养。第6级池塘的放养和收获情况见表5-1-4。

表5-1-4　第6级池塘中鱼类混养和分期捕捞情况

放养鱼类	捕捞次数	捕捞量/(kg/亩)	年产量/(kg/亩)
鲢	3	50	150
草鱼	2	75	150
鲮	2	150	300
鳙	6	20	120

第6级池塘鲢、草鱼、鲮和鳙混养，通过2～6次捕捞，总产量达720 kg/亩。从鱼苗养到商品鱼，鳙的养殖周期为185 d，商品鱼规格为1.0～1.25 kg/尾。通过轮养提高了产量，缩短了养殖周期。

综上所述，轮养和多级轮养都是利用合理的放养、合理的捕捞，调整池塘鱼的贮存量，使鱼产量始终处于最佳的增长状态，使鱼产量巧妙地越过了鱼载力的限制，达到增产的目的。

二、饲养管理

在合理放养的基础上，搞好饲养管理工作是实现高产稳产的重要保证。俗

话说"三分放养七分管",就是这个道理。饲养管理工作主要包括投饵、施肥、水质调控和病害防治等。

(一)饵料及其投喂

前面介绍过养殖鱼类的营养需要、配合饲料及鱼种培育中投饵的基本原则,商品鱼饲养中的投饵与鱼种阶段的投喂大同小异,也要遵循"四定"的投饵原则,即定时、定位、定质、定量。这里着重介绍商品鱼饲养过程中投喂应注意的问题。

首先,食用鱼的饵料质量可以比鱼种的低些。如鲤食用鱼饲料,蛋白质含量为28%~32%,脂肪含量为8%~10%,能量为14.65 MJ/kg左右。鲫食用鱼饲料,蛋白质含量为30%,脂肪含量为10%~12%,能量14.65~16.74 MJ/kg左右。草鱼食用鱼饲料,蛋白质含量为25%左右,脂肪含量为6%~8%,能量为12.56~14.65MJ/kg。

第二,根据水温和鱼类的生长情况,及时调整饲料配方。当水温高,摄食量大,生长快时,饲料的质量应高些;反之,饲料质量可稍低些。

第三,要注意饲料对鱼产品质量的影响,如味道、体色、肥满度等。

第四,要注意投饵量、投喂次数和速度的变化。在相同温度下,饲养食用鱼投饵量要比鱼种的低,投喂次数也可减少,投喂速度要慢。

(二)水质调控

1. 高产养鱼池水质特点 养鱼池良好水质的化学指标:溶解氧在任何时刻不低于2 mg/L,非离子氨不超过0.1 mg/L,透明度在高温季节为25~30 cm,其他季节为20~25 cm,pH为7~8.5,总硬度为1.8~3.5 mmol/L,总碱度为1.5~3.5 mmol/L,化学耗氧量为8~15 mg/L,有效磷0.05 mg/L以上,氨氮在高温季节为0.5~1.0 mg/L,其他季节允许稍高些。但高产鱼池的水质指标,特别是在高温季节,往往不尽如人意,需要采取措施,改善和调节水质。

高产养鱼池水质特点是有机物含量大,营养盐丰富但可能不平衡,浮游生物种类单一、生物量大,溶解氧昼夜变化大。

2. 养鱼池水质调节的措施和办法

(1) 注水和排水 注水可调节池水肥度,冲淡代谢产物,还可以带入溶解氧等;同时排出池塘老水,改善水质。

(2) 施肥和搅动淤泥 施肥不仅是为浮游植物增加营养盐,而且还是改良水质的重要手段。因此,即使在完全靠人工投饵的情况下,有时(静水池塘)

也要进行适当施肥，使浮游植物保持在一个适当的密度和旺盛的生活状态。专门调节水质而施肥时，应以化肥为主。

(3) 使用增氧机　目前，我国养殖水体使用的增氧机类型主要有叶轮式增氧机、水车式增氧机、射流式增氧机、喷水式增氧机等。我国池塘养鱼广泛使用叶轮式增氧机，因为叶轮式增氧机能改善池塘水质，增氧效果好，使用也方便。下面以叶轮式增氧机为例，说明增氧机的作用、合理使用和增产效果。

① 增氧机的作用。叶轮式增氧机通过叶轮的转动，搅动池水，有曝气增氧的作用；还能使池水上下层混合，改善溶解氧的分布状况等。

② 增氧机的合理使用。增氧机增氧效果与池水溶解氧的饱和度成反比。即水中溶解氧量越小，增氧机增氧的效果越好。因此，在清晨池水溶解氧量低时开机，才能发挥增氧机的增氧效果。

连绵阴雨，缺氧是由于浮游植物光合作用产氧不够，造成池水溶解氧状况恶化。因此，必须充分发挥增氧机的机械增氧作用，以防止和解救鱼类浮头。

针对晴天白天溶解氧的分布不均匀，上层溶解氧多，下层有"氧债"状况，采用晴天中午开机，可克服水的热阻力，将高溶解氧的水送至底层。这时上层水的溶解氧虽比开机前低一些，但下午经浮游植物光合作用，上层水的溶解氧量还可以上升；到夜间池水自然对流时，上下水层溶解氧量仍可保持较高水平，在一定程度上可缓解或消除浮头的威胁。

必须指出，晴天的傍晚不能开机，阴天的中午也不能开机。如果开机会使上下水层提前对流，降低浮游植物的产氧和增加耗氧水层，易引起浮头。

③ 增氧机的增产效果。增氧机可以防止和解救养殖鱼类浮头，因此可以提高放养密度，增加施肥和投饵量；合理使用增氧机，不但可以预防浮头，减少浮头次数和减轻浮头程度，而且可以改善池塘水质，加速池塘物质循环，促进浮游生物繁殖，对提高鱼产量有利。据统计，使用增氧机的池塘与对照池塘比较，鱼产量可增加14%左右。所以，养鱼池塘使用增氧机增产的效果是非常明显的。

(4) 使用微生态制剂和化学物质调节水质　常用于改良水质的化学物质有水质改良剂和增氧剂。石灰是最常用的水质改良剂，它的作用主要是调节水的pH和增大水的硬度。目前已研制出许多用于养殖水体的水质改良剂，在工厂化养鱼过程中广泛采用。专门用于水质改良的产品主要成分大多是活性腐植酸、特殊结构的黏土胶体、硅酸盐白土等，另外加入少量的微量元素。它们的作用是吸附水中的有毒成分，缓冲pH，促进浮游植物繁殖和生长等。

增氧剂主要是一些过氧化物，如过氧化钙，进入水体后能放出初生态氧，有氧化有机物、清除有毒物质（氨、硫化氢、甲烷等）和增加溶解氧的作用。

也有一些专门为水产养殖用的化学增氧剂，如过氧碳酸钠（鱼浮灵）和 EM 菌微生态制剂等。

（三）日常管理

1. 巡塘 巡塘是指在特定时间到池塘巡视，以便及时发现问题和解决问题。商品鱼饲养过程中的巡塘一般选择在凌晨和傍晚，此时池塘的水温和溶解氧为一天的极值，也容易观察到养殖鱼类和其他生物对池塘水温、水质变化的适应活动。巡塘除了观察水色、水位及其变化，浮游生物和鱼类活动情况，测定水温、溶解氧、pH、氨氮等水质指标外，还应随时检查和维修注排水口（或管道），清除死鱼、杂草和污物等。

2. 防止浮头和泛塘 浮头指养殖鱼类上浮到水面，是池水溶解氧低的表现。泛塘是指由于水质恶化（主要是缺氧）造成养殖鱼类大量死亡。养鱼池缺氧的主要原因可综合为下列几种情况：①养殖鱼类数量多、投饵和施肥量较大，池水较肥，有机物含量高，耗氧量大；②池塘淤泥较厚，池水底层氧债大，夜间池水发生上下对流，耗氧量大；③连绵阴雨，浮游植物较少或光合作用产氧能力差或浮游植物大批死亡，耗氧大于产氧。

预测和判断养殖池水溶解氧状况，防止浮头和泛塘的主要措施和办法如下。

（1）季节和天气　在北方地区，4～5月温度还不高，如果池水中浮游动物不多，一般不会浮头。6月中旬至8月中旬是水温较高季节，如果池塘鱼的密度大，有机物较多，容易发生鱼的浮头。夏季连绵阴雨，气压较低，风力较小，容易缺氧。池水底层氧债大，高温闷热后突降暴雨，池水发生强烈对流时容易缺氧。

（2）水色和溶解氧的昼夜变化　池水颜色较浓（老绿色、黑褐色），透明度小，或出现"水华"现象，如遇天气变化，易造成浮游生物大量死亡，水中耗氧量大增，易引起池鱼浮头甚至泛塘。在高温季节，池水溶解氧昼夜变化较大，早晨池鱼往往浮头。

（3）养殖鱼类活动和吃食情况　①黎明时养殖鱼类开始浮头为较轻，半夜或上半夜就开始浮头为较重。②鲢、鳙浮头而其他鱼未见浮头时较轻，鲤、鲫已浮头就较为严重。③养殖鱼类在池塘中央浮头为较轻，在池水表面有大批浮头现象为严重浮头。④养殖鱼类对突然发出的声音和手电光反应敏感，受惊吓后立即下潜，表明浮头较轻；如果对惊吓反应迟钝和长时间在池水表面为严重浮头。

如果养殖鱼类活动异常，在池边或在池中间集群，不吃食或吃食时间大大缩短，如果没有鱼病，则说明池水的溶解氧较低，应查明原因及时采取措施。防止浮头和泛塘的措施和办法见养鱼池水质调节的措施和办法。

3. 定期检查鱼类的生长情况和鱼病，做好池塘管理日志 定期检查养殖鱼类生长情况，掌握池塘中养殖鱼类数量，是饲养管理、投饵和确定投饵量的依据。定期检查鱼病情况，预防为主、积极治疗是池塘养鱼的主要工作之一，鱼病防治要贯穿养鱼工作的始终。

池塘日志是记载有关养鱼生产技术措施与池鱼情况的记录。在养鱼工作中，根据上一阶段的记录和生产情况，确定下阶段应采取的措施；根据往年的记录来制订生产计划等。因此，池塘日志是检查工作、积累经验、制订计划、提高技术的重要参考依据。有些单位对此重视不够，往往达到了丰产而提不出确切的数据和系统的经验。

第二节　流水养鱼和工厂化养鱼

流水养鱼就是在饲养过程中不断地向养鱼池加注新水和排出老水，以保持充足的溶解氧和良好的水质，养殖的鱼类生长速度较快、产量较高的养鱼方式。初级形式的流水养鱼，就是利用水的自然落差进行微流水养鱼。如在山间溪流或泉水旁修建养鱼池，利用其冷水水源饲养虹鳟；又如，在水库坝下修建鱼池，利用水库闸门放水进行流水养鱼。20世纪70年代我国利用温泉、地热水和发电厂温排水开展了温流水养鱼。由于水的温度可以控制，温水性鱼类可以在一年四季生长，比自然式流水养鱼更进一步，产量更高；利用温热水，还可以饲养热水性鱼类，如养殖罗非鱼，流水养鱼有了很大的发展。

20世纪80年代，我国出现了工厂化养鱼，就是在厂房内修建鱼池，采用配合饲料，实行机械化投饵，并利用现代工业生产手段对养鱼用水的温度和水质实行自动控制，极大满足鱼类生活、生长的条件，使养鱼过程在工厂里完成。进入20世纪90年代，我国又相继修建了大批大型水族馆，饲养数千种水生动植物，严格来讲，水族馆也属于流水养鱼的范畴。

一、自然式流水养鱼

根据引水方式，自然式流水养鱼有以下几种类型：①引山涧溪流或泉水，饲养冷水性鱼类，如黑龙江水产研究所在牡丹江东京城的虹鳟养殖场，本溪虹鳟养殖场，山西朔州的虹鳟养殖场等。②在水库坝下建鱼池，将输水闸放水引到养鱼池，饲养温水性或冷水性鱼类，如密云水库大坝下的鲟养殖场。③在排灌站附近建鱼池，靠动力提水到养鱼池，饲养温水性鱼类，如鳜、鲤等。

1. 养殖种类的选择　流水养殖种类必须对水温、水质的适应性强，养殖场水温、水质能满足养殖种类的要求。养殖鱼类的摄食能力强，生长速度快，商品价格高，如鲑鳟类、鲟类、鳜等。

2. 放养密度　如前所述，池水溶解氧量和交换量决定了养殖池的最大容纳量，流水养鱼的放养量一般为最大容纳量的50%。

3. 饲养管理　流水养鱼中的饲养管理与土池塘养鱼大同小异，饲养管理的要点是：

（1）饵料和投喂　饲料质量高，对水的污染小。

（2）分级饲养　密度大，个体存在差异，相互残杀。

（3）水流调节　根据入水口和排水口溶解氧调节水流。

（4）定时排污　清扫池底、倒池和清塘。

（5）鱼病防治　无病先防，有病积极治疗。

二、温排水式流水养鱼

这种养鱼方式的水源有温泉水、地下深井热水、发电厂热水、工厂余热水等，水源来水流经鱼池一般不循环使用。与自然式流水养鱼相比，可以控制水温，产量较高。各地有温泉的地方多建有养鱼场，一些发电厂附近也有养鱼池，饲养热水性鱼类和温水性鱼类。目前，我国海水鱼类室内人工育苗和成鱼饲养也都属于这种养鱼方式。

温排水式流水养鱼的养殖池要求结构更加合理，面积为 $20 \sim 100$ m^2，水深 $1.0 \sim 1.5$ m；池壁表面光滑、水流通畅、无死角；注排水方便、迅速，注水兼曝气，排水兼排污。

地热温泉水一般温度在 $30 \sim 90$ ℃，电厂热水为 $40 \sim 60$ ℃，引水养鱼时还需要有其他水源（如地下水）来调节温度才能使用，所以温排水式流水养鱼需设调温池。调温池的大小视生产规模和用水量而定；建造调温池应充分利用地形，在地势较高处建调温池（兼贮水池），水能从调温池自动流入养鱼池，以节省提水所需的能源。

温排水式流水养殖周期短，产量高，所以要求养殖种类的摄食能力强，生长速度快，商品价格高。

温排水式流水养鱼的放养密度和饲养管理与自然式流水养鱼、池塘养鱼相似。

三、封闭循环式流水养鱼（工厂化养鱼）

封闭循环式流水养鱼是将养鱼池建在室内，养鱼用水要经过沉淀、过滤、净化处理后重复使用，并对水温、水质、溶解氧、光照等实行自动控制，投喂配合饲料，这种养鱼过程在厂房中完成，所以又称工厂化养鱼。如20世纪80年代引进的养鳗设备，近几年采用的养鲟设备，以及大型水族馆等都属于这种养鱼方式。

第三节　稻田养鱼

稻田养鱼是指利用稻田的水环境辅之以人为的措施，既种稻又养鱼（或其他水生动物），达到鱼稻互利双丰收目的的农鱼结合生产方式。稻田养鱼在我国有着悠久的历史，远在2 000年前的东汉时期就有记载。近年来，稻田养鱼在我国发展很快，特别是我国的南方，如四川、湖南、广西等较为发达。在我国北方地区稻田养鱼也方兴未艾，即使在气候寒冷的黑龙江省，稻田养鱼也出现了亩产100 kg的记录。稻田养鱼不是什么新鲜事儿，但如今稻田养鱼，鱼养稻，鱼稻共生，不施化肥和农药，生产出的"绿色稻米"却引起世人的广泛关注。

一、鱼种放养

1. 种类选择　稻田面积大，分布广；蓄水时间短，水浅，鱼类活动空间小；天然饵料生物以底栖生物、昆虫、水生小型动物为主，还有大量丝状藻类和杂草，浮游生物量有限。所以，应选择苗种来源广、适应稻田生境和饵料、生长快的种类，目前，主要有草鱼、团头鲂、鳊、鲫、黄鳝、泥鳅、鲇、河蟹、罗氏沼虾、青虾、牛蛙、鳖和田螺等。

2. 放养规格　各地自然条件、水稻耕作制度和养殖方式不同，鱼类放养时间也有差异，但总的原则是立足"早"字，水稻移栽刚活棵时即可放养。体长6 cm以上的草鱼种需待秧苗返青后放入。目前稻田养鱼均有沟和溜，可将鱼暂养后再放养。

3. 放养密度　稻田养鲤、鲫鱼苗，一般每亩放卵30万～40万粒或水花4万～8万尾。稻田养鱼种，在不投喂的情况下，每亩放养夏花1 000～2 000

尾，出池规格为体长 6～10 cm。放养比例为草鱼、团头鲂占 70%，鲤、鲫各占 10%，鲢、鳙各占 5%；也有鲤、鲫占 70%左右，草鱼占 30%左右；以放养罗非鱼为主，罗非鱼占 50%左右，青鱼、草鱼、鲢、鲤、鳊等占 50%左右。在投饵养殖条件下，每亩可放夏花 3 000 尾左右，放养比例同前，产鱼 50 kg 左右。稻田条件差的，可适当降低放养量。稻田养食用鱼的放养模式见表 5-3-1。

表 5-3-1 稻田养食用鱼的几种放养模式

鱼 种	每亩放养数量	规 格
以草鱼、鲢、鳙为主	草鱼 20～21 尾，鲢 51 尾，鳙 18～21 尾，鲤 20～25 尾，罗非鱼 45 尾	体长 10 cm 以上
以鲤、鲫为主	鲤 50～70 尾，鲫 30～40 尾，草鱼 15～20 尾，鲢、鳙 15 尾； 鲤 120～130 尾，鲫 120～130 尾，草鱼 40～60 尾； 鲤 100 尾，鲫 250 尾，草鱼 50 尾	体长 10 cm 以上 体长 6 cm 体长 6 cm
以罗非鱼为主	罗非鱼 200 尾，鲢 5 尾，鳙 15 尾，鲤 30 尾，白鲫 10 尾； 罗非鱼 200 尾，草鱼 20 尾，鳙 10 尾，鲢 9 尾，鲤 33 尾，银鲫 12 尾； 罗非鱼 400～500 尾，草鱼 30～80 尾，团头鲂 30～50 尾，鲤 20～30 尾，或搭养少量鲢、鳙	罗非鱼体长 3 cm
以鲫为主	鲫夏花 100～300 尾或春片 80～100 尾，鲢、鳙 15～20 尾	鲢、鳙 10 cm 以上
以大口鲇为主	不投喂，鲇 40～50 尾，其他鱼 100 尾；投喂时，密度可大些	鱼体长 7～10 cm

二、饲养管理

1. 投饵 一般日投喂 2 次，8:00～9:00 和 15:00～16:00 各一次。投喂原则：先喂青料，后喂精料；放养初期或套养绿萍的稻田，即田中饵料生物丰富时少喂；投喂的精料以 3～4 h 吃完、青料 2 h 吃完为宜；幼蟹培育中，应给大眼幼体投喂豆浆或蛋黄浆，泼洒均匀；食用蟹饲养初期，投喂的杂鱼虾要煮熟、切碎，后期应适量添加水草等植物性饵料；投喂时应定时、定点、定质、定量。

2. 施肥 总的原则是以施有机基肥为主，追肥为辅，追肥要严格坚持量少多次，大面积的田块可划片分次施用。施肥时保持田水深 5～7 cm，采用深施或根外施肥，这既有利于水稻吸收养分，又可减少对鱼的危害。切忌将化肥撒在鱼沟、鱼溜内。高温天气化肥宜在傍晚和泥土拌在一起施用。

3. 施药 施药既要有效地防治水稻病虫害，又要保证鱼类等养殖动物的安全，因此，必须注意：对症选用高效、低毒、低残留的广谱性农药；合理确定用药量和时间。一般采用四种安全用药方法：①深水打药法：将稻田水加深至 7~10 cm，用小孔径喷雾器把药液尽量喷洒到叶片上。②排水打药法：将田水放掉，使鱼集中于溜内再施药，待农药降解后再加水至正常水位。③隔天分段打药法。④利用水稻生长期的不同，或人为地安排不同的品种于一块田中，使打药时间自然叉开。施药后要密切注意鱼的活动情况，发现有中毒现象，必须立即加注新水。蟹对农药的毒性特别敏感，应尽量不使用农药。

4. 巡田 要坚持专人经常巡田，观察鱼的摄食、活动、生长情况；检查田埂渗漏、逃鱼等情况，疏通沟渠，加强防洪抗旱等工作。

第四节　养殖生产管理

池塘养殖生产管理包括投入品的管理、生产与技术管理、设备与设施管理、质量与销售管理等。

（一）投入品的管理

养殖投入品主要包括苗种、饲料和渔药等，投入品的来源和使用直接影响养殖生产和水产品的质量安全。

1. 苗种 我国水产苗种生产实行许可制度，养殖用鱼苗鱼种应来源于国家行政主管部门批准的苗种生产场。自繁苗种的生产过程和产品应符合相关法规和质量标准的规定，并做好种质质量的保护。应保存苗种采购记录和苗种自繁记录。

2. 饲料 饲料采购应来源于相关行政主管部门批准的饲料加工企业。对于某些自配饲料的主要原料采购应符合相关行政主管部门的规定。为符合可追溯的要求，应保存所有饲料的采购记录或其他相关文件（如发票），并至少保存 3 年。记录包括饲料类别、数量、营养成分表、生产商等内容。

饲料应有专用仓库保存，存放处应通风、干燥、避光、避免鼠类、昆虫等有害动物消耗和损坏饲料。饲料批次、型号标示清晰，配合饲料的保存时间一般不超过 1 个月。

3. 渔药 购买的渔药应有商品名称和化学名称、生产批准文号、厂家名称、生产地址、生产批号、生产日期和批次、有效期和失效期等，这些都是目前兽药（渔药）标签所必须标明的内容。

养殖场的渔药存放应设有专用的药品库，通风良好、光线充足，并能上锁，应符合化学品存放场地的要求。有特殊储存要求（如冷藏）的，应提供专用的储存设备。养殖场渔药仓库都应建有渔药清单或药品档案，内容包括每种药的生产商、供应商、使用方式、使用剂量等信息。应针对渔药的进、销、存情况建立库存台账。

（二）生产与技术管理

1. 人员管理 水产养殖场应建立健全人员管理制度，根据规模设置相应的管理岗位、技术岗位和工人岗位。技术岗位人员应具有相应的专业技术职称，并具有丰富的技术管理和生产管理经验。工人岗位应具有初中以上文化，并经过专业技术培训取得相应的职业等级证书。

岗位任务和分工明确，各岗位人员要认真履行职责。建立培训与考核制度，通过多种方式对本场技术管理和工人岗位人员进行培训，并引入竞争机制，定期考核上岗。

2. 生产与技术管理

（1）生产标准和技术操作规程 水产养殖场应按相应的国家标准（GB）、水产行业标准（SC）或地方标准（DB）组织生产与管理。根据生产项目，一般还要有自己的企业标准或技术操作规程。

（2）生产计划管理 生产计划管理是水产养殖场完成全年任务目标的基础，水产养殖场在制订生产计划时应结合本场的实际情况，并考虑适度发展的原则，合理制订生产计划。计划包括生产项目和规模、产量目标和效益、生产投入品和进度安排、资金和技术保障措施等。

（3）生产管理 按照产前、产中、产后的主要生产内容，池塘养殖生产技术管理一般包括池塘清整、消毒、苗种放养、饲料和投喂、水质调控、病害防治、日常管理、收获等主要环节。严格按生产标准和技术操作规程执行，认真做好生产记录，及时总结和加强生产管理，保证生产目标的实现。

（三）设备与设施管理

水产养殖场应建立设施、设备登记管理制度，安排专人负责养殖场的设施设备管理，以保障养殖场的设施设备完好，满足养殖生产需要。水产养殖场设施与设备的管理主要有以下几个方面。

1. 场区管理 主要是对场区的环境、卫生、绿化、标志、场地、道路等的管理维护，要保持场区整洁卫生、环境优美。

2. 设备检修与维护 养殖场应建立对增氧、运输、供电、水处理、供水等配套设备的维修保养制度，由专人负责，定期检修和维护。

3. 水处理系统和设施的管理 对养殖场的进排水渠道应定期进行整修，及时清除杂物、污泥等易堵塞物，保持水流畅通。经常巡视进水口，及时清除进水口的垃圾和附近的堆积物，保持水流畅通。维护好湿地、生态沟渠、生物浮床、生态坡等净化系统的动植物生长，控制好密度，定期收割清理，确保水处理的效果。

4. 水质检测仪器的管理 制定实验室规章制度，专人负责养殖场的仪器设备，制定仪器设备的使用登记制度，保证仪器设备满足养殖生产需要。

（四）质量与销售管理

水产养殖场应建立质量管理制度和产品追溯制度，并严格按照制度进行生产管理，保障产品质量满足市场要求和单位利益不被侵害。要不断提高产品质量，树立品牌意识，提高产品知名度，增加产品的附加值，提高生产效益。及时记录和妥善保存与生产相关的记录、文件、数据等资料，以保证养殖产品的可溯源性。可追溯体系作为食品安全的基础，是确保养殖水产品在发生食品安全事故需要实施召回措施时的基础保证，也是水产养殖场维护自身利益的一个有力技术手段。

水产养殖场应做好养殖产品的销售管理工作，本着为社会负责、为自己负责的态度组织产品销售。主动向用户出具产品质量合格证，不合格产品不出售。销售产品要记录存档，由质量管理人员和生产记录员双方签字，并由技术负责人签字认可。养殖产品运输过程中，包装材料和容器应有效地保护产品不受污染和损坏。

第六章
湖泊水库渔业资源调查

本章内容提要

湖泊水库渔业资源调查实习活动需要综合水化学、水域生态学、水生生物学、鱼类学等多门课程的知识内容才能够完成,能够全面培养和锻炼实践能力,具有重要的实践意义。

通过实习,全面掌握湖泊水库非生物环境调查与生物环境调查的规划与实施方法,掌握调查水域的自然环境、水质指标状况,了解水域浮游生物、底栖生物等鱼类饵料资源条件。同时,通过调查巩固水质化学测定的主要仪器使用、测定步骤;掌握浮游植物、浮游动物、底栖动物的样本采样方法、重要种类的分类鉴定及生物量统计方法。通过实习,培养从事湖泊水库鱼类养殖与增殖必需的自然环境基础调查的能力,巩固和强化水环境化学、水生生物学、水域生态学相关的知识与实践应用技能,为进一步开展湖泊水库渔业生产与科研工作打好基础。

第一节　水域基本状况

(一) 气候状况

了解调查区域的气候特征,主要包括:①周年、季节气候特征;②年最高气温、最低气温、平均气温和气温年变化;③年(月)均风速、主导风向;④年(月)均降水量;⑤年均相对湿度;⑥年均日照时数;⑦无霜期;⑧冰封期等。

(二) 水域自然情况

水域自然情况包括:①水体类型;②总面积、最大面积、最小面积;③正常水面,水体长度、宽度、深度;④正常水位、最高水位、最低水位;⑤水体交换量；⑥湖（库）湾数量及主要湖（库）湾的面积和水深；⑦底质类型及特性等。

湖泊需调查：①容积；②湖岸线长度；③湖底倾斜度；④含盐量等。

水库需调查：①总库容、兴利库容、死库容；②枯水期、丰水期；③入库径流流量；④各径流流量等。

（三）水域周边环境

需调查水体周围或集雨区的面积、地貌、土壤类型及特性；植被类型及覆盖率；水土流失情况；矿产资源的种类、分布、储量和开采情况；自然保护区面积和保护状况。

了解调查湖泊水库集水区的工业企业类型及生产状况、农业生产主要作物种类及种养殖模式、人口密度及生活情况、社会经济发展情况等。

主要调查水体沿岸工业污染源分布情况，农业（农田）污染源分布情况，人口分布与生活污水排放情况，矿山污染情况等。

水域基本状况调查的主要内容的各项目的资料、数据，可从所属管理单位和当地水产、水利、农业、林业、气象、水文、环保等部门获取，也可通过调查访谈或独立观测方式获取。

第二节　水文气象及理化特征

一、水文特征

1. 水深测量　水深可利用探鱼器测量，也可在采泥器的绳子上做上标记测量水深。需要测量最大水深、最小水深和平均水深。

2. 水温测量　水温可用采水器采集水样，并用温度计立即测量。需要测量表层水温和底层水温。

3. 水体透明度测量　利用黑白盘（萨氏盘）测量透明度。测量时，将黑白盘放入水中，沉至黑白分界消失深度，然后再慢慢地提到隐约可见时，读取绳索在水面的标记数值（有波浪时应分别读取绳索在波峰和波谷处的标记数值），读到一位小数，重复2~3次，取其平均值，即为观测的透明度值。

4. 年均流入水量　根据集水区年均降水量及地表和地下径流数据计算。

5. 年均流出水量　根据地表和地下出水径流情况、工农业供水情况及年均蒸发水量进行计算。

6. 水位变化 年最高平均水位与年最低平均水位之间的取值变化。

7. 汛期 是指测量水域平均水位在一年中有规律显著上涨的时期,通常以月份为时间单位。

8. 封冰期 每年湖泊水库表面结冰的时期,以月为时间单位。

将所获资料详细记录,如表6-2-1、表6-2-2所示。

表6-2-1 湖泊基本状况调查

湖泊名称		行政区划		主管单位	
地理位置		高程/m		水体形状	
长度/km		最大宽度/km		平均宽度/km	
正常水位/m		最高水位/m		最低水位/m	
最大深度/m		平均深度/m		湖岸线长度/m	
面积/hm²		最大面积/hm²		最小面积/hm²	
容积/m³		含盐量/%		湖底倾斜度	
底质类型		土壤类型		土壤特性	
年入水量/(m³/年)		年出水量/(m³/年)		年交换量/m³	
集水区面积/hm²		植被类型		覆盖率/%	
备注					

记录日期: 　　　　　　　　　　记录人:

表6-2-2 水库基本状况调查

	水库名称		行政区划		主管单位	
工程概况	建设时间		蓄水时间		蓄水方式	
	水库形状		植被状况		高程/m	
	主要用途		水库装机容量/kW		年发电量/(kW·h)	
	生活饮用水/(m³/年)		灌溉用水/(m³/年)		灌溉面积/hm²	
	拦鱼设施		过鱼设施		调节方式	
形态特征	长度/km		最大宽度/km		平均宽度/km	
	最大深度/m		平均深度/m		最大水面/hm²	
	正常水面/hm²		养鱼面积/hm²		死水位面积(水库)	
	总库容/m³		兴利库容		死库容/m³	
水文条件	死水位/m		养鱼水位		正常水位/m	
	设计水位/m		最大水深/m		年均水深/m	
	年入水量/(m³/年)		年出水量/(m³/年)		年交换次数	
	枯水期/d		丰水期/d		泥沙含量	

(续)

集水区概况	地理位置					
	面积/km²		底质		地貌	
	土壤类型		土壤特性		总人口	
	植被类型		覆盖率/%		水土流失	
	土地利用类型和现状					
淹没区概况	总面积/km²		淹没前植被类型		覆盖率/%	
	土壤类型		土壤特性		地貌	
	淹没前渔业资源状况					
消落区状况	面积/km²		坡度		分布范围	
	土壤类型		土壤特性			
	利用状况					
备注						

记录日期： 　　　　　　　　　　　　　记录人：

二、水质理化特征

1. 样本采集

（1）采样层次　水深小于 5 m 时，只在表层采样；水深为 5~10 m 时，在表层、底层采样；水深为 10~20 m 时，在表层、中层、底层采样；水深大于 20 m 时，在表层、底层采样，每隔 10 m 采一层。

（2）采集方法　利用采水器进行水样的采集，除溶解氧需要现场固定外，其余水质指标均可用水样瓶收集后，避光低温保存，并尽快送回实验室检测。

2. 化学指标测定　测定方法如下。

（1）溶解氧　碘量法（GB 7489—87；GB 17378.4—2007）。

（2）氨态氮　纳氏试剂法。

（3）硝酸态氮　锌-镉还原法。

（4）亚硝酸态氮　重氮-偶氮光度法。

（5）可溶性活性磷　抗坏血酸还原吸光光度法。

（6）化学需氧量（COD）　碱性高锰酸钾法（GB 17378.1—2007）。

（7）总硬度　EDTA 络合滴定法（GB 7477—87）。

（8）pH　pHS-3C 酸度计。

第三节　水域生物状况

调查水域浮游植物与浮游动物种类组成及生物量的优势种组成；底栖动物种类组成及分布密度；水生植物的主要种类及优势种类。

一、浮游生物调查

（一）工具准备

（1）采水器　有机玻璃采水器，规格为 1 000 mL、5 000 mL。
（2）浮游生物网　圆锥形，用 13 号（孔径 0.112 mm）筛绢缝制而成。
（3）水样瓶　1 000 mL。
（4）样品瓶　50 mL 玻璃瓶或聚乙烯瓶。
（5）刻度吸管　0.1 mL、1.0 mL、5.0 mL。
（6）显微镜　普通光学显微镜、解剖镜。

（二）样本采集

1. 采样点布设　采样点设置数量见表 6-3-1，采样结果记入表 6-3-2。

表 6-3-1　浮游生物采样点设置数量

水体面积/ km²	<2	2～5	5～20	20～50	50～100	100～500	>500
采样点数/ 个	3	3～5	5～7	7～10	10～15	15～20	20～30

湖泊应兼顾在近岸和中部设点，可根据湖泊形状在湖心区、大的湖湾中心区、进水口和出水口附近、沿岸浅水区（有水草区和无水草区）分散选设；水库应在库心区（河道型水库应分别在上游、中游、下游的中心区）及大的库湾中心区、主要进水口和出水口附近、主要排污口、入库江河汇合处设点。

表 6-3-2　浮游生物采样情况

水体名称		采样点		样品编号	
采样时间		采样工具		采样层次	
样品类别		样品量		固定剂	

(续)

天气		风力风向		底质	
水深/m		透明度/cm		流速/(m/s)	
气温/℃		水温/℃		pH	
采样点生物（大型水生植物、水华等）状况					
周围环境					
备 注					

记录日期：　　　　　　　　　　　　　　　记录人：

2. 浮游植物采集 水深小于 3 m 时，只在中层采样；水深为 3～6 m 时，在表层、底层采样，其中表层水在离水面 0.5 m 处，底层水在离泥面 0.5 m 处；水深为 6～10 m 时，在表层、中层、底层采样；水深大于 10 m 时，在表层、5 m、10 m 水深层采样，10 m 以下处除特殊需要外一般不采样。

3. 浮游动物采集 由水体的深度决定，每隔 0.5 m、1 m 或 2 m 取一个水样加以混合，然后取一部分作为浮游动物定量之用。

4. 采样时间 采集次数依研究目的而定，采样次数可逐月或按季节进行，一般按季节进行。样品瓶必须贴上标签，标明采集时间、地点。采样时间尽量保持一致，一般在 8:00～10:00 进行。

5. 采样步骤

(1) 浮游植物　定量样品在定性采样之前用采水器采集，每个采样点取水样 1 L，贫营养型水体应酌情增加采水量。泥沙多时需先在容器内沉淀后再取样。分层采样时，取各层水样等量混匀后取水样 1 L。大型浮游植物定性样品用 25 号浮游生物网在表层缓慢拖曳采集，注意网口与水面垂直，网口上端不要露出水面。

(2) 浮游动物　原生动物、轮虫和无节幼体定量可用浮游植物定量样品，如单独采集，取水样量以 1 L 为宜；定性样品采集方法同浮游植物。枝角类和桡足类定量样品应在定性采样之前用采水器采集，每个采样点采水样为 10～50 L，再用 25 号浮游生物网过滤浓缩，过滤物放入标本瓶中，并用滤出水洗过滤网 3 次，所得过滤物也放入上述瓶中；定性样品用 13 号浮游生物网在表层缓慢拖曳采集。注意过滤网和定性样品采集网要分开使用。

6. 样品的固定 浮游植物样品立即用鲁哥氏液固定，用量为水样体积的 1%～1.5%。如样品需较长时间保存，则需加入 37%～40% 甲醛溶液，用量为水样体积的 4%。原生动物和轮虫定性样品,除留一瓶供活体观察不固定外,固定方法同浮游植物。枝角类和桡足类定量、定性样品应立即用 37%~40% 甲醛溶液固定,用量为水样体积的 5%。

7. 水样的沉淀和浓缩　固定后的浮游植物水样摇匀倒入固定在架子上的 1 L 沉淀器中,2 h 后将沉淀器轻轻旋转,使沉淀器壁上尽量少附着浮游植物,再静置 24 h。充分沉淀后,用虹吸管慢慢吸去上清液。虹吸时管口要始终低于水面,流速、流量不能太大,沉淀和虹吸过程不可摇动,如搅动了底部应重新沉淀。吸至澄清液的 1/3 时,应逐渐减缓流速,至留下含沉淀物的水样 20~25 mL(或 30~40 mL),放入 30 mL(或 50 mL)定量样品瓶中。用吸出的少量上清液冲洗沉淀器 2~3 次,一并放入样品瓶中,定容到 30 mL(或 50 mL)。如样品的水量超过 30 mL(或 50 mL),可静置 24 h 后,或到计数前再吸去超过定容刻度的余水量。浓缩后的水量多少要视浮游植物浓度大小而定,正常情况下可用透明度作参考,依透明度确定水样浓缩体积(表 6-3-3),浓缩标准以每个视野里有十几个藻类为宜。原生动物和轮虫的计数可与浮游植物计数合用一个样品;枝角类和桡足类通常用过滤法浓缩水样。

表 6-3-3　浮游生物浓缩体积比例

透明度/cm	1 L 水样浓缩后的水量/mL
>100	30~50
50~100	100~50
30~50	500~100
20~30	1 000(不浓缩)
<20	>1 000(稀释)

8. 种类鉴定与计数　优势种类应鉴定到种,其他种类至少鉴定到属。种类鉴定除用定性样品进行观察外,微型浮游植物需吸取定量样品进行观察,但要在定量观察后进行鉴定。

(1) 浮游植物计数

① 计数框行格法。计数前需先核准浓缩沉淀后定量瓶中水样的实际体积,可加纯水使其成 30 mL、50 mL、100 mL 等整数量。然后将定量样品充分摇匀,迅速吸出 0.1 mL 置于 0.1 mL 计数框内(20 mm×20 mm)。盖上盖玻片后,在高倍镜下选择 3~5 行逐行计数,数量少时可全片计数。

1 L 水样中的浮游植物数量(密度)可用下列公式计算:

$$N = \frac{N_0}{N_1} \cdot \frac{V_1}{V_0} \cdot P_n$$

式中:N 为 1 L 水样中浮游植物的数量,个/L;N_0 为计数框总格数;N_1

为计数过的方格数；V_1 为 1 L 水样经浓缩后的体积，mL；V_0 为计数框容积，mL；P_n 为计数的浮游植物个数。

② 目镜视野法。首先应用台微尺测量所用光学显微镜在一定放大倍数下的视野直径，计算出面积。计数的视野应均匀分布在计数框内，每片计数视野数可按浮游植物的多少而酌情增减，一般为 50~300 个，依浮游植物数确定计算视野数，见表 6-3-4。

表 6-3-4　浮游植物计数所需视野数

浮游植物平均数/(个/视野)	视野数/个
1~2	300
2~5	200
5~10	100
>10	50

1 L 水样中浮游植物的数量（密度）可用下列公式计算：

$$N = \frac{C_s}{F_s \cdot F_n} \cdot \frac{V}{V_0} \cdot P_n$$

式中：N 为 1 L 水样中浮游植物的数量，个/L；C_s 为计数框面积，mm^2；F_s 为视野面积，mm^2；F_n 为每片计数过的视野数；V 为 1 L 水样经浓缩后的体积，mL；V_0 为计数框的体积，mL；P_n 为计数的浮游植物个数。

(2) 浮游动物计数

① 原生动物。吸出 0.1 mL 样品，置于 0.1 mL 计数框内，盖上盖玻片，在 10×20 倍光学显微镜下全片计数。每瓶样品计数两片，取其平均值。

② 轮虫。吸出 1 mL 样品，置于 1 mL 计数框内，在 10×10 倍光学显微镜下全片计数。每瓶样品计数两片，取其平均值。

③ 枝角类、桡足类。用 5 mL 计数框将样品分若干次全部计数。如样品中个体数量太多，可将样品稀释至 50 mL 或 100 mL，每瓶样品计数两片，取其平均值。

④ 无节幼体。如样品中个体数量不多，则和枝角类、桡足类一样全部计数；如数量很多，可把过滤样品稀释，充分摇匀后取其中部分计数，计数 3~5 片取其平均值。也可在轮虫样品中同轮虫一起计数。

单位体积浮游动物的数量按下式计算：

$$N = \frac{V_1 \cdot N_0}{V_3 \cdot V_2}$$

式中：N 为 1 L 水样中浮游动物的数量，个/L；V_3 为过滤的水量，L；V_1 为水样浓缩后的体积，mL；V_2 为计数样品体积，mL；N_0 为取样计数所获得的个体数，个。

9. 注意事项 每瓶样品计数两片取其平均值，每片结果与平均数之差不大于±15%，否则必须计数第三片，直至三片平均数与相近两数之差不超过均数的15%为止，这两个相近值的平均数即可视为计算结果。浮游植物计数单位用细胞个数表示。对不易用细胞数表示的群体或丝状体，可求出平均细胞数。浮游动物用个数为计数单位表示。某些个体一部分在视野中，另一部分在视野外，这时可规定只计数上半部分或只计数下半部分。

10. 生物量的测定 浮游植物的相对密度接近于1，可直接采用体积换算成重量（湿重）。体积的测定应根据浮游植物的体形，按最近似的几何形状测量必要的长度、高度、直径等，每个种类至少随机测定50个，求出平均值，代入相应的公式计算出体积。此平均值乘上1L水中该种藻类的数量，即得到1L水中这种藻类的生物量，所有藻类生物量的和即为1L水中浮游植物的生物量，单位为mg/L或g/m³。

种类形状不规则的可分割为几个部分，分别按相似图形公式计算后相加。体积大的种类，应尽量实测体积并计算平均重量。微型种类只鉴别到门，按大、中、小3级的平均质量计算。极小的（<5 μm）为每 10^4 个 0.000 1 mg；中等的（5～10 μm）为每 10^4 个 0.002 mg；较大的（10～20 μm）为每 10^4 个 0.005 mg。

原生动物、轮虫可用体积法求得生物体积，相对密度取1，再根据体积换算为重量和生物量。甲壳动物可用体长-体重回归方程，由体长求得体重（湿重）。无节幼体可按每个0.003 mg 湿重计算。

轮虫、枝角类、桡足类及其幼体可用电子天平直接称重。即先将样本分门别类，选择30～50个样本，用滤纸将其表面水分吸干至没有水痕，置天平上称其湿重。个体较小的增加称重个数。

分析浮游植物和浮游动物种类组成，按分类系统列出名录表（表6-3-5、表6-3-6），并记录叶绿素量（表6-3-7）。

表6-3-5 浮游植物种类组成

湖泊水库名称： 采样日期：

采样点	浮游植物总量		各门浮游植物数量（生物量）占总量百分比							
	数量/(万个/L)	生物量/(mg/L)	蓝藻	绿藻	黄藻	硅藻	甲藻	隐藻	裸藻	其他
平均										

测定日期： 记录人：

表 6-3-6　浮游动物种类组成

湖泊水库名称：　　　　　　　　　　　　采样日期：

采样点	浮游动物总量		各类浮游动物数量（生物量）占总量百分比			
	数量/(万个/L)	生物量/(mg/L)	轮虫类	枝角类	桡足类	原生动物
平均						

测定日期：　　　　　　　　　　　　记录人：

表 6-3-7　叶绿素测定记录表

湖泊水库名称：　　　　采集工具：　　　　采样日期：

采样点	叶绿素 a	叶绿素 b	叶绿素 c
平均			

记录人：

二、底栖动物调查

(一) 采样工具

彼得生采泥器（开口面积 $1/16\ m^2$ 或 $1/20\ m^2$），带网夹泥器，温度计，酸度计，40 目（孔径 0.635 mm）、60 目（孔径 0.423 mm）的分样筛，塑料桶或盆，塑料袋，样品瓶（30 mL、50 mL、250 mL 广口瓶），培养皿，白色解剖盘，吸管，小镊子，解剖针，解剖镜，光学显微镜，载玻片，盖玻片，托盘天平，扭力天平，电子天平（精度 0.000 1 mg）等。

(二) 采样方法

1. 采样　根据不同的环境（如水深、底质、水生植物等）特点设置采样点，一般选择代表水域特性的地区和地带，如湖泊的主湖区和湖湾等，水库的库湾、近坝区、消落区、旧河床等。采样点数量的设置视环境情况而定。大型水体的采样断面一般为 5～6 个，中型水体的采样断面一般为 3～5 个，小型水体的采样断面一般为 3 个。采样断面上直线设点，采样点的间距一般为 100～500 m。

除采样断面上的采样点外，还应根据实际情况在湖泊、水库的大型水生植物分布区、入水口区、出水口区、中心区、最深水区、沿岸带、库湾、污染区及相对清洁区等水域设置采样点。

一般每季度采样一次，最低限度应在春季和夏末秋初各采样一次。水库采样需在最大蓄水和最小蓄水时进行。

螺、蚌等较大型底栖动物，一般用带网夹泥器采集。采得泥样后应将网口闭紧，放在水中涤荡，清除网中泥沙，然后提出水面，拣出其中全部螺、蚌等底栖动物。

水生昆虫、水栖寡毛类和小型软体动物，用彼得生采泥器采集。将采得的泥样全部倒入塑料桶或盆内，经40目、60目分样筛筛洗后，拣出筛上可见的全部动物。如采样时来不及分拣，则将筛洗后所余杂物连同动物全部装入塑料袋中，缚紧袋口带回室内分拣。如从采样到分拣超过2 h，则应在袋中加入适量固定液。塑料袋中的泥样逐次倒入白色解剖盘内，加适量清水，用吸管、小镊子、解剖针等分拣。如带回的样品不能及时分拣，可置于低温（4 ℃）保存。

各采样点上，用上述两种采样器各采集2~3次样品。无螺、蚌等较大型底栖动物时，可用不带网夹的采泥器进行定量采样。

2. 样品的固定和保存 软体动物宜用75％乙醇溶液保存，4~5 d后再换一次乙醇溶液。也可用5％甲醛溶液固定，但要加入少量苏打或硼砂中和酸性甲醛。还可去内脏后保存空壳。

水生昆虫可用5％乙醇溶液固定，5~6 h后移入75％乙醇溶液中保存。

水栖寡毛类应先放入培养皿中，加少量清水，并缓缓滴加数滴75％乙醇溶液将虫体麻醉，待其完全舒展伸直后，再用5％甲醛溶液固定，用75％乙醇溶液保存。

3. 鉴定分类

（1）种类鉴定 软体动物须鉴定到种；水生昆虫（除摇蚊科幼虫）至少鉴定到科；水生寡毛类和摇蚊科幼虫至少鉴定到属。鉴定水生寡毛类和摇蚊科幼虫时，应制片并在解剖镜或低倍光学显微镜下观察，一般用甘油做透明剂。如需对小型底栖动物保留制片，可将保存在75％乙醇溶液中的标本取出，用85％、90％、95％、100％乙醇进行逐步脱水处理，一般每15 min更换一次，直至将标本水分脱尽，再移入二甲苯溶液中透明，然后将标本置于载玻片上，摆正姿势，用树胶或普氏胶封片。

（2）计数 每个采样点所采得的底栖动物应按不同种类准确地统计个体数。在标本已有损坏的情况下，一般只统计头部，不统计零散的腹部、附肢等。

（3）生物量测定 每个采样点采得的底栖动物按不同种类准确称重。称重前，先把样品放在吸水纸上轻轻翻滚，吸去体表水分，直至吸水纸上没有水痕为止，大型双壳类应将贝壳分开去除壳内水分。软体动物可用托盘天平或盘秤称重；水生昆虫和水生寡毛类应用扭力天平或电子天平称重。先称各采样点的总重，然后再分类称重。

（4）结果整理　将所获得的数据换算成单位面积上的个数（密度，个/m^2）和质量（生物量，g/m^2）。再将所有采样点的数据进行累计、平均，算出采样月（季或年）整个水体底栖动物的平均密度和平均生物量，并按分类系统列出名录表（表6-3-8、表6-3-9）。

表6-3-8　底栖动物采样记录

采样日期：

水体名称		采样点		样品编号	
采样时间		采样工具		采集面积	
该点采集次数		断面位置		固定剂	
天气		风力风向		底质	
水深/m		透明度/cm		流速/(m/s)	
气温/℃		水温/℃		pH	
底质类别	淤泥、泥沙、黏土、粗沙、石、岩石　其他：				
周围环境					
备注					

记录日期：　　　　　　　　　　　　　　　记录人：

表6-3-9　底栖动物生物量

采样日期：　　　　　　　　　　　采集工具：

项目		采样点号	平均	备注
软体动物	数量/(个/m^2)			
	生物量/(g/m^2)			
水生昆虫	数量/(个/m^2)			
	生物量/(g/m^2)			
水生寡毛类	数量/(个/m^2)			
	生物量/(g/m^2)			
其他	数量/(个/m^2)			
	生物量/(g/m^2)			

日期：　　　　　　　　　　　　　　　　　记录人：

三、着生生物及水生植物调查

(一) 工具准备

刀片或硬刷、大镊子、小镊子、50 mL 聚乙烯瓶、光学显微镜、解剖镜、载玻片、带柄手抄网、水草采集耙、样品袋、盘秤、普通药物天平、鼓风干燥箱、标本夹等。

(二) 采样

1. 采样点布设 着生生物采样点数量依着生生物分布及丰度而定,一般设 5~6 个。采样点布设在水体的浅水区、沿岸带和大型水生植物分布区等水域,一些受污染等特殊点也需采样观察。

首先估计各类大型水生植物带区的面积,然后选择密集区、一般区和稀疏区布设采样断面和采样点。采样断面应平行排列,亦可为"之"形。采样断面的间距一般为 50~100 m。采样断面上采样点的间距一般为 100~200 m。没有大型水生植物分布的区域不设采样点。

2. 采样方法 水体中有大量大型水生植物分布,则采集整株水草,带回实验室。在室内从水草根部起,依次刮取植株上的所有着生生物。除此外,水底石块、木桩、树枝等基质上的着生生物可用刀片(或硬刷)刮(刷)到盛有蒸馏水的样品瓶中,再将基质冲洗干净,冲洗液装入样品瓶中。现场来不及刮样时,可将基质带回室内刮取。

挺水植物一般用 1 m^2 采样方框采集。采集时,将方框内的全部植物从基部割取。

沉水植物、浮叶植物和漂浮植物,一般用采样面积为 0.25 m^2 的水草定量夹采集,采集时,将水草夹张开,插入水底,然后用力夹紧,把方框内的全部植物连根带泥夹起,冲洗去淤泥,将网内水草洗净装入编有号码的水草袋内。

每个采样点采集两个平行样品。除去污泥等杂质,装入样品袋内,沉水植物须放入盛水的容器中。

3. 样品的处理 着生藻类样品的处理:样品用鲁哥氏液固定,用量为水样体积的 1%~1.5%。

着生原生动物样品的处理:将样本连同基质分别放入盛有采样点水样的广口瓶内,其中一瓶用鲁哥氏液固定,另一瓶不加固定液,供活体观察用。

在采集到的定性样品中,选择较完整的植物体,剪除枯枝叶及多余部分,用平头镊子将枝、叶、花各部分展开,整齐自然地置于吸水纸上。如果叶有明显的背腹差异，应把部分叶片翻转使其背面向上。枝条较长者要适当折转后铺放。有些粗厚的果实或地下茎，可剖开压放或摘除后另行处理。个体较大的植物，可选择具有分类特性的部位进行压制。对枝叶纤细、质地柔软的植物，应将单株植物体放入水中，整形后依其自然形态用玻璃板或白铁板轻轻托出水面，滴去积水放吸水纸上。

在标本上面盖一层纱布和2～3层吸水纸，最后将若干夹有标本的吸水纸叠放一起，置标本夹（上下两片木制夹板）中，用绳捆紧加速定形和吸水。前3 d应每天换纸和纱布2次，其后每天1次，约1周后可完全干燥。干燥成形的标本取出后，夹在干纸中间或用纸条粘在卡片纸上。

质地柔软的水生植物（如丝状藻），不宜制成蜡叶标本，则用浸制液浸泡。浸制时间视叶色变化而定，一般几天后叶片由绿变褐，再由褐变绿时将标本取出，置于5％甲醛溶液或70％的乙醇溶液中保存。如标本过分柔软，可用线将其缚于玻璃棒或玻璃板上。

（三）种类鉴定

1. 分类鉴定　优势种类须鉴定到种，其他种类至少鉴定到属，并按分类系统列出名录表。

2. 生物量计算　一般按种类称重。称重前，洗净，除去根、枯死的枝叶及其他杂质，放干燥通风处阴干。用盘秤或托盘天平称重。要求在采样当天完成。

称取子样品（不得少于样品量的10％），置于105 ℃鼓风干燥箱中干燥48 h或直到恒重，取出称其干重。按下式进行计算：

$$M=\frac{M_1 \cdot M_2}{M_3}$$

式中：M 为样品干重，g；M_1 为样品鲜重，g；M_2 为子样品干重，g；M_3 为子样品鲜重，g。

3. 结果整理　分析大型水生植物的种类组成，并按分类系统列出名录表，填写表6-3-10。

表6-3-10　水生植物种类及其分布

生物类别：　　　　　　　　　　　　采样日期：

序号	种类	学名	采样点分布状况					
合计								

记录日期：　　　　　　　　　　　　记录人：

注："－"表示少，"＋"表示一般，"＋＋"表示较多，"＋＋＋"表示很多。

四、浮游植物初级生产力测定

水体初级生产力是评价水体富营养化水平的重要指标。水体初级生产力测定——"黑白瓶"测氧法是根据水中藻类和其他具有光合作用能力的水生生物，利用光能合成有机物，同时释放氧的生物化学原理，测定初级生产力的方法。该方法所反映的指标是每平方米垂直水柱的日平均生产力 $[g(O_2)/(m^2 \cdot d)]$。

（一）工具器皿

（1）黑白瓶　容量在 250～300 mL，校准至 1 mL，可使用具塞、完全透明的温克勒瓶或其他适合的细口玻璃瓶，瓶肩最好是直的。每个瓶和瓶塞要有相同的编号。用称量法测定每个细口瓶的体积。玻璃瓶用酸洗液浸泡 6 h 后，用蒸馏水清洗干净。黑瓶可用黑布或用黑漆涂在瓶外进行遮光，使之完全不透光。

（2）采水器　有机玻璃采水器。

（3）照度计或透明度盘。

（4）水温计。

（5）吊绳和支架　固定和悬挂黑、白瓶用。形式以不遮蔽浮瓶为宜。

（二）测定

可在不同季节进行。为避免风浪、气候对测试结果的影响和实验器材损坏，宜选择在晴天、弱风条件下进行，并在上午挂瓶。

1. 水样采集与挂瓶

（1）采水与挂瓶深度确定　采集水样之前先用照度计测定水体透光深度，如果没有照度计可用透明度盘测定水体透光深度。采水与挂瓶深度确定在表面照度 100%～1%，可按照表面照度的 100%、50%、25%、10%、1%选择采水与挂瓶的深度和分层。浅水湖泊（水深≤3 m）可按 0.0 m、0.5 m、1.0 m、2.0 m、3.0 m 的深度分层。

（2）水样采集　根据确定的采水分层和深度，采集不同深度的水样。每次采水至少同时用虹吸管（或采水器下部出水管）注满 3 个试验瓶，即一个白瓶、一个黑瓶、一个初始瓶。每个试验瓶注满后先溢出 3 倍体积的水，以保证所有试验瓶中的溶解氧与采样器中的溶解氧完全一致。灌瓶完毕，将瓶盖盖好，立即对其中一个试验瓶（初始瓶）进行氧的固定，测定其溶解氧，该瓶溶解氧为"初始溶解氧"。

（3）挂瓶与曝光　将灌满水的白瓶和黑瓶悬挂在原采水处，曝光培养

24 h。挂瓶深度和分层应与采水深度和分层完全相同。各水层所挂的黑、白瓶以及测定初始溶解氧的玻璃瓶应统一编号，做好记录。

2. 溶解氧测定　曝光结束后，取出黑、白瓶，立即加入 1 mL 硫酸锰溶液和 2 mL 碱性碘化钾溶液，使用细尖的移液管将试剂加到液面之下，小心盖上塞子，避免空气带入。将实验瓶颠倒转动数次，使瓶内成分充分混合，然后将实验瓶送至实验室测定溶解氧。初始瓶的溶解氧固定和室内测定方法与此相同。

3. 生产力计算　各水层日生产力 [$mg(O_2)/(m^2 \cdot d)$] 计算方法：

$$总生产力＝白瓶溶解氧－黑瓶溶解氧$$
$$净生产力＝白瓶溶解氧－初始瓶溶解氧$$
$$呼吸作用量＝初始瓶溶解氧－黑瓶溶解氧$$

每平方米水柱日生产力 [$g(O_2)/(m^2 \cdot d)$] 可用算术平均值累计法计算。

(三) 注意事项

(1) 在有机质含量较高的湖泊、水库，可采用 2~4 h 挂瓶一次，连续测定的方法，以免由于溶解氧过低而使净生产力可能出现负值。

(2) 在光合作用很强的情况下，会形成氧的过饱和，在瓶中产生大量的气泡，应将瓶略微倾斜，小心打开瓶盖加入固定剂，再盖上瓶盖充分摇匀，使氧气固定下来。

(3) 测定时应同时记录当天的水温、水深、透明度，并描述水草的分布情况。

(4) 尽可能同时测定水中主要营养盐，特别是总磷和总氮。

(5) 对于较大的湖泊和水库，因船只、风浪、气候等因素的影响，使用 24 h 曝光试验，耗资耗力较大，可采用模拟现场法。模拟现场法的采样、布设曝光方法同现场法。仅布设曝光地点可选择在离水岸较近的水域进行。选择模拟现场法能够保证安全、实施方便，但要尽可能保证模拟地点和现场法在水深、光照、温度等方面一致。

第四节　鱼类资源调查与评价

一、鱼类资源调查

(一) 群体样本采集

1. 拦网采捕　采用网墙来拦截鱼群和封闭水域。采用长带形网片，总长度为水库最宽处的 2 倍，高度以到库底为准。整体由底网、墙网、八字网、盖网缝合组成。张网的大小由水库大小、水深和鱼产量而定。八字网的夹角为 45°～60°，网墙过鱼门宽 0.4～0.6 m。本方法适应于中上层鱼类种群样本采集。

2. 刺网采捕　刺网由两层大网目网衣中间夹一层小网目网衣组成。一般网片长度为 50 m，其总长度为水库最宽处的 3 倍。高度一般为 10 m、12 m 或 15 m。分浮网和沉网两种。该网不受库底地貌和水深的限制，作业灵活、方便，可根据鱼类活动规律放置鱼网，待鱼上网即可收网收鱼。

3. 联合采捕　由于湖泊、水库大小不一，地貌复杂，深浅不同，单用一种网具捕捞，起捕率很低，有些品种鱼群不一定能够捕获，采用几种网具联合作业，捕捞效果较好。作业方法称为"赶、拦、刺、张"联合渔法。"赶"是用刺网赶鱼，其通过惊吓和驱赶，引导鱼群进入捕捞区域。赶鱼的顺序由内向外，由浅水向深水，浮刺网和沉刺网交叉使用，轮流向驱赶方向推进。投放拦网方法有横向和纵向两种，网与库岸相垂直，每隔 20～100 m 的距离平行放网，横断水面，每当刺网全部放完，即将拦网沿最后一边刺网边放下去，把已经赶过的区域和未进行赶鱼的区域隔离开来。"拦"是用拦网将鱼拦在捕鱼区域内。随着刺网不断向前驱赶，拦网也不断向前推进。"刺"是用双层刺网或单层刺网在捕鱼区域内外张挂刺网，捕捉未被赶入张网内的鱼类。"张"是事先把张网定置在起捕鱼的区域，等鱼上网，将鱼捕捞，或在小范围内用拉网将鱼一网拉尽。

因为水库地形复杂，对于底层鱼类，如鲤、鲇，采捕时还可以采用延绳钓的方法。

（二）个体样本采集

1. 工具　量鱼板、直尺、游标卡尺、钢卷尺、台秤、杆秤、电子天平、标本箱、解剖刀、解剖盘、剪刀、镊子、注射器、广口瓶、鳞片袋、照相机等。

2. 鱼类鉴定

（1）鱼体长度测量和称重

① 长度测量。鱼体的长度以 cm 或 mm 为单位，使用量鱼板测量。常用的长度指标是：

体长：鱼的吻端至尾鳍中央鳍条基部的直线长度。

全长：鱼的吻端至尾鳍末端的长度。

② 称重。鱼体的质量以 g 为单位。在称重过程中，所有的样品鱼应保持

标准湿度，以免因失重而造成误差。经低温保存的样品鱼称重时，须按样品鱼保存期的失重率予以校正。

(2) 年龄鉴定材料的收集

① 鉴定鱼类年龄所用的材料有鳞片、鳍条、耳石、脊椎骨、鳃盖骨、匙骨等。有鳞鱼类的年龄鉴定材料一般以鳞片为主，无鳞或鳞片细小鱼类则采用某种骨质材料。

② 样品鱼经长度测量和称重后，即可取鳞片或某种骨质材料进行年龄鉴定。鳞片应取自新鲜鱼体，鳞片取自背鳍下方、侧线上方的体侧部分。取 5~10 枚。不能用再生鳞作为年龄鉴定的材料。

③ 取下骨质材料用纸或纱布包裹，同时记录体长、体重、性别以及日期和地点；鳞片置于鳞片袋内，并在鳞片袋上记录被取鳞鱼的体长、体重、性别以及日期和地点。一般每种鱼类按大小不同测量 50 尾为宜。

(3) 食性鉴别材料的收集

① 采集的样品鱼，经长度测量、称重和取下年龄鉴定材料后，剖开腹部，取出完整的胃和肠管。

② 将取出的胃和肠管轻轻拉直，测量长度，并目测其食物饱满度。鱼的胃和肠管的食物饱满度一般分为 6 个等级：0 级，无食物；1 级，食物占胃肠（指所检测的肠段）的 1/4；2 级，食物占胃肠的 1/2；3 级，食物占胃肠的 3/4；4 级，整个胃、肠有食物；5 级，胃、肠中食物极饱满。

③ 将胃和肠管的两端用线扎紧，系上编号标签，再用纱布包好放入标本瓶中，然后加入 5% 的甲醛溶液固定。

(4) 性别和成熟阶段鉴定

① 鉴定性别须解剖鱼体进行性腺检查。一般情况下，可凭肉眼区分成熟的雌、雄鱼的性腺，而未成熟个体的性腺，只能通过显微镜观察。某些鱼在繁殖季节或其他时期，往往可根据外部特征来判断其性别。

② 鱼类的成熟阶段可按照性腺未成熟、成熟和排空性产物 3 种状态来记录；在一年中的其他季节，根据性腺中精子或卵子的存在与否，鉴别其成熟、未成熟两种状态。

(5) 年龄鉴定材料的处理及年龄鉴定

① 取出鳞片袋中的鳞片，放入温水（或稀氨水）中浸泡，并用软刷子（或牙刷）把鳞片表面的黏液、皮肤、色素等洗掉，吸干水分后夹入载玻片中备用。

② 鳍条等骨质年龄鉴定材料用水煮 10 min 左右，洗净后经肥皂水或汽油等浸泡以便脱去脂肪，再漂洗干净并晾干。如果用鳍条作鉴定鱼类年龄的材

料,可用小钢锯在距鳍条基部的1/3处锯4~5片,每片厚0.5 mm左右,并用油石把鳍条切片的表面抛光。鳍条切片磨光时,厚度可掌握在0.3 mm左右。在处理好的鳍条切片上先滴少量二甲苯以增加切片的透明度,然后用普氏胶将切片粘在载玻片上。其他年龄鉴定材料与鳍条处理方法相同。

③ 用光学显微镜、投影仪等鉴定鱼类年龄,鉴定时应测量鳞片的半径及各轮间的轮距,并将测定结果以及鱼名、编号、采集时间、采集地点、体长、体重、性别及年龄等记入表中。

3. 生长的计算

(1) 生长速度 可直接从渔获物中测量鱼的体长和体重,计算出各龄鱼的平均体长和体重。也可根据鱼类体长与鳞长成正比例增长的原理,按下式计算:

$$L_n = R_n \cdot L/R$$

式中:L_n 为推算的在以往第 n 年的体长,mm;R_n 为与 L_n 相应的年份的鳞片长度,mm;L 为实测体长,mm;R 为实测鳞片长度,mm。

(2) 体长与体重的关系 可按以下公式计算:

$$W = aL^b$$

式中:W 为体重,g;L 为体长,cm;a 为常数;b 为指数。其中 a 和 b 可根据收集的大量的体重和体长数据,按数理统计方法求得。

(3) 肥满度 按以下公式计算:

$$K = W/L^3 \times 100$$

式中:K 为肥满度(或称肥满系数);W 为体重,g;L 为体长,cm。

二、鱼类资源量评价

(一) 根据鱼类的生长状况评价

影响鱼类生长的直接因素是天然饵料生物的丰富程度,间接生态因子是TN、TP、COD等,以及土壤肥力与进水量。鱼类生长状况和鱼产量是评估水库鱼类资源量的重要指标;在鱼类数量不足的情况下,鱼类生长速度虽然很快,但群体鱼产量较低。因此,在合理捕捞情况下,鱼产量是评价水库经济鱼类资源量的重要指标。

(二) 根据水域饵料生物推算鱼类资源量

选取湖泊、水库基础饵料生物,即浮游植物、浮游动物、着生藻类、底栖动物、水生维管束植物的年生产量以及有机碎屑有机碳年均含量作为鱼类资源量评价指标。

$$鱼产力（kg/hm^2）=饵料生物生产量（kg/hm^2）\times$$
$$饵料生物利用率（\%）/饵料系数$$

$$饵料生物生产量（kg/hm^2）=饵料生物现存量（kg/hm^2）\times（P/B 系数）$$

式中：P 为一定时间内饵料生物的产量；B 为一定时间内饵料生物的平均现存生物量。

饵料生物的最大利用率（a）、饵料系数（k）和 P/B 系数等主要参数的取值参考表 6-4-1。

表 6-4-1 饵料生物的最大利用率、饵料系数和 P/B 系数的取值

（引自 SL 563—2011）

饵料生物	最大利用率 $a/\%$	饵料系数 k	P/B 系数
浮游植物	30	100	见表 6-4-2
浮游动物	40	10	20
底栖动物	25	5	3
着生藻类	20	100	100
水生维管束植物	25	110	1.25

表 6-4-2 浮游植物 P/B 系数取值

（引自 SL 563—2011）

区　域	P/B 系数	区　域	P/B 系数
华南地区	80～100	江汉地区	80～130
内蒙古地区	40～80	华北地区	60～90
黄淮地区	80～100	东北地区	40～80
江淮地区	70～100	西南地区	50～90
江南地区	80～130	西北地区	40～60

三、鱼产力评价

（一）基础饵料鱼产力

浮游植物、浮游动物、底栖动物、着生藻类、水生维管束植物和有机碎屑的鱼产力分别按以下各式进行计算。

$$F_{浮游植物}=B_G(P/B)\,aV\times100/k$$

$$F_{浮游动物} = B_{Zp}(P/B)\ aV \times 100/k$$
$$F_{底栖动物} = B_{Zb}(P/B)\ aS/k$$
$$F_{着生藻类} = B_A(P/B)\ aS/k$$
$$F_{水生维管束植物} = Pa/k$$
$$F_{有机碎屑} = C_S V\ (19.58\%A + 22.60\%B) \times 3\,900\,000/(3\,560A + 3\,350B)$$

式中：$F_{浮游植物}$ 为浮游植物提供的鱼产力，t；B_G 为浮游植物年平均生物量，mg/L；P/B 为该类饵料生物年生产量与年平均生物量之比；a 为鱼类对该饵料生物的最大利用率；V 为水库表层 10 m 以内的库容，10^8 m^3；S 为养殖面积，km^2；k 为该类饵料生物的饵料系数；$F_{浮游动物}$ 为浮游动物提供的鱼产力，t；B_{Zp} 为浮游动物年平均生物量，mg/L；$F_{底栖动物}$ 为底栖动物提供的鱼产力，t；B_{Zb} 为底栖动物年平均生物量，g/m^2；$F_{着生藻类}$ 为着生藻类提供的鱼产力，t；B_A 为着生藻类年平均生物量，g/m^2；$F_{水生维管束植物}$ 为水生维管束植物提供的鱼产力，t；P 为水生维管束植物年净生产量，t；$F_{有机碎屑}$ 为有机碎屑提供的鲢、鳙生产力，t；C_S 为有机碎屑有机碳含量，mg/L；A 为水体中鲢占鲢、鳙的数量比例；B 为水体中鳙占鲢、鳙的数量比例。

（二）水域总鱼产力

总鱼产力和单位鱼产力分别按以下前两式进行计算；滤食性鱼类、底层鱼类和草食性鱼类鱼产力分别按以下后三式进行计算。

$$F_{总} = F_{滤食} + F_{底层} + F_{草食}$$
$$F_{单} = F_{总}/S$$
$$F_{滤食} = F_{浮游植物} + F_{浮游动物} + F_{有机碎屑}$$
$$F_{底层} = F_{底栖动物} + F_{着生藻类}$$
$$F_{草食} = F_{水生维管束植物}$$

式中：$F_{总}$ 为总鱼产力，t；$F_{单}$ 为单位鱼产力，t/km^2；$F_{滤食}$ 为滤食性鱼类鱼产力，t；$F_{底层}$ 为底层鱼类鱼产力，t；$F_{草食}$ 为草食性鱼类鱼产力，t；S 为养殖面积，km^2；$F_{浮游植物}$ 为浮游植物提供的鱼产力，t；$F_{浮游动物}$ 为浮游动物提供的鱼产力，t；$F_{有机碎屑}$ 为有机碎屑提供的鲢、鳙产力，t；$F_{底栖动物}$ 为底栖动物提供的鱼产力，t；$F_{着生藻类}$ 为着生藻类提供的鱼产力，t；$F_{水生维管束植物}$ 为水生维管束植物提供的鱼产力，t。

（三）鱼产力等级划分

湖泊、水库鱼产力等级划分标准见表 6-4-3，将计算的湖泊、水库总的单位鱼产力与表 6-4-3 对照，进行鱼产力等级判定。

表 6-4-3 湖泊、水库鱼产力等级

(引自 SL 563—2011)

鱼产力等级	低产	中产	高产
单位鱼产力/(t/km^2)	<9	9~36	>36

(四) 可捕资源量评估

确定合理捕捞规格和鱼类可捕捞资源量的方法有多种，但常用的是经验估算法、剩余渔获量模型估算法和 Beverton-Holt 模型估算法。

1. 经验估算法 采用经验法估算可捕资源量需要通过对渔获物的年龄、规格组成及生长速度等指标参数进行综合分析，鱼类种群及个体各项生物指标能够保证其维持合理状况的捕捞量即为可捕资源量。

这类方法适用于鱼类资源量较大，鱼类的生物量或密度已经影响鱼类生长的水域。从理论上讲，对于放养充足或鱼类资源足够大的水域，即其资源量接近最大负载量的水域，捕捞量应使其资源量减少至最大负载量的 1/2，使得鱼类种群保持最大的生长速度。实践中由于采用初级生产力来估计鱼产力受到多种不确定因素的影响，最佳捕捞量难以准确计算。目前，对这类水域还应凭经验靠试错法对捕捞量进行逐步调整，最后接近最大持续渔获量。

捕捞不充分水体的特征是所有年龄组都具有高的存活率而生长迟缓，只有少数高龄鱼达到捕捞规格。如发现鱼类生长速度减缓，性成熟推迟，鱼类的食谱增广以及单位渔获量较高，就表示渔获量偏低了，应适当提高。

如果捕捞强度过大，会使群体变小，年龄与规格降低，渔获量降低。捕捞过度水体中成鱼饵料充分，幼鱼数量多，在转变为成鱼食性之前，生长缓慢，多数鱼不符合捕捞规格。

低龄鱼或小规格鱼生长强度大，在性成熟后对饵料的利用效率显著降低，生长也延缓下来，最后生长几乎停滞下来。对于自然死亡率较低、鱼类密度又较大的水域，如多数放养鲢、鳙的水域，捕捞规格的确定应考虑饵料利用率、生长速度、商品价格和鱼种成本等。幼龄鱼虽饵料利用率高、产量高，但肥满度往往不够，商品价格低。具体的捕捞年龄或规格应根据具体条件而定。

2. 剩余渔获量模型估算法 这种方式通过调查水域鱼类自然增长量与捕捞量的关系，当从某一种群中捕出鱼的数量等于其自然增长量时，种群大小基本维持不变，这一年所捕出的鱼的数量称为剩余渔获量或平衡渔获量，即为该水域的可捕资源量。

当某一水域的鱼类种群尚未被人们利用时，种群自身具有维持平衡的调节能力。在稳定的自然条件下，种群不断地增长，直到其饵料和空间等环境因子所能容纳的最大限度为止，也即大致符合种群有限增长规律，适当开发利用后其种群数量仍能维持一定水平。对鱼类种群资源不利用，或利用不充分，并不能使资源增加，这是对资源的一种浪费；对资源利用过度，超过种群的恢复能力，则其自然平衡就可能遭到破坏，以致造成资源下降，失去渔业利用价值，甚至造成资源严重衰竭。合理利用鱼类资源，就是希望持久利用某一鱼类种群，在不危害种群资源再生产的前提下，获得稳定的最大渔获量，即可捕资源量。

3. Beverton-Holt 模型估算法 Beverton-Holt 模型（简称 B-H 模型）是种群动态模型的一种，运用此模型评估鱼类可捕资源量需要在满足以下几点前提下开展：水域某种鱼类种群的补充群体补充后的瞬时自然死亡率和生长参数 K、t_0、W_∞ 不受捕捞强度和资源密度的影响；捕捞死亡连续作用于一个世代或当补充量不变时，捕捞死亡在一年中连续作用于各龄群，而各龄鱼的瞬时总死亡率相同；鱼群生活于充分的空间、饵料满足时，鱼类种群密度的增加和减少对每一个体生长和种群的补充都无影响时适用于该模型。此模型适应于移植鱼类的初期阶段、资源量严重不足的鱼类和放养量很少的水域中鱼类的资源量估算。

由于 B-H 模型是根据一个世代从补充至死亡的数量变化情况推导出来的，对于一年产一次卵的种群，当补充量、自然死亡和捕捞死亡保持相对稳定时，那么一年中从所有各龄鱼所得到的产量相当于从一个世代所得到的产量。可以采用以下公式推算：

$$Y/R = FW_\infty e^{-M(t_c - t_r)} \sum_{j=0}^{3} \frac{Q_j e^{-jK(t_c - t_0)}}{F + M + jK} (1 - e^{-(F+M+jK)(t_\lambda - t_c)})$$

式中：Y/R 为单位补充量下的渔获量；F 为捕捞死亡系数；M 为自然死亡系数；K 为生长曲线的平均曲率；W_∞ 为渐近体重；t_c 为开捕年龄；t_0 为理论上体长体重为 0 时的年龄；t_λ 为渐近年龄；t_r 为补充年龄；$j=0$ 时，$Q_0=1$，$j=1$ 时，$Q_1=-3$，$j=2$ 时，$Q_2=3$，$j=3$ 时，$Q_3=-1$。

四、渔业资源保护

1. 合理捕捞

（1）限制捕捞量　即在每个捕捞周期开始，以相应的研究调查为基础，确定适宜捕捞量，保证水域鱼类资源的可持续稳定发展。

（2）限制捕捞规格　幼鱼是扩大渔业生产的物质基础，保护幼鱼，使其生长、成熟、繁衍后代，然后合理加以利用，是保证鱼类资源增殖的重要环节。

确定最小捕捞规格,通常以首次性成熟个体大小为标准。因为通常鱼类首次性成熟期与生长拐点一致,这样既可保护鱼类在强度生长阶段之前不被捕出,又可保证鱼类至少有一次生殖机会,以保护鱼类资源。

2. 增殖放流

(1) 增殖放流前的准备　在确定人工放流前,全面掌握放流水域的水深和水位常年变化状况、气候条件、水质、水温、溶解氧、pH、底质、水体理化因子等水文资料,保证放流效果。对放流水域的水生植物、浮游生物、底栖动物、鱼类等生物资源进行详细调查,准确掌握放流水域的生物资源量,确定放流的品种和数量。

全面了解和掌握放流水域周边的社会环境状况,将这些情况与放流计划、实施方案有机结合起来,可有效扩大放流效果和影响力。选择确定苗种培育供应单位,确定放流品种、数量。

(2) 放流水域选择　水域生态环境良好,水面开阔,水流畅通,温度、硬度、酸碱度、透明度等水质因子适宜。水质符合《渔业水质标准》(GB 11607—89)的要求。底质适宜。增殖放流对象的饵料生物丰富,敌害生物较少。

(3) 放流品种　以有效保护水体生态环境为主,保持鱼类资源品种多样性,兼顾渔业生产经济效益,根据近五年来每年捕捞的品种、产量及市场销售情况,结合渔业产业开发的需要,可以确定选择鳙、鲢、银鱼、草鱼等为主要放流品种,同时补充放流鲤、青鱼等品种。

根据《水生生物增殖放流管理规定》,增殖放流的品种应当以本地种和子一代苗为主。杂交种、转基因种、种质不纯以及经检验检疫不合格的苗种,不得用于增殖放流。对省外种的增殖放流应当按照国家有关规定进行生态安全评估。

(4) 放流规格、时间和方法　根据水域状况、水文特征和增殖放流对象的生物学特性,灵活选择放流品种规格,确定适宜的放流时间,可有效提高苗种成活率。

① 秋片鱼种。秋片鱼种放流规格:鲢、鳙为 50～100 g/尾;草鱼为 12～15 cm/尾;其他鱼种为每 500 g 15～20 尾。放流时间为每年的 10～11 月。

② 夏花鱼苗。鲢、鳙、草鱼、青鱼放流规格要求达到 5 cm/尾以上;其他苗种放流规格要求在 4 cm/尾以上。放流时间为每年的 6～7 月。

③ 银鱼。银鱼以受精卵的形式放流,放流时间为每年春季。

选择无风、晴朗天气进行放流。人工将苗种尽可能贴近水面(距水面不超过 1 m)顺风缓慢放入放流水域。在船上放流时,船速应小于 0.5 m/s。尽可能扩大放流范围和面积，减少苗种集群过多。

（5）放流苗种质量要求　增殖放流苗种要求规格整齐、外观完整、体表光洁、身体健壮、无病无伤、游动活泼、逆水能力强。农业部公告第 1125 号规定的水生动物疫病病种不得检出，国家、行业颁布的禁用药物不得检出，其他药物残留符合《无公害食品　水产品中渔药残留限量》（NY 5070—2002）的要求。

秋片鱼种采用全部重量法进行计数，对放流鱼种全部过秤称重，通过随机抽样计算单位重量的个体数量，折算放流鱼种总数量。抽样重量不低于放流鱼种总重量的 0.1%。尽可能减少因中间环节过于烦琐造成的损失。夏花鱼种采用抽样数量法进行计数，将每计量批次放流鱼苗全部均匀装袋后，通过随机抽袋，对袋中样品逐个计数求出平均每袋鱼苗数量，进而求得本计量批次放流鱼苗的总数量。每个计量批次按总袋数的 1% 随机抽袋，最低不少于 3 袋。银鱼受精卵：采用浓缩体积抽样法进行计数，即用 10 mL 量筒，随机抽取受精卵 10 mL，对此 10 mL 的卵进行计数，得出每毫升受精卵所含的卵粒数，然后经过 2～3 次随机抽样进行计数，取其每毫升平均所含卵的粒数，再乘以受精率与所需受精卵的体积，即可求出放流受精卵的总粒数。

（6）保护措施　放流后，加大对放流水域组织巡查和监督检查力度。针对短期内鱼苗易出现集群现象，渔政部门应跟踪监测，观察鱼群的走向，加强渔政管理，防止偷捕、误捕现象发生。

附　录

附录1　浮游植物细胞平均湿重（mg/10⁴个）
［引自《淡水生物资源调查技术规范》（DB 43/T 432—2009）］

种　类	拉丁文	小	中	大
蓝藻门	**Cyanophyta**			
类颤藻鱼腥藻	*Anabaena oscillarioides* Bory		0.001 5	
针晶蓝纤维藻	*Dactylococcopsis rhaphidioides* Hansg		0.000 3	
大螺旋藻	*Spirulina major* Kutz		0.007 7	
小席藻	*Phormidium tenue* （Menegh） Gom		0.002	
蓝球藻	*Chroococcus* sp.	0.000 1	0.000 5	0.002
颤藻（丝状体）	*Oscillatoria* sp.	0.003	0.01	0.05
银灰平裂藻	*Merismopedia glauca* （Ehr） Nag	0.000 06		
点形平裂藻	*Merismopedia punctata* Meyen	0.000 03		
细小平裂藻	*Merismopedia minima*	0.000 001		
优美平裂藻	*Merismopedia elegans* Br	0.000 65		
小形色球藻	*Chroococcus minor* （Kutz） Nag	0.000 74		
湖沼色球藻	*Chroococcus limneticus* Lemm	0.000 5		
微小色球藻	*Chroococcus minutus* （Kutz） Nag		0.002	
小颤藻	*Oscillatoria tenuis* Ag		0.01	
美丽颤藻	*Oscillatoria formosa* Bory		0.01	
阿氏颤藻	*Oscillatoria agardhii* Gom		0.01	
巨颤藻	*Oscillatoria princeps* Vauch			6
点状黏球藻	*Gloeocapsa punctata* Nag	0.000 000 2		
螺旋鱼腥藻	*Anabaena spiroides* Kleb	0.000 5		
水华束丝藻	*Aphanizomenon flos - aquae* （L） Ralfs		0.02	
中华尖头藻	*Raphidiopsis sinensia* Jao	0.000 25		
螺旋鞘丝藻	*Lyngbya contarata* Lemm	0.000 25		
马氏鞘丝藻	*Lyngbya martensiana* Men		0.01	
不定腔球藻	*Coelosphaerium dubium* Grun		0.03	

（续）

种　类	拉丁文	小	中	大
线形黏杆藻	*Gloeothece linearis* Nag	0.000 06		
格孔隐杆藻	*Aphanothece clathrata*	0.000 06		
金藻门	**Chrysophyta**			
变形单鞭金藻	*Chromulina pascheri* Haf		0.004	
卵形单鞭金藻	*Chromulina ovalis* Klebs	0.001 6		
分歧锥囊藻	*Dinobryon divergens* Imh		0.008	
变形棕鞭藻	*Ochromonas mutabilis* Klebs		0.001	
球等鞭金藻	*Isochrysis galbana* Parke	0.000 65		
小三毛金藻	*Prymnesium parvum* Carter		0.003	
等鞭金藻	*Isochrysis* sp.	0.001	0.003	0.007
鱼鳞藻	*Mallomonas* sp.	0.005	0.03	
锥囊藻	*Dinobryon* sp.	0.007	0.01	
黄群藻（群体）	*Synura* sp.		0.12	
黄藻门	**Xanthophyta**			
小型黄管藻	*Ophiocytium parvulum* A. Br		0.002	0.015
具针刺棘藻	*Centritractus belonophorus* (Schmidle) Lemm		0.016	
黄丝藻	*Tribonema* sp.		0.01	
近缘黄丝藻	*Tribonema affine* G. S. West		0.01	
膝口藻	*Gonyostomum semen* (Ehr) Dies		0.05	0.002
隐藻门	**Cryptophyta**			
卵形隐藻	*Cryptomonas ovata* Ehr		0.02	
尖尾蓝隐藻	*Chroomonas acuta* Uterm		0.001	
啮蚀隐藻	*Cryptomonas erosa* Ehr		0.02	
隐藻	*Cryptomonas* sp.	0.01	0.02	
蓝隐藻	*Chroomonas* sp.	0.000 5	0.001	
天蓝胞藻	*Cyanomonas coerulea*		0.009	0.04
甲藻门	**Pyrrophyta**			
多甲藻	*Peridinium* sp.	0.05	0.09	
光甲藻	*Glenodinium gymnodinium* Pen		0.04	
蓝色裸甲藻	*Gymnodinium coeruleum* Doyiel		0.008	0.12
飞燕角藻	*Ceratium hirudinella* (Mull) Schr			

(续)

种 类	拉丁文	小	中	大
角藻	*Ceratium* sp.		0.5	
原甲藻	*Prorocentrum* sp.		0.028	
硅藻门	**Bacillariophyta**			
具星小环藻	*Cyclotella stelligera* Cl. et Grun	0.00125		0.5
孟氏小环藻	*Cyclotella meneghiniana* Kutz		0.02	
小环藻	*Cyclotella* sp.	0.003	0.007	
菱形藻	*Nitzschia* spp.	0.003	0.01	
长菱形藻	*Nitzschia longissima* (Breb) Ralfs		0.006	0.02
弯端长菱形藻	*Nitzschia longissima* f. Reversa Grun		0.006	0.02
洛氏菱形藻	*Nitzschia lorenziana* Grun.		0.286	
肋缝菱形藻	*Nitzschia frustulum* (Kutz) Grun		0.005	
近缘针杆藻	*Synedra affinis* Kutz		0.06	
尖针杆藻	*Synedra acus* Kutz		0.06	
针杆藻	*Synedra* sp.	0.005	0.06	
扁圆卵形藻	*Cocconeis placentula* (Ehr) Hust		0.006	
双头辐节藻	*Stauroneis anceps* (Ehr)		0.0017	0.06
系带舟形藻	*Navicula cincta* (Ehr) Kutz		0.00325	
喙头舟形藻	*Navicula rhynchocephala* Kutz		0.03	
舟形藻	*Navicula* sp.	0.015	0.03	
嗜盐舟形藻	*Navicula halophila* (Grun) Cl		0.047	
大羽纹藻	*Pinnularia major* (Kutz)		0.42	0.3
绿羽纹藻	*Pinnularia viridis* Her		0.42	
脆杆藻	*Fragilaria* spp.		0.001	
异端藻	*Gomphonema* spp.		0.01	
牟氏角毛藻	*Chaetoceros muelleri* Lemm		0.0014	
小桥弯藻	*Cymbella pusilla* Grun		0.001	
桥弯藻	*Cymbella* sp.	0.001	0.02	
尖布纹藻	*Gyrosigma acuminatum* (Kutz) Rabenh			
卵形双菱藻	*Surirella ovata* Kutz		0.02	0.08
翼状茧形藻	*Amphiprora alata* Kutz		0.28	0.4
湖沼圆筛藻	*Coscinodiscus lacustris* Grun		0.02	

(续)

种 类	拉丁文	小	中	大
星杆藻	*Asterionella* sp.		0.005	
岛直链藻	*Melosira islandica* Mull		0.003	
颗粒直链藻	*Melosira granulata*	0.007	0.03	
变异直链藻	*Melosira varians*		0.006	
美丽星杆藻	*Asterionella formosa* Hass		0.005	0.06
披针弯杆藻	*Achnanthes lanceolata*		0.003	
卵圆双眉藻	*Amphora ovalis* Kutz		0.015	
平板藻	*Tabellaria* sp.		0.03	
等片藻	*Diatoma* sp.		0.03	
草履波纹藻	*Cymatopleura solea* (Breb) W. Smith			8
长等片藻	*Diatoma elongatum* Ag		0.01	
裸藻门	**Euglenophyta**			
绿裸藻	*Euglena viridis* Ehr	0.04	0.08	0.6
壳虫藻	*Trachelomonas* sp.	0.002	0.02	0.06
血红裸藻	*Euglena sanguinea*	0.15	0.6	1.0
尖尾裸藻	*Euglena oxyuris* Schmar		0.15	
梭形裸藻	*Euglena acus* Ehr		0.04	
多形裸藻	*Euglena polymorpha* Dang			0.2
矩圆囊裸藻	*Trachelomonas oblonga* Lemm		0.002	
旋转囊裸藻	*Trachelomonas volvecina* Ehr		0.03	
不定囊裸藻	*Trachelomonas incertissima* Defl		0.004	
具瘤陀螺藻	*Strombomonas verrucosa* (Dad) Defl		0.04	
囊状柄裸藻	*Colacium vesiculosum* Her		0.04	
鳞孔藻	*Lepocinclis* sp.	0.03		0.2
双鞭藻	*Eutreptia viridis* Perty		0.002 2	
尖尾扁裸藻	*Phacus acuminatus* Stok		0.06	
颤动扁裸藻	*Phacus oscillans* Klebs		0.027	
钩状扁裸藻	*Phacus hamatus* Pochm			0.3
旋形扁裸藻	*Phacus helicoides* Pochm		0.03	
梨形扁裸藻	*Phacus pyrum* (Ehr) Stein		0.03	
椭圆鳞孔藻	*Lepocinclis steinii* Lemm. em. Conr		0.03	

(续)

种 类	拉丁文	小	中	大
弦月藻	*Menoidium pellucidum* Perty		0.04	
绿藻门	**Chlorophyta**			
四鞭藻	*Collodictyon triciliatum*		0.05	
绿球藻	*Chlorococcum* sp.		0.005	
衣藻	*Chlamydomonas* sp.	0.003	0.01	0.05
德巴衣藻	*Chlamydomonas debaryana* Gor		0.02	
莱哈衣藻	*Chlamydomonas reinhardi* Dang		0.02	
壳衣藻	*Phacotus lenticularis* (Ehr) Stein		0.02	
娇柔塔胞藻	*Pyramidomonas delicatula* Griff		0.02	
普通小球藻	*Chlorella vulgaris* Beij	0.000 2		
蛋白核小球藻	*Chlorella pyrenoidesa* ChicK	0.000 15		
椭圆小球藻	*Chlorella ellipsoidea* Gren	0.000 2		
网球藻	*Dictyosphaerium* sp.	0.000 6	0.001	0.003
空星藻	*Coelastrum* sp.	0.001	0.003	0.008
卵囊藻	*Oocystis* sp.	0.002	0.005	0.01
纤维藻	*Ankistrodesmus* sp.	0.000 3	0.002	0.02
栅藻	*Scenedesmus* sp.	0.000 5	0.002	0.01
板星藻	*Mougeotia* sp.	0.001	0.01	0.02
规则四角藻	*Tetraedron regulare* Kutz		0.003	
具尾四角藻	*Tetraedron caudatum* (Cord) Hansg		0.003	
心形扁藻	*Platymonas cordiformis* (Carter) Dill		0.012	
尖细栅藻	*Scenedesmus acuminatus* (Lag) Chod	0.000 8		
四尾栅藻	*Scenedesmus quadricauda* (Turp) Breb	0.000 5		
二形栅藻	*Scenedesmus dimorphus* (Turp) Kutz	0.000 5		
双对栅藻	*Scenedesmus bijuga* (Turp) Lag	0.000 5		
斜生栅藻	*Scenedesmus obliquus* (Turp) Kutz	0.000 5		
实球藻	*Pandorina morum* (Muell) Bory		0.04	
华美十字藻	*Crucigenia lauterbornei* chm		0.001	
四角十字藻	*Crucigenia quadrata* orr		0.001	
十字藻	*Crucigenia apiculata* (Lemm) Schm		0.001	
湖生卵囊藻	*Oocystis lacustris* Chod		0.004	

(续)

种 类	拉丁文	小	中	大
盐生杜氏藻	*Dunaliella salina* Teodor		0.001	
扭曲蹄形藻	*Kirchneriella contorta* (Schm) Bohl	0.000 2		
肥壮蹄形藻	*Kirchneriella obesa* (West) Schm		0.001	
蹄形藻	*Kirchneriella lunaris* (Kirch) Moeb	0.000 5		
短棘盘星藻	*Pediastrum boryanum* (Turp) Men		0.01	
双射盘星藻	*Pediastrum biradiatum* Mey		0.002	
镰形纤维藻	*Ankistrodesmus falcatus* (Cord) Ralfs		0.002	
湖生四胞藻	*Tetraspora lacustris* Emm	0.000 75		
韦氏藻	*Westella botryoides* (W. West) Wild	0.000 2		
小孢空星藻	*Coelastrum microporum* Nag		0.003	
空星藻	*Coelastrum sphaericum* Nag		0.003	
月牙藻	*Selenastrum bibraianum* Reinsch		0.001	
集星藻	*Actinastrum hantzschii* Lag		0.001	
梨形四丝藻	*Tetramitus pyriformis* Klebs		0.001	
长绿梭藻	*Chlorogonium elongatum* Dang		0.003	
狭形小椿藻	*Characium angustum* A. Bruan		0.008	
湖生小椿藻	*Characium limneticum* Lemm		0.008	
螺旋弓形藻	*Schroederia spiralis* (Pintz) Korsch		0.003	
微芒藻	*Micractinium pusillum* Fres		0.002	
异刺四星藻	*Tetrastrum heterocanthum* (Nord) Chod	0.000 8		
短棘四星藻	*Tetrastrum staurogeniaeforme* (Schr) Lemm	0.000 8		
美丽胶网藻	*Dictyosphaerium pulchellum* Nag		0.001	
胶囊藻	*Gloeocystis* sp.	0.000 4		
不定凹顶鼓藻	*Euastrum dubium* Naeg	0.000 6		
近膨胀鼓藻	*Cosmarium subtumidum* Nordst	0.000 5		
水绵	*Spirogyra* sp.		0.02	
刚毛藻	*Cladophora* sp.		0.02	
水网藻	*Hydrodictyon reticulatum* (L) Lag		0.06	
小新月藻	*Closterium venus* Kutz		0.08	
肾形藻	*Nephrocytium agardhianum* Nag		0.007	
胶球藻	*Coccomyxa dispar* Schm		0.004	
空球藻	*Eudorina elegans* Ehrenberg		0.02	

附录 2　浮游动物平均湿重（mg/个）

（引自 DB 43/T 432—2009《淡水生物资源调查技术规范》）

种　类	拉丁名	平均湿重
原生动物	Protozoa	
四膜科	Tetrahymenidae	
吻状四膜虫	*Tetrahymena rostrata* Kahl	0.000 015
梨形四膜虫	*Tetrahymena pyriformis* (Her.)	0.000 036
草履科	Parameciidae	
绿草履虫	*Paramecium bursaria* Focke	0.001 3
尾草履虫	*Paramecium caudatum* Ehr	0.001 3
瓜形膜袋虫	*Cyclidium citrullus* Cohn	0.000 007
苔藓膜袋虫	*Cyclidium muscicola* Kahl	0.000 001 7
鞭膜袋虫	*Cyclidium flagellatum* Kahl	0.000 001 7
银灰膜袋虫	*Cyclidium glaucoma* Muller	0.000 001 2
小口钟虫	*Vorticella microstoma* Ehrenberg	0.000 014
钟形钟虫	*Vorticella campanula* Ehrenberg	0.000 014
树状聚缩虫	*zoothamnium arbuscula* Ehrenberg	0.000 02
累枝科	Epistylidae	
无秽累枝虫	*Epistylis anastatica* Linne	0.000 002
湖生累枝虫	*Epistylis lacustris* Imhoff	0.000 002
车轮科	Trichodinidae	
车轮虫	*Trichodina* sp.	0.000 037
喇叭科	Stentoridae	
紫晶喇叭虫	*Stentor amethystinus* Leidy	0.000 05
多形喇叭虫	*Stentor multimormis* (O. F. Muller)	0.000 03
弹跳科	Halteriidae	
大弹跳虫	*Halteria grandinella* O. F. Muller	0.000 003
急游科	Strombidiidae	
绿急游虫	*Strombidium viride* Stein	0.000 03
侠盗科	Strobilidiidae	
旋回侠盗虫	*Strobilidium gyrans* Stokes	0.000 03
具柄侠盗虫	*Strobilidium calkinsi* Faure - Fremi et Calkins	0.000 015
尖毛科	Oxytrichidae	
欠安尖毛虫	*Oxytricha inquieta* Stokes	0.000 8

(续)

种　类	拉丁名	平均湿重
游仆科	**Euplotidae**	
土生游仆虫	*Euplotes terricola* Penard	0.000 016
阔口游仆虫	*Euplotes eurystomus* Wrzesniowsky	0.000 45
拟急游虫	*Strombidinopsis* sp.	0.000 001 5
旋回拟急游虫	*Strombidinopsis gyrans* Kent.	0.000 02
淡水筒壳虫	*Tintinnidium fluviatile* Stein	0.000 24
恩茨筒壳虫	*Tintinnidium entzii* Chiang	0.000 03
小筒壳虫	*Tintinnidium pusillum* Entz	0.000 03
中华拟铃虫	*Tintinnopsis sinensis* Stein	0.000 03
锥形拟铃虫	*Tintinnopsis conicus* Chiang	0.000 02
拟铃壳虫	*Tintinnopsis* sp.	0.000 02
王氏拟铃虫	*Tintinnopsis wangi* Nie	0.000 02
湖沼拟铃虫	*Tintinnopsis lacustris* Entz	0.000 05
咽拟斜管虫	*Chilodonella vorax* Stokes	0.000 05
轮虫	**Rotifera**	
旋轮科	**Hablodinidae**	
转轮虫	*Rotaria rotatoria* (Pallas)	0.000 5
长足轮虫	*Rotaria neptunia* (Ehrenberg)	0.000 5
玫瑰旋轮虫	*Philodina roseola* Ehrenberg	0.000 236
晶囊轮科	**Asplanchnidae**	
卜氏晶囊轮虫	*Asplanchna brightwelli* Gosse	0.026
前节晶囊轮虫	*Asplanchna priodonta*	0.016 74
臂尾轮科	**Brachionidae**	
椎尾水轮虫	*Epiphanes senta* O. F. Muller	0.000 5
前额犀轮虫	*Rhinoglena frontalis* Ehrenberg	0.000 353
爱德里亚狭甲轮虫	*Colurella adriatica* Ehrenberg	0.000 045
钝角狭甲轮虫	*Colurella obtusa* (Gosse)	0.000 027
盘状鞍甲轮虫	*Lepadella patella* (Muller)	0.000 3
似盘状鞍甲轮虫	*L. patella f. similis* (Lucks)	0.000 05
方块鬼轮虫	*Trichotria tetractis* Ehrenberg	0.000 2
壶状臂尾轮虫	*Brachionus urceus* Linnaeus	0.001 02

(续)

种 类	拉 丁 名	平均湿重
角突臂尾轮虫	*Brachionus angularis* Gosse	0.000 24
萼花臂尾轮虫	*Brachionus calyciflorus* Pallas	0.002 5
剪形臂尾轮虫	*Brachionus forficula* Wierzejski	0.000 13
矩形臂尾轮虫	*Brachionus leydigi* Cohn	0.001 4
褶皱臂尾轮虫	*Brachionus plicatilis* O. F. Muu \ ller	0.000 75
裂足臂尾轮虫	*Brachionus diversicornis* Daday	0.000 5
方形臂尾轮虫	*Brachionus quadridentatus*	0.000 4
裂痕龟纹轮虫	*Anuraeopsis fissa* Gosse	0.000 013
螺形龟甲轮虫	*Keratella cochlearis* Gosse	0.000 027
曲腿龟甲轮虫	*Keratella valga* Ehrenberg	0.000 3
矩形龟甲轮虫	*Keratella quadrata* Muller	0.000 6
唇形叶轮虫	*Notholca labis* Gosse	0.000 12
鳞状叶轮虫	*Notholca squamula* (O. P. Muller)	0.000 12
浮尖削叶轮虫	*Notholca acuminata* var. *limnetica* Levander	0.000 12
长刺叶轮虫	*Notholca longispina*	0.002 5
大肚须足轮虫	*Euchlanis dilatata*	0.002 84
腔轮科	**Lecanidae**	
瘤甲腔轮虫	*Lacane nodosa* Hauer	0.000 06
月形腔轮虫	*Lecane luna* O. F. Muller	0.000 17
蹄行腔轮虫	*Lecane ungulata*	0.001 7
月形单趾轮虫	*Monostyla lunaris* Ehrenberg	0.000 07
囊形单趾轮虫	*Monostyla bulla* Gosse	0.000 1
尖角单趾轮虫	*Monostyla hamata* Stokes	0.000 1
尖趾单趾轮虫	*Monostyla unguitata* Schmarda	0.000 1
梨形单趾轮虫	*Monostyla puriformis*	0.001
椎轮科	**Notommatidae**	
简单前翼轮虫	*Proales simplex* Wang	0.000 04
尾棘巨头轮虫	*Cephalodella sterea* (Gosse)	0.001
小链巨头轮虫	*Cephalodella catellina* O. P. Muller	0.000 05
高跷轮虫	*Scarridium longicaudum* O. F. Muller	0.000 2
腹尾轮科	**Gastropodidae**	
卵形无柄轮虫	*Ascomorpha ovalis* Bergendal	0.000 3

(续)

种类	拉丁名	平均湿重
鼠轮科	**Trichocercidae**	
二突异尾轮虫	*Trichocerca bicristata* Gosse	0.000 1
刺盖异尾轮虫	*Trichocerca capucina*	0.000 046
暗小异尾轮虫	*Trichocerca pusilla* (Lauterborn)	0.000 05
对棘同尾轮虫	*Diurella stylata*	0.000 1
双齿同尾轮虫	*Diurella bedens* Lucks	0.000 103
田奈同尾轮虫	*Diurella dixonnuttalis*	0.000 2
疣毛轮科	**Synchaetidae**	
针簇多肢轮虫	*Polyarthra trigla* Ehrenberg	0.000 55
广布多肢轮虫	*Polyarthra vulgaris*	0.000 331
长圆疣毛轮虫	*Synchaeta oblonga* Ehrenberg	0.001 58
尖尾疣毛轮虫	*Synchaeta stylata* Wierzejsky	0.000 76
梳状疣毛轮虫	*Synchaeta pectinata*	0.005
郝氏皱甲轮虫	*Pleosoma hudsoni*	0.1
截头皱甲轮虫	*Pleosoma truncatum*	0.23
镜轮科	**Testudinellidae**	
大三肢轮虫	*Filinia major*	0.000 2
长三肢轮虫	*Filinia longiseta* Ehrenberg	0.000 28
角三肢轮虫	*Filinia cornuta*	0.000 166
沟痕泡轮虫	*Pompholyx sulcata* Hudson	0.000 127
扁平泡轮虫	*Pompholyx complanata* Gosse	0.000 127
微凸镜轮虫	*Testudinella Mucronata* (Gosse)	0.000 4
环顶巨腕轮虫	*Hexarthra fennica* (Levander)	0.000 3
奇异巨腕轮虫	*Hexarthra mira* (Hudson)	0.000 3
胶鞘轮科	**Collothecidae**	
多态胶鞘轮虫	*Collotheca ambigua* Hudson	0.000 21
枝角类	**Cladocera**	
仙达溞科	**Sididae**	
短尾秀体溞	*Diaphanosoma brachyurum* (Lieven)	0.03～0.006
长肢秀体溞	*Diaphanosoma leuchtenbergianum* Fis	0.03～0.006
溞科	**Daphniidae**	
大型溞	*Daphnia magna* Straus	0.9

（续）

种 类	拉 丁 名	平均湿重
蚤状溞	*Daphnia pulex* Leydig emend，Scourfield	0.2
隆线溞	*Daphnia carinata* King	0.2
透明溞	*Daphnia hyaline*	0.05
长刺溞	*Daphnia longispina*	0.05
平突船卵溞	*Scapholeberis mucronata*（O. F. Muller）	0.01
老年低额溞	*Simocephalus vetulus*（Muller）	0.14
裸腹溞科	**Moinidae**	
微型裸腹溞	*Moina micrura* Kutz	0.01
直额裸腹溞	*Moina rectirostris*（Leydig）	0.1
象鼻溞科	**Bosminidae**	
象鼻溞	*Bosmina* sp.	0.03
粗毛溞科	**Macrothricidae**	
粗毛溞	*Macrothrix* sp.	0.03
盘肠溞科	**Chydoridae**	
矩形尖额溞	*Alona rectangula* Sars	0.005
方形尖额溞	*Alona quadrangularis* O. F. Muller	0.005
圆形盘肠溞	*Chydorus sphaericus* O. F. Muller	0.01
虱形大眼溞	*Polyphemus pediculus* Linne	0.01
桡足类	**Copepoda**	
细巧华哲水蚤	*Sinocalanus tenellus*（Kikuchi）	0.312
近邻剑水蚤	*Cyclops vicinus* Uijanin	0.07
无节幼体	Nauplii	0.003
桡足幼体	Copepodid	0.02
剑水蚤幼体	nauplii of Cyclops	0.01
锯缘真剑水蚤	*Eucyclops serrulatus*（Fischer）	0.015
台湾温剑水蚤	*Thermocyclops taihokuensis harada*	0.022
大型中镖水蚤	*Sinodiaptomus sarsi*（Rylov）	0.5
如愿真剑水蚤	*Eucyclops speratus*（Lilljeborg）	0.015
透明温剑水蚤	*Thermocyclops hyalinus*（Rehberg）	0.03
等刺温剑水蚤	*Thermocyclops kawamurai* Kikuchi	0.03

参 考 文 献

陈焜慈,邬国民,李恒颂,等,1999. 珠江斑鱯年龄和生长的研究 [J]. 中国水产科学,6 (4):62-66.

陈瑞明,1998. 铵态氮和亚硝酸盐氮对鳜鱼苗的急性毒性试验 [J]. 水生态学杂志(1):17-20.

邓景耀,叶昌臣,2001. 渔业资源学 [M]. 重庆:重庆出版社.

樊启学,王卫民,1995. 鳜鱼养殖技术 [M]. 北京:金盾出版社.

郭学武,唐启升,2004. 鱼类摄食量的研究方法 [J]. 海洋水产研究,25 (1):69-78.

郭焱,蔡林钢,张人铭,等,2005. 赛里木湖高白鲑的年龄与生长 [J]. 大连水产学院学报,20 (2):100-104.

蓝伟光,陈霓,1992. 氨及亚硝酸盐对真鲷仔鱼的急性毒性研究 [J]. 海洋科学,16 (3):68-69.

雷慧僧,姜仁良,王道尊,等,1981. 池塘养鱼学 [M]. 上海:上海科学技术出版社.

雷衍之,2005. 养殖水环境化学 [M]. 北京:中国农业出版社.

雷衍之,2006. 养殖水环境化学实验 [M]. 北京:中国农业出版社.

李春林,2007. 鱼类养殖生物学 [M]. 北京:中国农业科学技术出版社.

李家乐,李思发,1999. 罗非鱼五个品系耐盐性的比较研究 [J]. 水产科技情报,2 (1):3-6.

李思发,等,1998. 中国淡水主要养殖鱼类种质研究 [M]. 上海:上海科学技术出版社.

李思发,吴力钊,王强,等,1990. 长江、珠江、黑龙江鲢、鳙、草鱼种质资源研究 [M]. 上海:上海科学技术出版社.

刘焕亮,等,2014. 水产养殖生物学 [M]. 北京:科学出版社.

刘焕亮,黄樟翰,2008. 中国水产养殖学 [M]. 北京:科学出版社.

宁宗德,1996. 中国湖泊水库渔业现状与发展 [M]. 北京:中国农业出版社.

潘小玲,陈百悦,樊海平,等,1998. 非离子态氨及亚硝酸盐对欧洲鳗鲡的急性毒性试验 [J]. 水产科技情报,25 (1):20-23.

施成熙,1989. 中国湖泊概论 [M]. 北京:科学出版社.

史为良,1998. 内陆水域鱼类增殖与养殖学 [M]. 北京:中国农业出版社.

苏锦祥,2008. 鱼类学与海水鱼类养殖 [M]. 北京:中国农业出版社.

王波,雷霁霖,张椷令,等,2003. 工厂化养殖的大菱鲆生长特性 [J]. 水产学报,27 (4):358-363.

王波,左言明,朱明远,等,2003. 大西洋牙鲆的生物学特性 [J]. 河北渔业 (6):

15-19.

王吉桥,赵兴文,2000. 鱼类增养殖学 [M]. 大连:大连理工大学出版社.

王侃,刘荭,1996. 非离子态氨及亚硝酸盐对鳜鱼苗的急性毒性试验 [J]. 淡水渔业, 26(3):7-10.

王明学,林可椒,徐一枝,等,1989. 亚硝酸盐氮对鲢血红蛋白的影响 [J]. 淡水渔业(2):17-19.

王明学,吴卫东,1997. $NO_2^- - N$ 对鱼类毒性的研究概况 [J]. 中国水产科学,4(5):85-90.

王明学,吴卫东,刘福军,等,1997. Cl^- 在 $NO_2^- - N$ 对鲢毒性实验中的拮抗作用初探 [J]. 淡水渔业,25(6):3-5.

肖调义,盛玲芝,苏建明,等,2002. 洞庭湖瓦氏黄颡鱼的形态与生长及繁殖特性 [J]. 湖南农业大学学报,28(4):333-336.

谢玉浩,2007. 东北地区淡水鱼类 [M]. 沈阳:辽宁科学技术出版社.

谢忠明,1997. 银鱼移植实用技术 [M]. 北京:中国农业出版社.

谢忠明,1999. 美国红鱼、大口胭脂鱼养殖 [M]. 北京:中国农业出版社.

谢忠明,1999. 优质鲫鱼养殖技术 [M]. 北京:中国农业出版社.

詹秉义,1995. 渔业资源评估 [M]. 北京:中国农业出版社.

张建森,1985. 荷包红鲤与元江鲤正反杂交、回交及 F_2 经济效益的研究 [J]. 水产学报,9(4):375-382.

张觉民,何志辉,1991. 内陆水域渔业自然资源调查手册 [M]. 北京:农业出版社.

赵元凤,祝国芹,吕景才,1991. 亚硝酸盐对尼罗罗非鱼的毒性及其机理研究 [J]. 大连水产学院学报,6(1):62-65.

周永欣,张莳英,周仁珍,1986. 氨对草鱼的急性和亚急性毒性 [J]. 水生生物学报,10(1):32-38.

朱耘,吴圣杰,华丹,1995. 氨对草鱼生长的危害 [J]. 水产学报,19(2):177-179.

Dabrowska H, Sikora H, 1986. Acute toxicity of ammonia to common carp (*Cyprinus carpio* L.) [J]. Polskie Archiwum Hydrobiologii, 33:121-128.

Hampl A, Jirasek J, Sirotek D, 1981. Growth morphology of the filtering apparatus of silver carp (*Hypophthalmichthys molitrix*). II. Microscopic anatomy [J]. Aquaculture, 31:153-158.

Jirasek J, Hampl A, Sirotek D, 1981. Growth morphology of the filtering apparatus of silver carp (*Hypophthalmichthys molitrix*). I. Gross anatomy state [J]. Aquaculture, 26:41-48.

Lewis W M, Morris Jr, 1986. Toxicity of nitrite to fish: A review [J]. Transactions of American Fisheries Society, 15(2):186-195.

Palachek R M, 1984. Toxicity of nitrite to channel catfish (*Ictalurus punctatus*), tilapia (*Tilapia aurea*) and largemouth bass (*Micropterus salmoides*): Evidence for a nitrite exclusion mechanism [J]. Canadian Journal of Fisheries and Aquatic Science, 41 (12): 1739-1744.

Rosen R A, Hales D C, 1981. Feeding of paddlefish, *Polyodon spathula* [J]. Copeia (2): 441-455.

Sibbing F A, 1988. Specializations and limitations in the utilization of food resources by the carp, *Cyprinus carpio*: A study of oral food processing [J]. Environmental Biology of Fishes, 22 (3): 161-178.